【農学基礎セミナー】

新版
家畜飼育の基礎

阿部 亮………●他著

まえがき

　世界各地に広がるウシ，メンヨウ，ウマ，ブタ，ニワトリなどの家畜は，数千年以上の長きにわたって，畜産物の供給，地力の向上，蓄力の提供といった人間生活を支える重要な役割を果たしてきた。現代では，これらの役割のうち畜産物の供給の割合が大きくなり，わが国においても1960年代以降，畜産物の生産が急速に拡大し，肉類，牛乳・乳製品，鶏卵の生産量を大きく増加させてきた。

　このように畜産物の生産量が増加したのは，家畜の能力向上や飼育技術の進歩，飼育頭羽数の増加（規模拡大）によるところが大きい。現在では，コンピュータを活用した個体管理や作業の自動化，バイオテクノロジーによる家畜の改良増殖なども進んでいる。しかし，改良が進み能力が高まった家畜も，野生時代からそなえている動物としての生理や習性を受けついでいる。したがって，飼育技術が進歩したり規模拡大が進んだりしても，それぞれの家畜が受けついでいる生理や習性に見合った飼育方法を工夫していくことが家畜飼育の基本である。また，家畜の多くは，人間の食料と競合しない草資源や食品循環資源を消化して肉・乳・卵などを生産する機能をそなえており，こうした家畜のもつすぐれた能力を十分に発揮させていくことも家畜飼育や畜産の基本である。

　近年では，食の安全性や品質がとくに重視されるが，安全で品質の高い畜産食品づくりのためには，家畜の生理や習性に見合った飼育管理によって，生涯にわたって家畜の健康を維持することが重要である。伴侶動物としての家畜の利用（療法・教育・観光など）にあたっても，生理・習性にもとづく健康管理や調教などが欠かせない。家畜の生命・健康の維持に不可欠な各種の飼料は，それぞれの地域で生産されたものを基本として，その排せつ物は堆肥化などにより有効活用していくことがのぞましい。こうした家畜飼育の基本に立ち返りながら，飼育方法の改善や技術開発を進めていくことが，わが国の畜産をとりまく諸課題（環境の保全，疾病の防止，飼料自給率の向上など）の解決にもつながる。

　本書はこれまで記したような考え方をもとにして，家畜の基本的な生理・生態，飼料の生産と利用，おもな家畜の品種と改良，飼育の実際などについて簡明にまとめたものであるが，畜産物の品質と利用，動物遺伝資源（在来種）の活用，バイテク・情報活用についても実践的に紹介した。家畜飼育や畜産に携わる人はもとより，多くの人びとが家畜や畜産について理解を深め，それぞれの地域で健全な畜産を発展させていくうえで，本書が少しでもお役に立てれば幸いである。

2008年2月　　　　　　　　　　　　　　　　　　　　　　　　　　　阿部　亮

目　次

第1章
畜産の役割と動向　　1

1　人間生活と畜産……………………2
　1．家畜の起源・種類と役割 ………2
　2．畜産のあゆみと発展 ……………3
2　日本畜産の特徴と動向……………4
　1．現代の日本畜産の特徴 …………4
　2．現代畜産の新たな動き …………5

第2章
家畜の生理・生態と飼育環境　9

1　家畜の生理・生態と飼料…………10
　1．家畜の栄養と飼料 ………………10
　2．飼料の種類・性質と給与の基本 ……14
2　家畜の飼育環境とその調節………16
　1．家畜をとりまく環境とその調節 ……16
　2．飼育環境とその改善 ……………18
3　家畜の繁殖と育種…………………20
　1．家畜の繁殖 ………………………20
　2．育種とバイオテクノロジー ……22
4　家畜ふん尿の処理と有効利用……24

第3章
飼料の生産と利用　　27

1　飼料作物の特徴，種類と利用……28
　1．飼料作物の成り立ちと特徴 ……28
　2．飼料作物の分類 …………………29
　3．地域条件と栽培・利用 …………30
　4．反すう動物と粗飼料 ……………30
2　耕地型飼料作物の栽培と調製……31
　1．種類，利用法と栄養価 …………31
　2．おもな種類と栽培のポイント ……32
　3．転作田の利用上の注意点 ………35
3　草地（放牧地，採草地）の維持・管理…36
　1．種類、調製法と栄養価 …………36
　2．放牧草地の維持・管理 …………37
　3．採草地の維持・管理 ……………38
　4．ノシバ放牧と野草の利用 ………39
4　飼料作物の調製と貯蔵……………41
　1．サイレージ ………………………41
　2．乾草 ………………………………43
5　食品残さなどの利用………………44

第4章
家畜飼育の実際　　45

1　養　　鶏………………………46
　①ニワトリの体の特徴 46／②ニワトリの習性と行動 47／③ニワトリの一生 48／④生産物の特徴と利用 49

1　ニワトリの品種と改良……………50
2　飼育形態と施設・設備……………53
3　ニワトリの栄養と飼料……………55
4　種卵の採取とふ化…………………58
5　ひなの生理と育すう………………60
6　採卵鶏の生理と飼育技術…………63
7　ニワトリの衛生と病気……………67
8　肉用鶏の生理と飼育技術…………70

2 養　豚 …………………… 72
①ブタの体の特徴 72 ／ ②ブタの習性と行動 73 ／ ③ブタの一生 75 ／ ④生産物の特徴と利用 76

1　ブタの品種と改良………………………77
2　飼育形態と施設・設備…………………81
3　子豚の生理と飼育技術…………………84
4　肉豚（肥育豚）の生理と飼育技術………88
5　繁殖豚の生理と飼育技術………………95
6　飼料の種類と配合……………………103
7　ブタの衛生と病気……………………105

3 酪　農 …………………… 108
①乳牛の体の特徴 108 ／ ②乳牛の性質 108 ／ ③乳牛の一生 109 ／ ④生産物の特徴と利用 110

1　乳牛の品種と改良……………………111
2　飼育方式と施設・設備………………114
3　消化・吸収と飼料給与………………117
4　繁殖生理と交配・分べん……………122
5　泌乳の生理と搾乳……………………126
6　搾乳牛の飼育管理……………………128
7　子牛・育成牛の飼育管理……………134
8　乳牛の衛生と病気……………………134
9　牛乳の品質と利用……………………140

4 肉　牛 …………………… 142
①肉牛の体の特徴 142 ／ ②肉牛の性質 143 ／ ③肉牛の一生 144 ／ ④生産物の特徴と利用 145

1　肉牛の品種と改良……………………146

2　飼育形態と施設・設備………………151
3　肉牛の生理と飼育技術………………154
4　飼料の種類と給与……………………168
5　肉牛の衛生と病気……………………170

5 ウ　マ …………………… 172
6 ヤ　ギ …………………… 182
7 メンヨウ（ヒツジ） …………… 188
8 ダチョウ ………………… 194
9 バイオテクノロジーの活用 ………… 198
10 動物遺伝資源（在来種）の活用 …… 206

第5章
畜産経営と情報利用　209

1　畜産における情報の役割と種類………210
　1．情報の重要性とパソコン活用………210
　2．情報の種類と活用……………………211
2　生産管理での利用と多面的な情報活用 212
　1．個体情報の収集と活用………………212
　2．地域での情報支援システムの利用…215
　3．コンピュータによる自動システムの利用 216

|付録1| 家畜の審査標準 ………………220
|付録2| 畜産物の取引規格 ……………222
|付録3| 家畜の日本飼養標準 …………223
|付録4| 日本標準飼料成分表 …………226

参　考
　新たな生産システムの構築と利用……………6

BSEと牛肉のトレーサビリティ……………7	家畜のお灸―その効果と施し方……………171
先進国の畜産物消費と「食の不平等」………8	ヤギ乳の加工利用……………………………183
わが国の気候の特徴と飼育管理の留意点……17	搾乳時の注意点………………………………186
世界の動物福祉の基準…………………………19	子羊のクリープフィーディング（別飼い）……192
養分排せつ量を減らす飼料給与技術の開発……26	手紡ぎ毛糸とフェルトのつくり方……………193
自然乾燥法と人工乾燥法………………………43	ダチョウの消化器と消化のしくみ……………196
経営指標の検討と経営内容の判断……………71	着床前の体外受精胚の培養…………………202
飼料中のエネルギーの評価―TDNとME……119	農業でのコンピュータ活用の始まり―草分
無理をしない経済的な育成法…………………133	けは採卵養鶏経営………………………210
生産病の発生メカニズム………………………138	搾乳ロボット…………………………………216
ウシの扱い方と調教……………………………143	
現場後代検定……………………………………150	索 引 …………………………………………230
肉牛の泌乳量・ほ乳量とほ育能力……………157	

第 1 章

畜産の役割と動向

1 人間生活と畜産

1 家畜の起源・種類と役割

家畜の起源と種類　人類が野生動物を飼いならして利用するようになったのは中石器時代❶で、農耕の開始よりはやい時期とされている。家畜化のはやかったのは、イヌ（犬）、ヤギ（山羊）、ヒツジ（羊、メンヨウ〈緬羊〉ともいう）であった。その後、農耕がさかんになるにつれて、ウシ（牛）、ブタ（豚）、ニワトリ（鶏）、ウマ（馬）なども家畜化されていった❷。地域的には、とくに西アジアや中央アジアにおいて、はやくから家畜化が進められ、ヒツジ、ウシ、ウマなどが家畜化された。

家畜とその役割　家畜とは、たんに人間に飼いならされた動物ではなく、人間生活に有用な価値をもたらす動物である。そのため、動物の家畜化の過程あるいは家畜化ののちに、経済的価値や有用性を高める改良がおこなわれている。

家畜から得られる経済的価値のおもなものは、①畜産物（乳、肉、卵、はちみつ、毛、皮など）の供給、②地力の向上（肥料および堆きゅう肥の供給）、③畜力の提供（農作業❸、運搬作業、乗用など）である（図1）。

❶旧石器時代と新石器時代の間で、およそ紀元前10000年から5000年にかけての時期。

❷このほかに、現在、世界で飼育されているおもな家畜は、スイギュウ（水牛）、ロバ（驢馬）、ウサギ（兎）、アヒル（家鴨）、ウズラ（鶉）、ダチョウ（駝鳥）、アイガモ（合鴨）、ミツバチ（蜜蜂）などである。

❸アイガモのように、水田除草の役割を果たしているものもある。

図1　家畜の飼育とその利用（左：ヒツジの放牧〈牧羊犬も活躍〉、右：羊毛の手紡ぎ）

2 畜産のあゆみと発展

ヨーロッパにおける農耕と畜産

ヨーロッパにおける家畜の飼育や利用（畜産）は，農耕と一体のものとして進められてきた。たとえば，ヨーロッパの主要穀物である麦類は，肥料を施さずに連作すると収量がおおはばに減少する。そこで，収穫後の麦畑に家畜を放牧して土地を休ませ（休閑期間は，ふつう7～8年），地力が回復すると，ふたたび麦生産に利用する方式（穀草式農法）が長いあいだとられてきた。

人口や耕地面積が増加し始める11，12世紀からは，休閑期間を短くして穀物生産量の増加を図る三圃式農法❶が工夫され，19世紀まで広く採用された。その後，産業革命のころになると休閑地を設けない輪栽式農法❷（ノーフォーク式農法）が開発され，食料と飼料の生産が飛躍的に高まった。

草原地帯での畜産

モンゴル草原など，乾燥・冷涼な気候で草原の広がるところでは，アジアの遊牧農業のように，粗放的な家畜飼育が長いあいだ続けられてきた。こうしたゆたかな草資源を生かした畜産は，16世紀以降，アメリカ大陸，オーストラリア大陸でも展開され始め，今日では世界を代表する牛肉生産地帯となっている。

現代畜産の特徴

家畜はもともと，人間の食料にならない草や農場副産物などを飼料にして，さまざまな経済的価値をもたらしてきた。しかし，近代から現代にかけての家畜飼育では，穀物を飼料にする生産方式が開始された。このようななかで，①畜産物の供給，②地力の向上，③畜力の提供，という家畜が農業生産に果たしてきた役割のうち，②③の比重は低下して，家畜飼育の目的が畜産物の供給へと傾斜し，その効率を高めることがめざされるようになった❸。

わが国の家畜飼育は，長いあいだ畜力利用（役用）を中心として発達してきたが，1960年代以降，畜産物生産を主目的として規模拡大がめざされ❹，農耕と家畜の結びつきは弱くなった。

そして現在では，食の安全性や品質，家畜排せつ物の有効活用，動物福祉などにも配慮した畜産がめざされるようになっている。

---

❶一定面積の土地を3つに区分し，それぞれに，秋まきライ麦，コムギ→春まきオオムギ，エンバク→休閑，家畜放牧の順序で栽培・放牧をおこない，3年で1巡させる方式。

❷土地を4つに区分して，コムギ→カブ（飼料用）→オオムギ→クローバのような順序で年ごとに作付け（輪作）をおこう。マメ科のクローバは土に窒素を供給し，カブの栽培では土を深く耕すため，地力が向上して麦類の生産力が高まった。同時に，クローバやカブの飼料としての利用が，家畜の越冬・舎飼いを可能にし，家畜生産力も飛躍的に高まった。

❸世界の家畜飼養頭羽数と畜産物生産量（2006年）は，以下のとおりである（「FAOSTAT」による）。
ウシ 13億7,227万頭
ブタ 9億6,088万頭
ニワトリ 167億7,700万羽
ウマ 5,860万頭
メンヨウ 10億7,897万頭
牛肉6,019万t，牛乳5億2,938万t，豚肉1億244万t，家きん肉7,133万t，鶏卵5,943万t

❹「有畜農業奨励規則」が公布された1931（昭和6）年ころには，耕種農業との結びつきを強め，地域の資源を有効に活用して飼料自給率を高めながら畜産を拡大していく方向（日本型の畜産）がめざされた。しかし，昭和30年代に入ると農業機械の普及によって蓄力利用がしだいに減少し，昭和36年に制定された「農業基本法」では，日本経済の高度成長，生活水準の向上による畜産物消費の拡大を背景として，畜産や野菜・果樹を成長作目として重視・拡大する選択的拡大路線がとられた。

2 日本畜産の特徴と動向

1 現代の日本畜産の特徴

経営の大規模化

現代における日本の畜産の特徴の1つは，経営の大規模化が進んでいることである。飼養規模の大きな農家の比率が高まっていると同時に，生産頭数も大規模農家に強く依存している。

大規模な経営体のなかには，雇用労働力を使い，多額の資本を投下して企業的な経営方式をとるところも多い。反面，家族経営体による畜産経営は減少し，全体の畜産農家数は減少傾向にある。

生産水準の向上

昭和30年代後半以降，日本の畜産は，①均質な製品を，②大量に，③安くつくる，ことを目標としてきた。その結果，生産の効率については，世界に誇れる水準にまで到達している。たとえば，乳牛（経産牛）1頭当たりの年間乳量の推移をみると，昭和40（1965）年以降の40年間に約75％も増加している（図1）。

飼料自給率の低下

わが国は，年間約1,000万tのトウモロコシを中心に多くの飼料穀物をアメリカ合衆国やブラジル，オーストラリアなどから輸入している❶（表1）。

さらに，粗飼料として，200万t以上の乾草やヘイキューブなども輸入している。その結果，飼料自給率は非常に低い値（純濃厚飼料自給率はわずか10％）となっている（表1）。

環境問題の深刻化

畜産経営の大規模化（1経営体当たりの飼養頭羽数の増加）などにともなって，家畜ふん尿（家畜排せつ物）の発生量が増大し，環境への影響（水質汚濁，悪臭や害虫の発生など）が大きな問題となってきた。平成11年には「家畜排せつ物の管理の適正化および利用の促進に関する法律」が制定され，堆肥化の施設や方法についての規制も強められた。家畜排せつ物の適正管理と有効活用が強く求められており，そのための技術開発が続けられている❷（→p.24）。

---

❶わが国では，輸入トウモロコシに大豆かす（ダイズから油をしぼった副産物，油かす類）やふすま（小麦粉製造過程で排出される副産物，ぬか類）などを加えて，年間約2,400万tの配合飼料・混合飼料を生産している。これら大豆かすやふすまのもとになっている，ダイズやコムギの大部分も輸入品である。

❷近年では，家畜ふん尿問題の原因物質である，窒素やリンの家畜からの排せつ量そのものを減少させる技術開発も進んでいる（→p.26）。

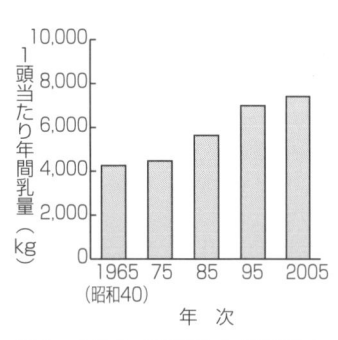

図1 経産牛1頭当たり年間乳量の推移（全国）

表1 飼料穀物と粗飼料の輸入量および自給率（平成27年度）

輸入量（千t）	トウモロコシ	10,402
	コウリャン	608
	オオムギ	889
	コムギ	334
	ライムギ・エンバク	43
	乾草	1,832
	ヘイキューブ	167
	イネわら	144
自給率（％）	純国産粗飼料自給率	79
	純国産濃厚飼料自給率	14
	純国内産飼料自給率	28

| 畜産物の需給と輸入の拡大 | おもな畜産物（牛肉，豚肉，鶏肉，鶏卵，牛乳・乳製品）の需要は，ここ40年余りのあいだに3倍以上に増加したが，その一方で輸入が拡大し，自給率は大きく低下している❶。畜産物の自給率の向上や国際競争力の強化に向けて，安全で高品質な畜産物生産と同時に，生産コストの低減が求められている。

2 現代畜産の新たな動き

| 環境保全型農業の推進 | 地球全体の環境問題が論議されるなかで，環境に負荷をかけないで，永続的・持続的に食料生産をおこなう**環境保全型（環境調和型）農業**の手法が，世界的規模で検討され，実行に移されるようになってきた（表2，図2）。そこでは，畜産は，野菜作，畑作，稲作などの耕種農業と連携し，資源循環型畜産として農業の一翼を担う存在として位置づけられている。また，舎飼いで生産効率だけを追求するのではなく，放牧を取り入れて，遊休農地の活用や，さらには中山間地域の活性化にまでつなげようという意欲的な取組みもみられるようになっている（表3）。

| 飼料自給率の向上 | 「食料・農業・農村基本計画❷」のなかでは，飼料の自給率向上が強くうたわれている❸。

❶おもな畜産物の平成27年度の需要（国内消費仕向量）と自給率は以下のようである（かっこ内は昭和60，40年度の数値）。
■国内消費仕向量（万t）
牛肉 119（77，21）
豚肉 250（181，43）
鶏肉 230（147，25）
鶏卵 266（220，133）
牛乳・乳製品 1,190（879，382）
近年では，需要が横ばい基調に移行してきた品目もみられる。
■自給率（％）
牛肉 40（72，95）
豚肉 51（86，100）
鶏肉 66（92，97）
鶏卵 96（98，100）
牛乳・乳製品 62（85，86）

❷「農業基本法」にかわる法律として，平成11（1999）年に制定された「食料・農業・農村基本法」の理念を具体化するための計画（平成12年策定，ほぼ5年ごとに見直し，変更）。

❸これを受けて，水田，未利用草地，遊休農地を飼料生産に積極的に利用しようという飼料増産推進計画が，国と各自治体で作成されている。

表2 環境保全型農業の手法の例

手法	具体的な内容
化学肥料・農薬の使用の減少など	・化学肥料・農薬の使用量の適正化や削減 ・化学肥料・農薬の施用方法の改善（肥効調節型肥料，局所施用） ・化学肥料・農薬の代替資材の使用（有機質肥料，フェロモン，天敵，物理的防除）
地力の維持・増進	・有機物の施用などによる土づくりを通じた地力の維持 ・輪作やクリーニングクロップによる地力の維持
耕種農業と畜産などとの連携	・経営の複合や地域内の複合による副産物（稲わらなど）や家畜ふん尿の土壌還元 ・家畜ふん尿，食品残さなどの有機物の広域的なリサイクル（堆肥化と土壌還元）
資源循環型畜産の推進	・家畜ふん尿の管理や施用方法の適正化 ・耕作放棄地，混牧林（→ p.40）の活用など地域条件に適合した放牧方式の導入

図2 環境保全型農業の例
（除草剤を使用しないアイガモによる水田除草。アイガモのふんは肥料にもなる）

❶米粒が完熟する前のイネをサイレージにしたもの（ホールクロップサイレージ，→ p.31, 35）。

❷食品製造副産物（かす類，ぬか類など），余剰食品（未利用のパン，めん類など），調理残さなどがあり，これら食品循環資源を利用した飼料は，食品残さ飼料（エコフィード，リサイクル飼料）とよばれている（→ p.44）。

これを契機にして，稲わらの自給率の向上，飼料イネの栽培と利用（稲発酵粗飼料❶など），食品残さの飼料化❷（濃厚飼料の自給率向上）などの取組みが活発になっている。

産直・直売の増加

農産物に対する消費者の健全性・安全性指向を背景として，農業生産現場と都市の消費者を直接結ぶ**産直**（産地直結販売）が増加している。消費生活協同組合などの特定の需要者を対象に，農家自らが生産・加工し，付加価値をつけた牛肉，豚肉，鶏肉，卵，牛乳，乳製品を直接販売する方式である（図3）。

生産者側にとって産直のメリットは，①安定した供給先（需要）を確保できる，②一般的には需要のない部位でも付加価値をつけて販売できる，③消費者と直接対話ができ，消費者のニーズを知

表3　放牧利用の取組み事例

地域など	放牧の特徴
北海道T町（酪農）	放牧地を小さく区切り，毎日放牧地をかえることによって集約的に利用
山口県H町（肉用牛繁殖）	耕作放棄地や不作付け地となった棚田を活用した省力放牧
高知県N市（酪農）	傾斜地のシバ草地を利用した低投入持続型放牧
熊本県A町（肉用牛一貫）	夏山と冬里（水田裏）を活用した放牧

棚田を利用した放牧

参考　新たな生産システムの構築と利用

情報の活用　コンピュータのネットワークシステムを利用した農業情報サービスが増加している。1つの例として「畜産と耕種農業を結ぶ堆きゅう肥利用ネットワークシステム」がある。堆きゅう肥の生産者（畜産農家）は自分の堆きゅう肥の品質や価格，量のデータを入力しておく。耕種農家はコンピュータで検索し，自分の土地にあった堆きゅう肥を選択し，メールで注文するというものである。

このようなシステムの普及拡大によって，家畜ふん尿問題を軽減し，地域の有機物資源を活用した土づくりによる環境保全型農業が推進されていくことが期待されている。

作業の外注化とコスト低減　酪農では，一部ではあるが飼料生産の外注化がおこなわれ，作業労働の軽減，さらには飼料生産コスト，牛乳生産コスト低減の効果をあげている。その典型例は，牧草や飼料作物の播種，肥培管理，刈取り，サイレージ調製などを他の人あるいは生産組織や企業に委託するシステムで，コントラクターとよばれる。さらに，進んで，混合飼料（粗飼料と濃厚飼料を混ぜ合わせたもので，TMRともいう）の製造まで委託し，酪農家はそれを製造所（TMRセンター）まで取りに行って，給与作業だけを自分でおこない，飼料調製の時間を節約するシステムもある。

ることができる，などがあげられる。

消費者側のメリットは，①流通段階を簡素化しているために価格が安くなる，②生産者の顔が見え，安心感のもてる畜産物である，ことなどである。

さらに，生産された畜産物を消費者に直接販売する**直売**の取組みも増加している（→ p.218）。直売は，畜産物の加工も取り入れたり，グリーン・ツーリズムの一環としても取り組まれたりするようになっている。

| 有機畜産物の生産 | 安全な食料を求める方向の1つとして，有機畜産物❶がある。現在，日本国内ではその生産に取り組む事例はまだ少ないが，消費者の関心が高い。有機畜産物として認定されるための生産条件として，家畜の行動，給与飼料，衛生管理，飼育方法，畜舎，放牧地，飼育記録などに一定の条件があり，そのすべての条件を満たすことが必要となる。

現在，議論されている有機畜産物の生産条件の特徴は，抗生物質の使用禁止など，たんに食の安全性に対する配慮ばかりでなく，動物の福祉（→ p.19）にも配慮していることである。

たとえば，「畜舎は心地よく，清潔で乾いた，しっかりした構造の十分な広さの休息場所を有しなければならない。休息場所には，乾いた敷わらを十分敷かねばならない。」といった要件である。

❶イギリスの牛海綿状脳症（BSE）騒動などをきっかけに，世界で有機畜産物表示のガイドラインを求める動きが起こり，コーデックス委員会（国連食品規格委員会）で国際指針がつくられた。各国はこれに合致した国内基準を作成している。

図3　鶏卵の直売に取り組む農場

参考　BSEと牛肉のトレーサビリティ

食の安全に関連して，世界的に大きな問題となっている家畜の病気にBSE（牛海綿状脳症，Bovine Spongiform Encephalopathy）がある。世界で最初のBSEの症例は，1986年にイギリスの乳牛で認められた。その後，欧州各国で次々と症例がみつかり，わが国では2001年8月にはじめて発見された。

BSEは，2年以上の潜伏期間をへて発症し，脳が海綿状（スポンジ状）になって死亡する。ヒトへの伝染の疑いも否定されていない。

BSEの病原体は，プリオン（感染性タンパク質）粒子とされている。そのプリオン粒子が安価なタンパク質飼料として広く流通していた肉骨粉の中に混入したために多くの発症につながったと考えられている。

なお，プリオン粒子を病原体とする病気には，BSEのほかにもヒツジ・スクレイピーが古くから知られており，これらは「動物の伝達性海綿状脳症」（TSE）と総称されている。

わが国では2003年に，BSEのまん延防止や牛肉の安全性に対する信頼確保などを目的として「牛の個体識別のための情報の管理及び伝達に関する特別措置法」が公布され，国内で生まれたすべての牛と輸入牛の生産・流通履歴情報を個体識別番号などによって把握できるようにした「牛トレーサビリティ制度」が構築されている。

安全な畜産物生産とHACCP

安全な畜産物の生産のために，世界的に関心がもたれ，実施されている衛生・品質管理方式にHACCP❶方式がある。通常，危害分析・重要管理点監視方式とよばれており，植物の栽培，家畜の飼育といった第1次生産段階から消費者の手に渡るまでの，食品の生産・流通に一貫して適用できる仕組みである❷。

わが国でも，平成14年にHACCPの考え方にもとづいた「家畜の生産段階における衛生管理のガイドライン」❸が策定され，こうした衛生管理手法の畜産農場への普及が図られている。

❶ Hazard（危害），Analysis（分析），Critical（重要），Control（管理），Point（点）の略。

❷ HACCPは，次の段階のすべてを実施するものである。
　①食品原材料の生育，製造，加工，流通，最終消費段階における危害要因を特定する＝何に注意しなければならないか
　②危害を除去するための手順と管理の基準を設定する＝どのようにするべきか
　③監視方法の設定と監視＝管理が適切におこなわれているか
　④改善処置＝監視の結果，設定基準から外れていた場合の原因と対策
　⑤検証＝正しくおこなわれていたかを科学的に検査する
　⑥記録の保存
　養豚におけるブタの肥育と出荷の場面でじっさいに検討され，おこなわれているHACCPの例を示すと，表3のようである。

❸食品の製造，加工における概念を家畜の生産段階におきかえ，①素畜・飼料，②施設の設計および設備の要件，③家畜の取扱い，④施設の保守および衛生管理，⑤作業者の衛生，⑥家畜の運搬，⑦出荷物に関する情報および出荷先の意識，⑧飼育従事者の教育・訓練についての一般的衛生管理マニュアルなどが示されている。

表4　ブタの肥育と出荷におけるHACCP

	危害	防止措置
肥育	子豚の健康不良	①ストレスを与えない ②適正飼養密度を守る ③増体量を確保する
	豚舎の構造などの不良	①破損個所を修繕する ②清掃・消毒を徹底する
	不適切な飼養管理	①豚舎の清掃，消毒，温度管理，換気に留意する ②適正飼養密度を守る ③飼料や飲水を衛生的に管理する
	従事者による微生物のもち込み	①履きもの，衣服の交換 ②手指の洗浄・消毒
	ネズミ族，昆虫，野鳥による微生物のもち込み	①進入個所の修繕と環境整備
出荷	出荷豚の健康不良 （正常豚として出荷する場合，輸送中に汚染の拡大をまねき危害が増大するおそれがある）	①輸送ストレスをかけない ②健康状態のよいものを出荷する ③体重のそろったものを出荷する
	不適当な輸送車	①清掃・消毒を徹底する ②とくに出荷後の輸送車は，と畜場などで十分に洗浄・消毒を実施し，微生物のもち込みを避ける

（「月刊・養豚情報」1996年より）

参考　先進国の畜産物消費と「食の不平等」

食肉をはじめとする世界の畜産物消費は，一般に先進国で多く発展途上国では少ない。後者には，主食の穀物さえ不足する国もある。

畜産物の供給源である家畜は，人間が利用できない草の繊維質や食品廃棄物などをタンパク質に変えるすぐれた能力をもつが，人間の主食ともなる穀物を給与し，肉にして食料にする場合には，穀物をそのまま食料にする場合に比べて数倍の穀物の量が必要となる。そのため，人間の主食となる穀物を食肉生産に過剰に用いることは，発展途上国の主食の確保をむずかしくすることにもなると考えられる。こうした状況については，「食の不平等」であり，世界の食料不足の一因ともなると指摘されている。

第2章
家畜の生理・生態と飼育環境

1 家畜の生理・生態と飼料

家畜の飼育にあたっては、それぞれの家畜の成長や繁殖の仕方、生産のしくみをよく理解し（図1）、その家畜の特性にあわせた飼料給与や飼育管理をおこなわなければならない。

1 家畜の栄養と飼料

家畜の最も基本的な生理機能は、飼料の消化・吸収であり、家畜の順調な成長、繁殖、生産のためには、飼料（栄養素）の供給

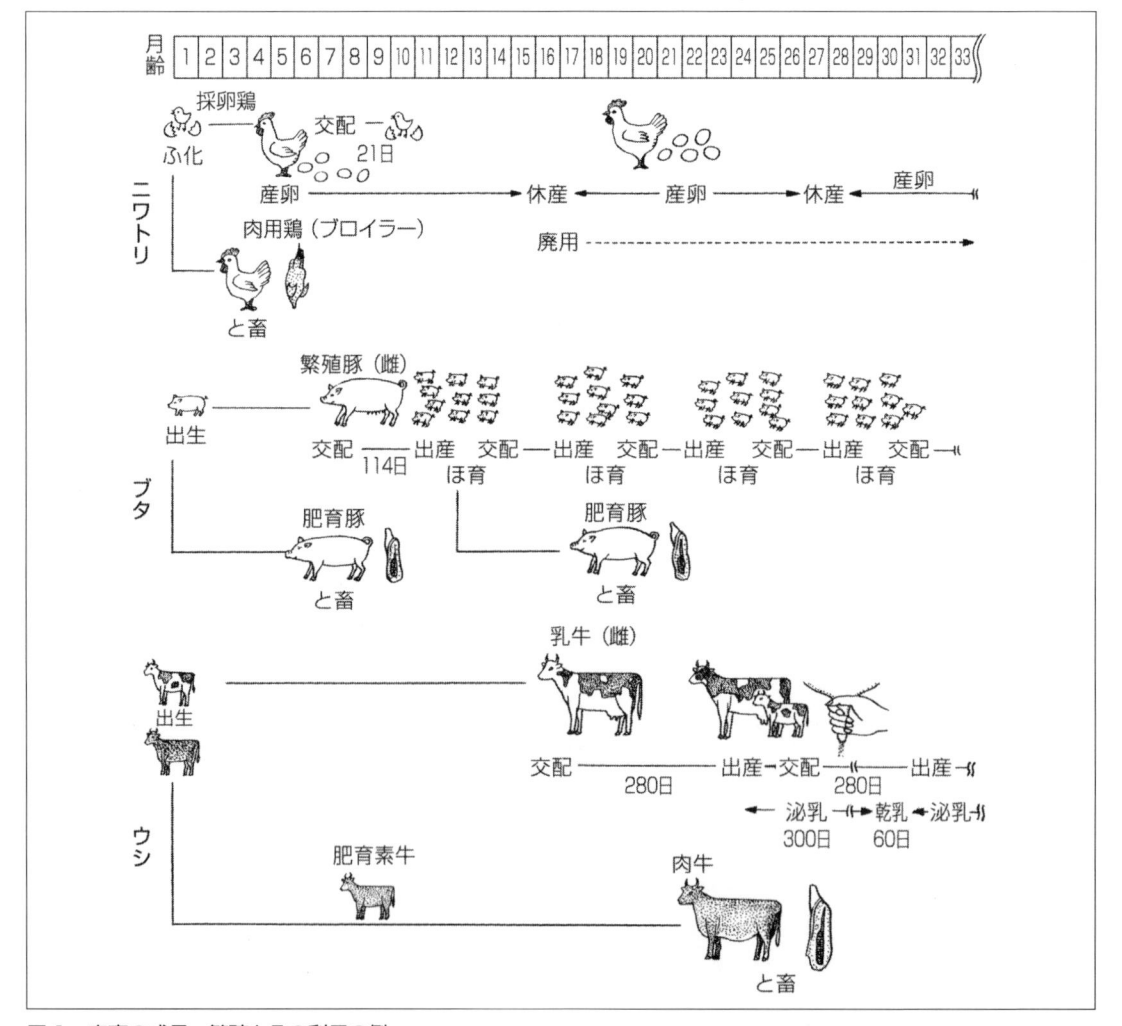

図1 家畜の成長・繁殖とその利用の例
注　ウシの肥育は、肉用肥育牛（和牛）の例。

が適切になされなければならない。

| 消化管の特徴 | 家畜の採食行動や飼料の消化・吸収のしくみは，家畜の消化管の構造や容積などによって異なるため，それぞれの家畜の消化管の特徴を理解しておく必要がある。家畜は胃の構造によって，**単胃動物**と**反すう動物**に大別され，おもな家畜の消化管の特徴は図2のようである❶。

ニワトリ（鶏）は歯がないが，食道にそのうが発達し，筋胃とよばれる胃袋にはグリット（小石）や砂をたくわえていて，食べた飼料を強い力ですりつぶして消化をうながす。

ブタの胃は人間と似た構造であるが，胃に小さなこぶがあり，その中にすみついている細菌のはたらきによって草などの繊維をあるていど消化することができる。

ウシの胃は4つに分かれていて，第1胃は非常に大きく，食べた飼料の貯蔵タンクの役目をしている。この中には原虫（プロトゾア）や細菌がたくさんすんでいて，ウシ自身は消化できない繊維を分解して，吸収しやすいように手助けしている。また，ウシは胃の中にすんでいる原虫や細菌の細胞を構成している微生物のタンパク質を利用することができる。

| 家畜の栄養生理 | 家畜の飼料には，水分，タンパク質，炭水化物，脂質❷，無機質（ミネラル），ビタミンなどの栄養素が含まれている。家畜は与えられた飼料の栄養素を，胃や腸などの消化管で消化・吸収し，それを肝臓やその他の

❶単胃動物にはブタ（豚），ウマ（馬），ウサギ（兎），家きん類などが，反すう動物にはウシ（牛），ヒツジ（羊），ヤギ（山羊）などがいる。ニワトリやちゃぼなどの家きん類は単胃動物であるが，くちばしをもち歯はなく，胃の構造もほ乳類とは異なる点が多い。

❷脂肪にリン脂質，糖脂質，ステロールを含めたもの。

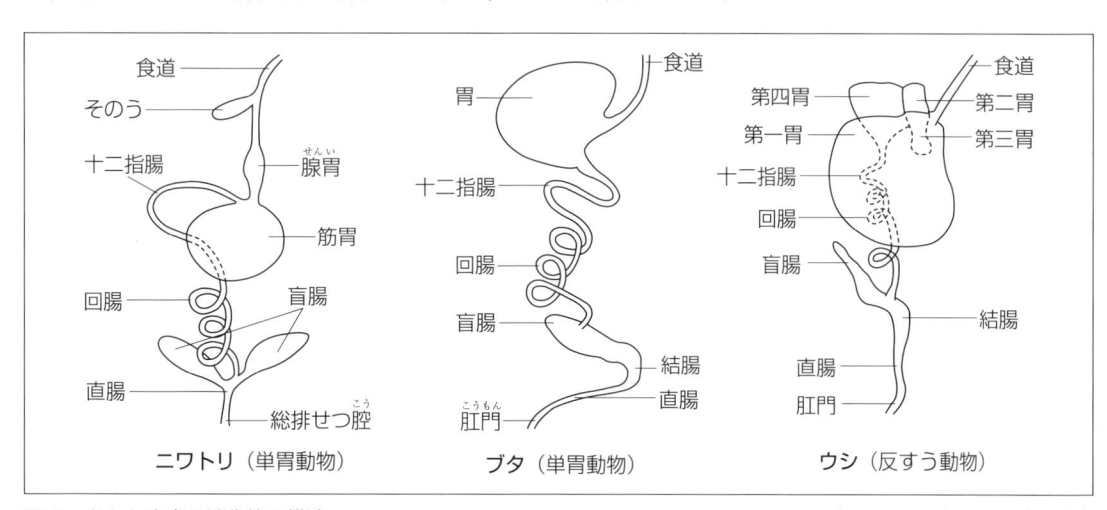

図2 おもな家畜の消化管の構造　　　　　　　　　　　　　　　　（McDonaldら，1973年より）
注　胃の容積は，単胃動物のブタは約8*l*であるのに対して，反すう動物のウシは約160*l*にも及んでいる。

器官で利用できるかたちに変えて，体の維持や成長，繁殖，生産をおこなっている。おもな栄養素のはたらきと消化・利用のしくみは，次のとおりである（図3）。

タンパク質 生物のからだを構成する最も基本的な物質で，筋肉，内臓，血液，ホルモンや，乳，卵などの主要な構成分となる。これらの各組織や物質のタンパク質は，各種アミノ酸❶を素材として合成される。

飼料に含まれるタンパク質は，ニワトリ，ブタなどの単胃動物では，消化によっていったんアミノ酸に分解されて吸収される。ウシなどの反すう動物の場合は，飼料中のタンパク質や窒素は，いったん第1胃内微生物によって分解・吸収されて微生物のタンパク質になる。この微生物のタンパク質が第4胃以下で消化・吸収される。

吸収されたアミノ酸やタンパク質は，各種体タンパク質や生産物のタンパク質に合成される。また，過剰なアミノ酸は糖分となってエネルギー源として利用されるか，脂肪となって体にたくわえられる。

炭水化物 生物は，呼吸によって炭水化物を分解し，このとき生じるエネルギーによって生命を維持し，筋肉を動かして諸活動を営んでいる❷。

家畜の飼料中に多い炭水化物は，ふつう，多糖類のデンプンやセルロースで，単胃動物の場合，デンプンは消化酵素によって，

❶動物の体内では合成できないか合成しにくいため，食物のタンパク質を通じて摂取しなければならないアミノ酸は，必須アミノ酸といい，リジン，アルギニン，ヒスチジン，メチオニン，トリプトファン，バリン，フェニルアラニン，ロイシン，イソロイシン，トレオニン（鳥類ではグリシンが加わる）がある。家畜の順調な成長と生産のためには，必須アミノ酸のバランスのとれた飼料の給与が大切である。

❷炭水化物は，単糖類（ブドウ糖，果糖など），二糖類（ショ糖，乳糖など），多糖類（デンプン，セルロース，グリコーゲンなど）に分けられる。呼吸のときに分解されるのは単糖類のグルコースであるが，ウシなどの反すう動物では短鎖脂肪酸も呼吸に用いられる。

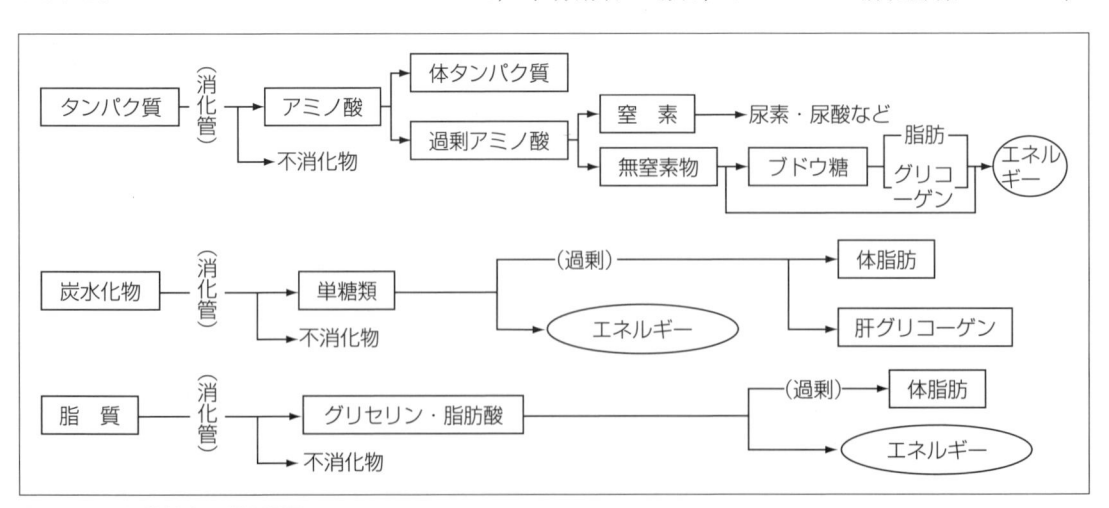

図3 おもな栄養素の利用過程
注 ウシなどの反すう動物では独特の消化・利用過程がある（→ p.118）。

第2章 家畜の生理・生態と飼育環境

セルロースは消化管内細菌によって単糖類に分解されて吸収される。反すう動物の場合，セルロースやデンプンは，おもに第1胃で微生物によって短鎖脂肪酸❶に分解されて吸収される（→ p118）。

吸収された単糖類や短鎖脂肪酸はエネルギー源として用いられ，また乳糖など生産物の成分になる。過剰な分は多糖類のグリコーゲンとなって肝臓や筋肉にたくわえられたり，体脂肪となって内臓のまわりや皮下などにたくわえられたりする。

脂質 脂質は体内で分解されて高いエネルギーを出し，生命の維持や活動，体温の維持に役立つ。また，脂質は細胞の重要な構成分であり，脳や神経をはじめ体各部の組織にも含まれ，大切なはたらきをしている。

摂取された脂質は，消化によってグリセリンと脂肪酸に分解されて吸収される。体内では，エネルギー源となるほか，乳脂肪など生産物の成分となる。過剰な分は体脂肪として蓄積される。

無機物，ビタミンなど 無機物（ミネラル）は，骨の主成分となるほか，体の生理機能を調節するはたらきをし，ビタミンも生理機能調節の重要なはたらきをしている。

| 飼料のエネルギーの利用 | 飼料のもつエネルギー❷が，乳，肉，卵などの生産物のエネルギーへと転換する過程をエネルギー利用の面からみると，図4のようになる。|

❶酢酸，酪酸，プロピオン酸など。揮発性脂肪酸（VFA），低級脂肪酸ともいう。

❷家畜では炭水化物と脂質（脂肪）がおもなエネルギー源となるが，ときにはタンパク質もエネルギーを発生する。なお，肉食動物ではタンパク質と脂質がおもなエネルギー源となる。

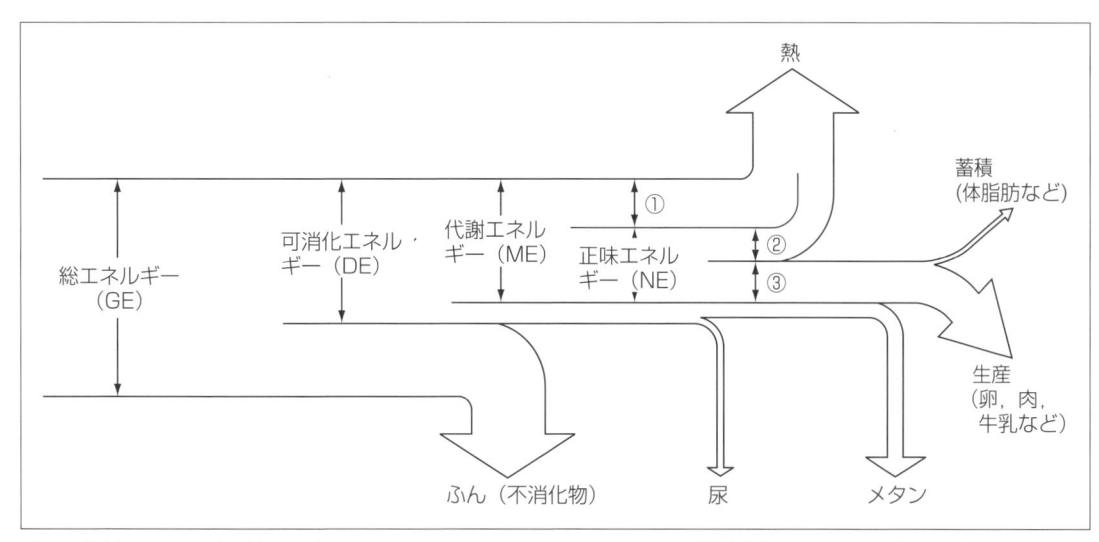

図4 飼料のエネルギー利用の流れ　　（「新畜産ハンドブック」1995年により作成）
注　①：養分代謝・発酵の熱エネルギー，②：基礎代謝の熱エネルギー，③：生産の正味エネルギー

❶可消化のタンパク質，炭水化物，脂肪の量の合計を可消化養分総量（Total Digestible Nutrients, TDN）という。

❷ Digestible Energy。ブタのエネルギーの単位に使われる。

❸ Metabolizable Energy。乳牛，ニワトリのエネルギーの単位に使われる。

❹ Net Energy。

家畜が食べた飼料は，それが消化・吸収される過程で不消化物として排出される部分があるので，家畜が利用しうるのは，消化・吸収された養分（これを**可消化養分**❶という）で，これのもつエネルギーを**可消化エネルギー**（DE❷）という。

しかし，可消化養分の一部は，尿や発酵ガス（メタン）になって体外に排出されるので，それらの損失するエネルギーを差し引いた部分を**代謝エネルギー**（ME❸）という。

さらに，代謝エネルギーは消化・吸収などの生理作用に利用され養分代謝熱や発酵熱となって失われるので，じっさいに卵，肉，乳などの生産に向けられるのは，それらの損失エネルギーを除いたものになる。これを**正味エネルギー**（NE❹）という。

2 飼料の種類・性質と給与の基本

飼料の種類と化学組成

家畜の飼料給与にあたっては，栄養素の供給が適切に過不足なくおこなわれなければならない。栄養素の供給源である飼料には表1に示すようなものがある❺。

❺これらのなかで，通常，牧草やわら類を粗飼料とよび，穀類，油かす類，製造かす類，動物質飼料を濃厚飼料とよんでいる。

家畜に飼料を給与する場合には，飼料の栄養素の含量を把握す

表1　飼料の分類

分類		給与の形態	代表的な草種・飼料
粗飼料	生草	青刈り，放牧	ペレニアルライグラス，チモシー，イタリアンライグラス，エンバク，トウモロコシ，ソルガム，バヒアグラス，飼料カブ，野草
	サイレージ	高水分，中水分，低水分	チモシー，イタリアンライグラス，トウモロコシ，ソルガム，エンバク，イネ
	乾草	乾燥	アルファルファ，チモシー，エンバク，スーダングラス，オーチャードグラス，イタリアンライグラス，トールフエスク
	わら類	乾燥	イネわら，コムギわら，オオムギわら，ダイズ稈，もみがら
濃厚飼料	穀類	乾燥	トウモロコシ，オオムギ，グレインソルガム（マイロ，コーリャン），コムギ，エンバク
	油かす類	乾燥	大豆かす，菜種かす，綿実かす，やしかす，あまにかす，サフラワーかす
	ぬか類	乾燥	ふすま，米ぬか
	製造かす類	乾燥，高水分	コーングルテンフィード，デンプンかす，ビートパルプ，糖みつ，ビールかす，豆腐かす，酒かす，ウイスキーかす，みかんジュースかす，りんごジュースかす
	動物質飼料	乾燥	魚粉，ミートボーンミール（骨つき骨粉），脱脂乳
単体アミノ酸		乾燥	塩酸リジン，DL-メチオニン
油脂類			動物性油脂，植物性油脂，脂肪酸カルシウム
糖類		乾燥	コーンスターチ，砂糖，ブドウ糖
リーフミール類		乾燥	アルファルファミール
木質系飼料		乾燥	蒸煮しらかんば
その他		乾燥	大豆皮，パンくず，綿実

（「日本標準飼料成分表2001年版」による）

ることが大切である。飼料の化学組成は粗タンパク質，粗脂肪，炭水化物，ビタミン，ミネラルとして表示される[❶]。

おもな飼料の化学組成をみると，穀類（トウモロコシ）は糖，デンプン，有機酸含量が，大豆かすは粗タンパク質が，牧草類は総繊維含量が多い（表2）。

❶ 炭水化物はさらに，総繊維と糖，デンプン，有機酸類（非繊維性炭水化物）に分けられる。

飼料の栄養価（TDNとCP）

飼料の性質を把握するうえで大切なもう1つの要素としては，飼料の栄養価がある。栄養価として日本で最も広く使用されているのは，**可消化養分総量**（TDN）である。可消化とは，「消化される」という意味で，TDNは消化される物質の総量とも理解され，この値が高いものほどその飼料のエネルギー含量は高いと評価される。TDNは次の式で求められる。

TDN（％）＝可消化粗タンパク質（DCP[❷]）＋可消化粗脂肪×2.25＋可消化炭水化物

❷ Digestible Crude Protein。

各種飼料のTDN含量の例を表3に示したが，飼料の種類あるいは飼料を食べる家畜の種類によって，TDN含量は大きく異なる。

❸ Crude Protein。

飼料の給与設計

家畜の飼料給与設計においては，エネルギー含量を示すTDNと**粗タンパク質含量**（CP[❸]）が栄養管理の基本指標として用いられる。表4は泌乳中の乳牛に必要な1日当たりの飼料の量，および飼料に含まれるべきTDNとCPの割合を示したものである。1日当たり乳量によって，飼料の必要量も栄養価も変わってくる。

家畜の成長段階や生産能力に応じた必要栄養量は，日本飼養標準に示されている。一方，日本標準飼料成分表には，飼料の化学成分含量と栄養価（TDN）が示されている。両者の数値から，家畜の必要とする栄養素の量を供給することが大切である。

表2　飼料の化学成分含量　　　　　　　　　　　　　（単位：乾物当たり％）

飼　料	粗タンパク質	粗脂肪	糖・デンプン・有機酸類	総繊維（NDF）
トウモロコシ	9.2	4.1	74.3	10.5
大豆かす	52.2	1.5	17.6	14.3
アルファルファ乾草	19.1	2.4	20.3	44.1
チモシー乾草	10.1	2.8	15.6	64.8
イネわら	5.4	2.1	11.7	63.1
豆腐かす（乾）	28.6	14.3	11.2	37.6
ビールかす（乾）	27.1	9.8	6.0	66.6

（表1と同じ資料による）

表3　飼料の可消化養分総量（TDN）含量　（単位：乾物当たり％）

飼料	TDN ウシ	TDN ブタ
トウモロコシ	92.3	93.7
大豆かす	86.8	80.3
アルファルファ乾草（開花期）	57.7	－
チモシー乾草（出穂期）	62.6	－
イネわら	42.8	－
豆腐かす（乾）	94.1	72.4
ビールかす（乾）	71.8	48.9

（表1と同じ資料による）

表4　日本飼養標準における給与飼料中の養分含量　（2産次，乾物中）

乳量（kg/日）	乾物給与量（kg/日）	粗タンパク質（％）	TDN（％）
20	16.2	12.6	70
30	20.0	14.2	74
40	23.7	13.8	71

（「日本飼養標準・乳牛2006年版」による）

2 家畜の飼育環境とその調節

1 家畜をとりまく環境とその調節

家畜と環境　家畜をとりまく環境は，家畜の健康と生産性に大きく影響する。同時に家畜は，環境に適応して，体温などの生体維持に必要な機能をほぼ一定の水準に保とうとしている。この機能は，**生体恒常性維持機能**とよばれている。

家畜に影響を及ぼす環境要素には，気温，湿度，風，光などの気候的要素，音，ガス，じんあいなどの物理的・化学的要素，昆虫や微生物などの他の生物，他の家畜や管理者などから受ける生物的要素などがある。これらの環境要素のなかで，とくに大切なのは温度環境（熱環境）と飼育環境である。

家畜の適温域　恒温動物である家畜は，ある温度範囲であれば，血管の伸縮と拡張だけで体温を一定に保つことができる。その温度域を**熱的中性圏**といい，エネルギー的に生産効率が高い温度域である。

おもな家畜の適温域（体温調節が容易にできる温度域）は，表1のようであるが，これらの値はいずれも熱的中性圏内にある。

暑熱環境　家畜は高温になると，発汗や呼吸にともなう放熱をさかんにして[1]，体温を一定に保ちつつ生産活動をおこなっているが，暑熱環境下では食欲が低下し，生産性や繁殖成績の低下が起こることが少なくない。

とくに，乳牛（ホルスタイン）は寒冷環境には強いが暑熱環境には弱く，高温時には暑熱ストレスとよばれる次のよう症状があらわれる。第1胃運動が低下し，飼料の消化管内滞留時間が長くなるために，採食量が減少する。また，体温を一定に保つために呼吸数を増加させたり，体表への血流量を増加させたりする。そのために，熱放散のためのエネルギー必要量が増加し，それが乳生産のエネルギー量を相対的に減少させるようになり乳量の低下

[1]家畜の汗腺はウマがよく発達しており，ついでウシ，ヒツジ，ブタの順で，ニワトリには汗腺がない。呼吸にともなう放熱がさかんになり，高温時に呼吸数が60〜100回をこえるものは熱性多呼吸（パンティング）とよび，汗腺の発達していないニワトリやブタでよくみられる（→ p.64）。

表1　おもな家畜の適温域

ウシ	育成牛	10〜25℃
	泌乳牛	5〜20℃
	肉用牛	5〜25℃
ブタ	子豚	20〜30℃
	繁殖豚	10〜25℃
	肥育豚	10〜25℃
ニワトリ	採卵鶏	20〜30℃
	ブロイラー	15〜25℃

（p.13図4と同じ資料による）

を引き起こす（→ p131）。

したがって，夏季の高温時には，畜舎内の温度と湿度を低下させ，換気の促進を図るとともに，夜間の涼しいときに飼料を摂取させるなどの工夫が必要となる。

寒冷環境 熱的中性圏の下限を下回る温度域では，摂取した飼料エネルギーの一部が体温の維持に使われ，発育の停滞を引き起こす場合がある。

しかし，寒冷環境では家畜は飼料を多く摂取するようになり，寒冷のていどがあまり大きくない場合には，飼料給与量を増加させることで発育の停滞を防ぐことができる。

その他の環境要素 畜舎内は，外界に比べると空気の動きが少なく，ふつう，じんあいや微生物，二酸化炭素，アンモニアガスなどが多く含まれていて，湿度も高い。近年は畜舎の規模も大きくなり飼育密度が高まっているので，空気の汚染はいっそうひどくなっている。

そのため，家畜の呼吸器系の病気が増えたり，ストレスが助長されたりして，生産能力の低下をきたしていることが少なくない。舎内空気の悪化は，通風・換気を図ることによって改善できるが，根本的には，飼育密度の低下，家畜の生理・習性に適した畜舎構造の工夫によって防ぐことが大切である。

太陽の光線は，健康の維持・増進のうえで重要で，紫外線によって病原菌を殺す力が強く，ビタミンDの生成にも効果がある。とくに，育成期の家畜は，舎外に出して，十分な太陽光線のもとで自由に運動させ，丈夫な体をつくるように心がけなければならない❶（図1）。また，ニワトリは，1日の明暗周期が，産卵率や卵重などに影響する（→ p.63）。

❶たとえば，ニワトリでは太陽光にあてた場合とあてない場合とで，とさかの色や骨格の発達に差があらわれる。

図1 十分な太陽光線のもとでの育成

参考 わが国の気候の特徴と飼育管理の留意点

現在のわが国の家畜は，その多くが西ヨーロッパにおいて改良・作出され，その後，北アメリカからオセアニアにおいてさらに改良・増殖されたものである。これらの地域は，一般には夏は冷涼で，年間をとおして湿度が低い。したがって，わが国の梅雨，春雨，秋雨などによる多湿や盛夏の高温・多湿は，家畜に強いストレスを与えるため，これらの時期には十分な注意が必要である。

2 飼育環境とその改善

飼育環境とストレス

家畜の飼育環境は、個体飼育か群飼育、放牧飼育か舎内飼育あるいはパドック（運動場）飼育かなどによってさまざまで、家畜に与える影響も異なる。

現在の日本では、高密度の舎内飼育が多い。そこで問題になるのは、ストレスによる生産性の低下や病気の発生である❶。家畜にストレスを引き起こす要因（**ストレッサー**という）を表2に、ストレスに対する反応をニワトリの例で表3に示す。

ストレスの影響

異常な高温や低温、騒音や空気汚染、密飼いなどのストレッサーが加わると、家畜の体は、まず副腎皮質ホルモンなどの分泌を増やして、体内の栄養分の分解を高めたり血圧を上昇させたりして、ストレスに耐え、健康を保とうとする。このとき、健康維持に重点が移り、産卵などの生産活動は低下する。

さらにストレスが続くと、副腎皮質ホルモンの分泌が過剰になり、その結果、体内のリンパ球❷が急速に減少し、家畜は病気にかかりやすくなる（図2）。また、生産物の品質に異常が生じることもある。

❶家畜を群で飼育すると個体間の社会的な優劣が生じ、弱いものは飼槽や飲水場所で排除されるなどして、発育が遅れることがある。

❷体内にはいった病原菌と闘い、病気を防ぐ役割をしている。

表2　家畜・家きんにストレスを引き起こす要因

①汚染された飼育環境（堆積された排せつ物、換気不良など）
②高密度飼育
③環境温度
④体重測定・輸送
⑤飼料摂取順位（個体間の優劣）
⑥急激な成長（栄養素の供給不足）
⑦栄養素含量のアンバランス
⑧病気
⑨飼育管理者の不適切な対応

（「日本飼養標準・家禽1997年版」による）

表3　ストレスに対するニワトリの反応

①基礎代謝量の増加と体温の上昇
②成長低下と筋肉分解の増加
③飼料摂取量の低下
④軟骨および骨の成長低下
⑤免疫能の低下

（表2と同じ資料による）

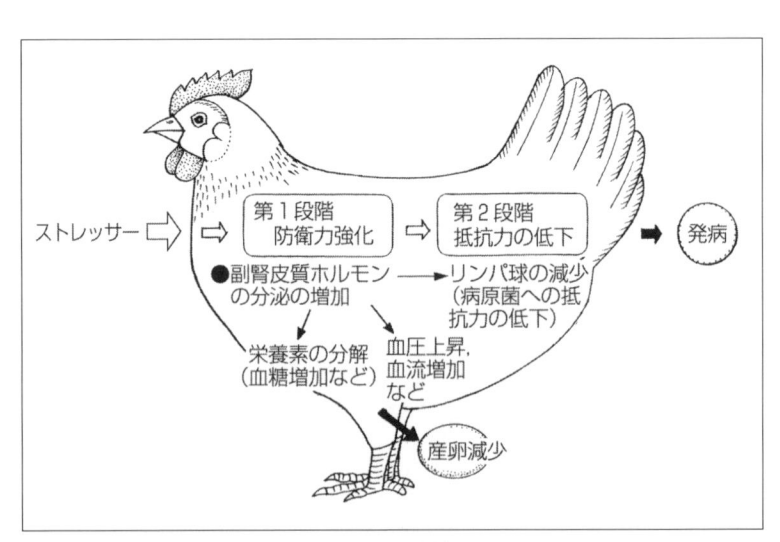

図2　ストレスと病気の発生（ニワトリの場合）
（川崎晃「飼育環境が産卵におよぼす影響」、佐藤孝二「産卵体制の整備」『農業技術大系・畜産編―鶏』昭和55年により作成）

ストレスの軽減　近年の大規模化した畜産では，密飼い，舎内空気汚染，薬剤投与など，各種のストレッサーがあり，家畜の発病はストレスが誘因となる場合が多い。家畜の生理・習性と環境反応をよく理解し，できるだけストレスをかるくするように管理し，畜舎・施設の改善を図ることが大切である。

とくに，幼畜や繁殖中の母畜は，体内のリンパ球や免疫抗体が少ない時期なので，ストレスの回避，病気の予防に注意する。

動物福祉と家畜飼育　動物福祉とは，「飼育動物に不必要な苦痛を与えることなく，よりよい環境を保証する」ことを意味する。よりよい環境とは，それぞれの動物が本来もっている行動様式がとれるような状態をつくり出し，維持することである。

動物を酷使したり，たたいたり，けったりという虐待をすることなく，また，適切な管理や輸送などをおこなうために，各国は「動物保護法」や「農用家畜保護協定」「産業動物の飼養及び保管に関する基準」（日本）を定めている。これからの畜産においては，こうした点にも十分配慮していかなければならない。

参考　世界の動物福祉の基準

各国の動物福祉の基準のなかからいくつかの例を紹介すると，以下のようである。

①**動きの自由**　家畜を長期間つなぎ，拘留する場合には，その家畜がもつ生理的，行動的な要求にあった空間を与える。

②**子牛の健康**　子牛はけい留しない。1頭飼育施設（ペン）は少なくとも，幅は体高と等しく，長さは体長の1.1倍とする。群飼育の場合には，子牛1頭当たりの床面積は少なくとも，生体重150kg以下では1.5m^2，150〜220kgでは1.7m^2，220kg以上では1.8m^{2}とする。

寝床は，子牛が困難なく横になって休息でき，立ちあがって身づくろいできる構造にする。自然光あるいは人工光にあてなければならない。

③**ブタの基準**　豚舎は困難なく横になり，休息し，起きあがれる構造とし，そして休息できる清潔な場所をつくらなければならない。4週齢以降の去勢は麻酔下でおこなう。断尾や犬歯切りを日常慣行としては実施しない。

④**家畜の輸送**　輸送にさいしては，家畜が起立を保っていられるスペースを与え，必要に応じて揺れに対処できるような仕切りを設置する。また，悪天候や急激な天候の変化から家畜を守れるような用意をする。輸送中は，適切な間隔で給水や給じをする。角を縛ったり，鼻環を用いたけい留はしない。

⑤**と畜**　動物に不必要な苦痛を与えない。と畜前に興奮させないようにし，安楽死させるために気絶処置をした場合には，意識が戻る前に即座に頸動脈の切断により放血する。

3 家畜の繁殖と育種

1 家畜の繁殖

動物は，ある年齢（月齢）になると生殖器が成熟し，雌と雄との交尾によって新しい生命を誕生させる能力，つまり繁殖力をもつようになる（図1）。家畜の性成熟期と繁殖に用いる適期は，表1に示すとおりである。

| 生殖器の構造と機能 | 生殖器は生殖腺と副生殖器から構成されている。雌の生殖腺は**卵巣**であり，副生殖器は卵管（卵巣から子宮につながる導管），子宮，ちつから成り立っている❶（→ p.95 図1, p.122 図2）。雄の生殖腺は**精巣**で，副生殖器は精巣から交尾器につながる導管などから構成されている。

卵巣は卵子を生産し，同時に繁殖に必要なホルモンを分泌する。卵巣には多くの**卵胞**があり，これが発育して排卵が起こる。排卵された卵子は卵管にはいり，そこで受精がおこなわれる。卵管内で受精がおこなわれた受精卵（**胚**）は，子宮にはいって着床して胎児へと発育する。

| 繁殖周期 | 雌は発情が起こると雄を受け入れるようになり，排卵がおこなわれる。排卵→受精→着床→妊娠→分べん→ほ育を，周期的に繰り返すサイクルのことを**繁殖周期**（生殖周期）という。表2に示すように，家畜の繁殖周期は多様である。

また，雌の生殖器にみられる卵胞の発育，排卵，黄体の形成・

❶ニワトリなどの家きんでは，卵管が発達しており，そこに漏斗部，ぼう大部（卵白分泌部），峡部，子宮部（卵殻腺部），ちつ部が存在する（→ p.63 図1）。

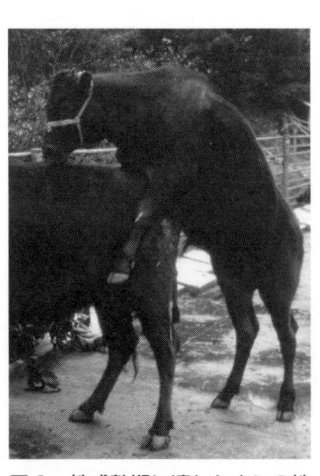

図1 性成熟期に達したウシの性行動

表1 家畜の性成熟期と繁殖供用開始に適した月齢

		ウシ	ウマ	ブタ	ヒツジ	ヤギ
雄	性成熟期	8〜12か月	25〜28か月	7か月	6〜7か月	6〜7か月
	繁殖適齢	12か月	3〜4歳	10か月	9〜12か月	9〜12か月
雌	性成熟期	6〜18か月	15〜18か月	6か月	6〜8か月	6〜7か月
	繁殖適齢	14〜22か月	36か月	8か月	9〜18か月	12〜18か月

（p.13 図4と同じ資料をもとに作成）

退行❶，新規卵胞の発育は，家畜ごとに一定間隔で繰り返され，これを**発情周期**（性周期）という。

家畜の繁殖を確実なものとするためには，雌家畜の発情を確実に発見し，受精を的確におこなうことが大切である。

❶発情期に交尾，妊娠が成立しなかった場合には，黄体が退行し，次の発情にそなえた卵胞の発育がふたたび始まる。

妊娠と胎児の発育 受精がおこなわれ胚が子宮に到達すると，黄体は退行せずに**妊娠黄体**ができ，発情周期の繰り返しが止まり妊娠が成立する。その後，胎盤が子宮内に形成される。妊娠の全期間を通じて母体から胎児への栄養供給は胎盤を経由しておこなわれる。

胎児重量の増加は，妊娠の初期には小さいが，ウシの場合，妊娠末期の約3か月間に急激に増大する（図2）。

免疫機能と初乳の役割 妊娠中の胎児は，子宮内で保護された状態にあるが，出生後は外部環境への適応力と病気に対する抵抗力（免疫機能，生体防御機能）をつけなければならない。

❷ヒトの場合には，妊娠中に母体から胎盤をとおして免疫グロブリンが胎児に移行する。

家畜の分べん直後に分泌される初乳には，免疫機能の保持に大切な免疫グロブリンが多量に含まれており，新生子は小腸から初乳の免疫グロブリンを積極的に吸収することができる❷。

したがって，新生子の生体防御機能を維持していくためには，初乳をしっかりと飲ませることが大切になる。

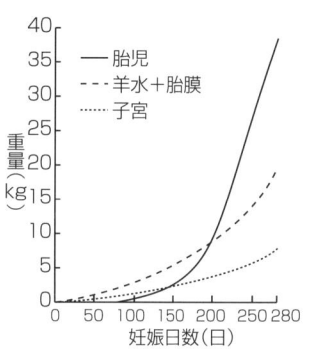

図2 ウシの胎児重量などの増加
（西田武弘による）

表2 家畜の繁殖周期の比較

種類	繁殖季節	発情周期		発情期間	排卵			妊娠期間（日）	産子数
		型	間隔（日）		性質	数	時期		
ウシ	周年	多発情	20〜21	16〜21時間	自然	1	発情終了後10〜14時間	278〜285	1
ウマ	春〜夏	多発情	20〜24	7日	自然	1	発情終了前24時間	335	1
ブタ	周年	多発情	21	2〜3日	自然	10〜18	発情開始後24〜48時間	114	4〜14
ヒツジ	秋〜冬	多発情	17	約32時間	自然	1〜2	発情開始後25〜30時間	145〜150	1〜2
ヤギ	秋〜冬	多発情	20	約40時間	自然	1〜3	発情開始後35〜40時間	150	1〜2
イヌ	年1〜2回の繁殖期	単発情	−	8〜14日	自然	4〜8	発情開始後48〜60時間	63	2〜8
ネコ	早春〜夏	多発情	15〜21	9〜10日（雄不在）7〜8日（雄存在）	交尾	5〜10	交尾後24〜30時間	63	2〜7

注　日数，時間は，品種や個体などにより差がある。　　　　　　　（p.13 図4と同じ資料をもとに作成）

2 育種とバイオテクノロジー

家畜の生産性を高める方法の1つとして、遺伝的な能力を測定・評価し、それを基礎とした育種・改良および改良家畜の増殖がおこなわれてきた。

育種・改良の目標 育種・改良をおこなうためには、まず改良の目標が設定されなければばならない。改良目標は、乳牛の場合ではおもに乳量（305日乳量）、乳脂肪率、乳タンパク質率あるいは体型である。肉用牛では肉質（とくに胸最長筋＜ロースしん＞の脂肪交雑等級）や繁殖性などであり、ブタでは産子数、飼料効率、育成率、病気に対する抵抗性などである[1]。

選抜方法 育種・改良にあたっては、まず個体ごとの能力を測定する検定がおこなわれる。次に、集団からすぐれた個体を選抜し、さらに交配をおこなって次世代を得る。この作業の何世代かの繰り返しによって改良目標が達成される。たとえば、ブタでおこなわれている系統造成の一般的な方法は、以下のとおりである[2]。

①基礎豚として種雄豚10頭と種雌豚50頭を導入する。

②基礎豚の交配により生まれた産子について、体重が25kg前後に達した時点で、一腹から雄1頭、雌3頭を種豚候補（育成豚）として第1次選抜する。また、各腹の子豚のなかから、と畜解体調査のために1～2頭を選び肥育をおこなう（肥育豚）。

③育成豚と肥育豚について、30～90kg（と畜解体）のあいだで検定をおこなう。測定される形質は、1日平均増体量、背脂肪

[1] わが国では「家畜改良増殖法」（昭和25年制定）にもとづき、家畜の改良増殖を計画的におこなうことを目的として「家畜改良増殖目標」が策定されている。そこでは、ウシ、ブタ、ウマ、メンヨウ（ヒツジ）、ヤギなどの能力、体型、頭数などについての一定期間における向上に関する目標が定められている。現在の「家畜改良増殖目標」は、平成17年3月に策定され、27年度の目標数値も設定されている（→ p.52, 79, 112, 162, 166）。

[2] 同一品種のなかで、血縁関係が強く、性質・能力などが似た集団を系統という。ブタでは、すぐれた系統を作出して、これを種豚とすることで育種改良の成果をあげてきた。

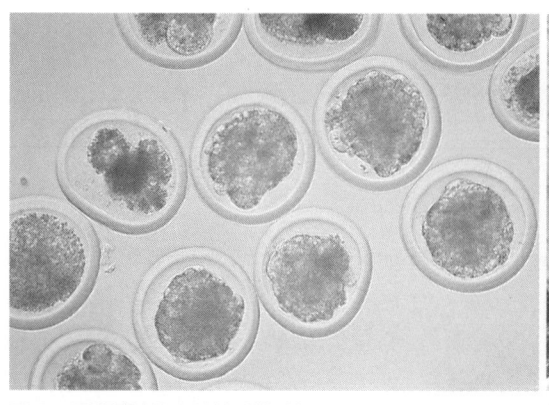

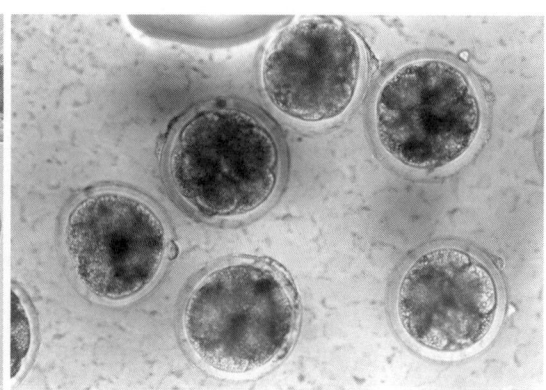

図3 胚移植技術と体外受精（左：ウシから回収した胚の状態、右：体外受精後〈48時間後〉の状態）

の厚さ，胸最長筋断面積などであり，これらの成績から第2次選抜をおこない，雄豚と雌豚それぞれ10頭と50頭が選抜される。

④選抜した種豚について，近親を避けながら交配し，1年1産で世代を回転する（ふつう，第7世代で系統豚が確立される）。

ゲノム研究　近年，効率的な改良をおこなう手段として，優良形質（ときには不良形質）を支配する遺伝子（DNA）そのものを対象とするゲノム❶研究が世界的に活発に展開されている。現在，家畜の生産性❷に関する，遺伝子の染色体上での位置の特定と遺伝子の構造解析がおこなわれている。

バイテクによる繁殖技術　優秀な家畜を増殖するための技術開発が，畜産の基礎をつくってきた。それは，人工授精（→p124）から始まり，胚（受精卵）移植技術（→p.198）や体外受精，さらには核移植（クローン技術）へと進展してきている（図3）。

クローン技術とは，細胞の核を別の細胞の核とおき換えるものであり，その技術の基本は，①卵子の核を取り除く，②ある細胞の核を卵子に導入する，③卵子の活性を刺激する，の3段階から成り立っている。図4には，いろいろな細胞核を用いたクローン技術の方法を示す❸。

❶「個体がその機能を発揮し，維持する最小限の染色体DNAのセット」を意味する。ヒトの場合には，染色体は22対の常染色体と2本の性染色体から構成されているので，常染色体の1組22本と性染色体がヒトのゲノムである。

❷乳量，乳質，肉質，特定疾病などの経済形質。

❸胚（受精卵）を基礎とするものと，体細胞を基礎とするものの2つに大別される。平成9（1997）年11月，イギリスのロスリン研究所では，乳腺細胞の核をヒツジの卵子に移植して電気融合し，別のヒツジの卵管でさらに6日間培養してから，受卵ヒツジに本移植して子羊（ドリーと命名）を誕生させた。その後，日本では体細胞を用いたウシが各所で生産されている。

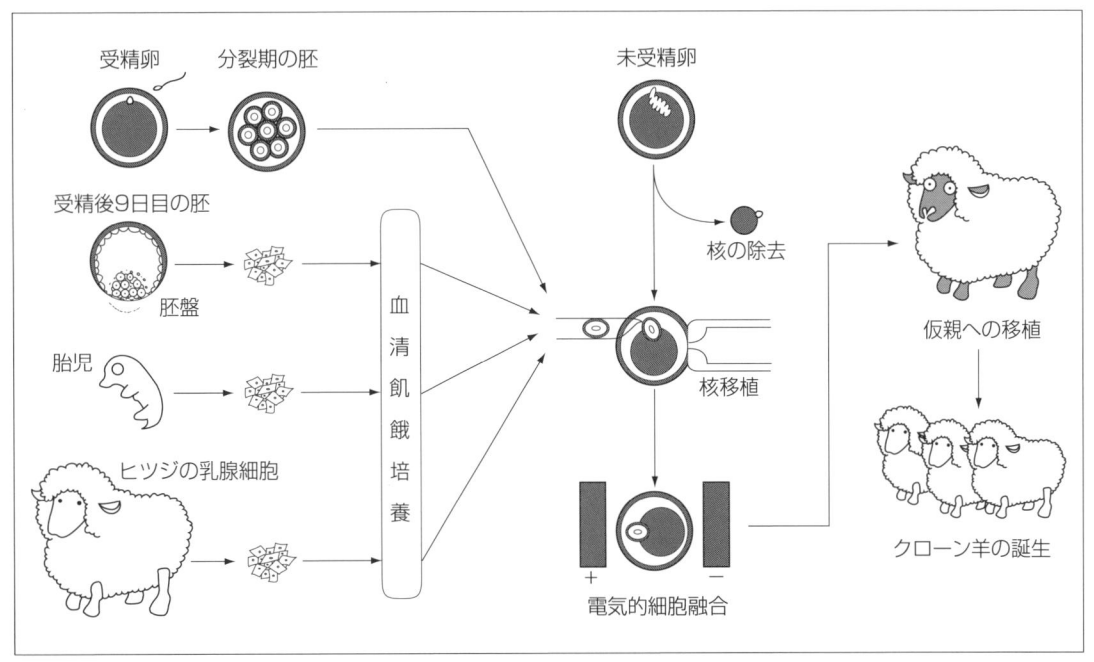

図4　4種類の細胞核を用いたクローン作成の方法　　　　　（高橋・今井による）

4 家畜ふん尿の処理と有効利用

資源としての家畜ふん尿の利用

わが国の現在の畜産においては,家畜ふん尿の環境への影響が大きな問題となっているが,家畜ふん尿は,本来,地力を高めるなどのはたらきをもつ,貴重な有機性資源(バイオマス)である。

家畜ふん尿の利用方法は,ふん尿と敷料(→ p.178)の混合物を堆肥化したり乾燥したりして農地に還元する,あるいはふん尿混合物(スラリー)は腐熟させて液肥として利用するといった方法が一般的である。

しかし,バイオマスとしての家畜ふん尿には,図1にみるような多様な利用方法がある。今後は,こうした利用の広がりにも着

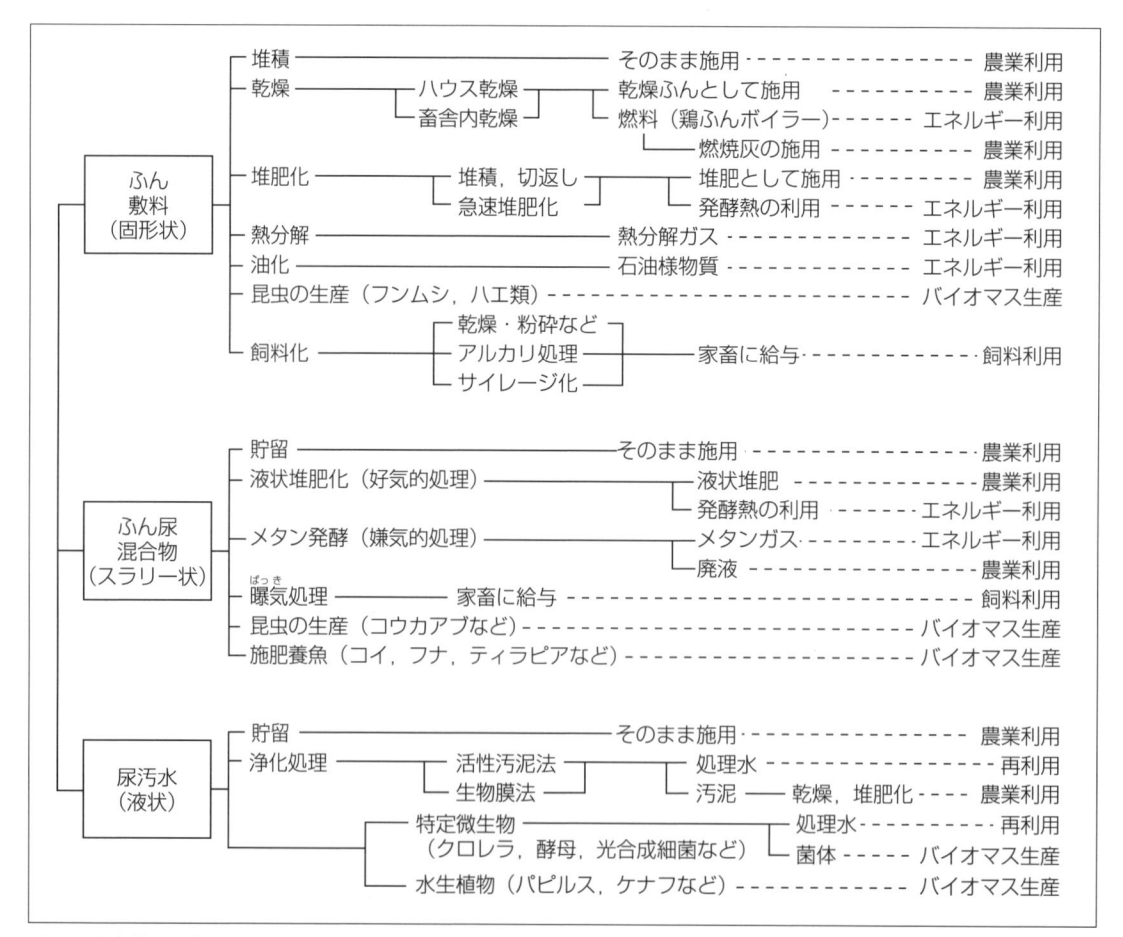

ふん・敷料(固形状)
- 堆積 ── そのまま施用 ─── 農業利用
- 乾燥 ─┬─ ハウス乾燥 ─┬─ 乾燥ふんとして施用 ─── 農業利用
         │   ├─ 燃料(鶏ふんボイラー) ─── エネルギー利用
         └─ 畜舎内乾燥 ─┘ └─ 燃焼灰の施用 ─── 農業利用
- 堆肥化 ─┬─ 堆積,切返し ─┬─ 堆肥として施用 ─── 農業利用
           └─ 急速堆肥化 ──┘ └─ 発酵熱の利用 ─── エネルギー利用
- 熱分解 ── 熱分解ガス ─── エネルギー利用
- 油化 ── 石油様物質 ─── エネルギー利用
- 昆虫の生産(フンムシ,ハエ類) ─── バイオマス生産
- 飼料化 ─┬─ 乾燥・粉砕など
           ├─ アルカリ処理 ── 家畜に給与 ─── 飼料利用
           └─ サイレージ化

ふん尿混合物(スラリー状)
- 貯留 ── そのまま施用 ─── 農業利用
- 液状堆肥化(好気的処理) ─┬─ 液状堆肥 ─── 農業利用
                              └─ 発酵熱の利用 ─── エネルギー利用
- メタン発酵(嫌気的処理) ─┬─ メタンガス ─── エネルギー利用
                              └─ 廃液 ─── 農業利用
- 曝気処理 ── 家畜に給与 ─── 飼料利用
- 昆虫の生産(コウカアブなど) ─── バイオマス生産
- 施肥養魚(コイ,フナ,ティラピアなど) ─── バイオマス生産

尿汚水(液状)
- 貯留 ── そのまま施用 ─── 農業利用
- 浄化処理 ─┬─ 活性汚泥法 ─┬─ 処理水 ─── 再利用
             └─ 生物膜法 ──┘ └─ 汚泥 ── 乾燥,堆肥化 ─── 農業利用
- 特定微生物(クロレラ,酵母,光合成細菌など) ─┬─ 処理水 ─── 再利用
                                                  └─ 菌体 ─── バイオマス生産
- 水生植物(パピルス,ケナフなど) ─── バイオマス生産

図1 家畜排せつ物の資源的利用の例 (p.13図4と同じ資料による)

目し,環境に負荷を与えない家畜ふん尿の処理と有効活用を工夫していかなければならない。

堆肥化の技術

家畜ふん尿の堆肥化をおこなうために必要な条件は,①栄養源,②温度,③水分,④酸素,⑤微生物,⑥腐熟時間である。品質のよい堆肥づくりのためには,とくに有機物の分解・発酵をうながす微生物の活動を高めることが重要で,堆肥化の技術とは,微生物を増殖し有機物分解能力が高まるように,栄養源や水分などの環境をととのえる技術でもある。

方式		施設名および略図	特徴
堆積方式		堆肥舎(盤)	ショベルローダなどによって,切返しだけをおこなう,最もかんたんな堆肥化方式
		箱型発酵槽	ショベルローダなどによって,切返しをおこない,下部から強制通気をする施設も多い
かくはん混合方式	密閉タイプ	横型回転式発酵槽(ロータリキルン)	横おきの円筒発酵槽が低速で回転しながら,原料のかくはん,混合,移動をおこなう。内部に強制的に通気し,乾燥を目的に加温空気を送り込むことも多い
		密閉縦型発酵槽	単段から複数段まであり,中心部をとおる主軸に取りつけたかくはん羽根でかくはんし,強制通気をおこなう。上部投入,下部取出し
	開放タイプ	開放横型スクープ式発酵槽	開放横型発酵槽に取りつけた,幅広のチェーンコンベアを移動させながら切り返す。底部から強制通気をおこなう
		開放横型ロータリ式発酵槽	開放横型発酵槽に取りつけた,耕うん機のロータリ部と同様の機構の切返し装置でかくはんする。強制通気をおこなわない施設が多い
		その他 　開放横型スクリュー式発酵槽 　開放横型パドル式発酵槽	切返し装置の機構のちがいによってさまざまなタイプのものがある

図2　家畜ふん堆肥化装置の例

図3　豚ぷんの発酵処理施設の例

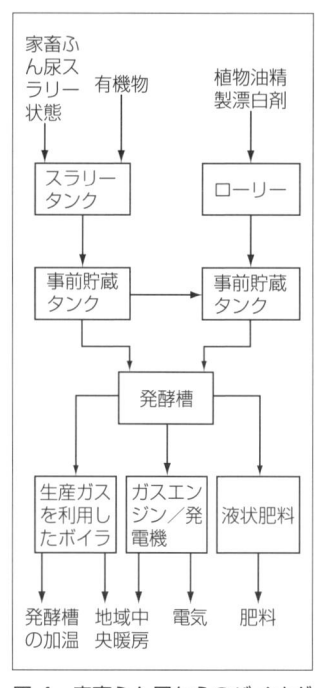

図4　家畜ふん尿からのバイオガス（メタンガス）生産のしくみ
（農政調査委員会,1994年による）

4　家畜ふん尿の処理と有効利用　25

家畜ふん尿の堆肥化にあたっては，通常，ふん尿に敷料のおがくずなどを混ぜて堆積し，反転やかくはんするが，おもな堆肥化の方法・装置には図2のようなものがある（図3）。

バイオガス，肥料としての利用

家畜排せつ物からバイオガス（メタンガス）を取り出し，それをエネルギー源として利用する試みも注目されている。その概要を図4に示す。これは，液状家畜ふん尿（スラリー）は，発酵タンクの中で嫌気的な発酵（酸素のない状態）をさせることによってメタンガスを生成する。そのガスを暖房，電気に利用し❶，タンク内に蓄積される汚泥（発酵残さ，スラッジ）を肥料として利用する方式である。

この方式はバイオガスプラントともよばれ，ヨーロッパではデンマークやドイツでの導入が進んでいる。国内でもいくつかのプラントが稼働している。

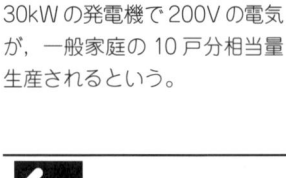

❶北海道酪農学園大学のプラントでは，乳牛150頭規模で毎日10tのふん尿を250m³の発酵タンクに投入し，熱エネルギーとして80℃のお湯が貯蔵でき，30kWの発電機で200Vの電気が，一般家庭の10戸分相当量生産されるという。

参考　養分排せつ量を減らす飼料給与技術の開発

ふん尿中に排せつされる養分量は，ブタでは摂取窒素の52％，摂取リンの76％である（表1，ウシでは摂取窒素の63％，摂取リンの72％）。この量を減らすことで窒素による地下水の汚染，リンによる湖沼の富栄養化を軽減することができる。

排せつ窒素量の減少のためには飼料タンパク質のアミノ酸組成を変えることが，また，排せつリン量を減少させるためにはフィターゼという酵素の利用が有望視されている。

表2は，ブタの飼料に必須アミノ酸であるリジンを添加し，タンパク質のアミノ酸組成を改善することで，窒素のふん尿排せつ量を減少させ，同時にブタの増体成績も高くなった試験成績である。

表1　肥育豚の1日1頭当たり飼料，窒素，リンの摂取量，ふん尿への排せつ量，体への蓄積量　　（単位：g）

	飼料乾物	窒素	リン
摂取量	2,077	54	17
ふん尿への排せつ量		28 (52%)	13 (76%)
体への蓄積量		26 (48%)	4 (24%)

注　体重52kg，日増体量715g。（ ）内は摂取量に対する構成比。
（農林水産省九州農業試験場による）

表2　ブタの飼料のリジン含量のちがいによる窒素の排せつ量・蓄積量など

飼料	A	B	C	D
リジン含量（％）	0.61	0.69	0.77	0.85
窒素摂取量（g/日）	58.7	57.4	59.3	59.2
窒素のふん尿排せつ量（g/日）	40.3 (69%)	37.8 (66%)	34.1 (58%)	35.9 (61%)
蓄積量（g/日）	18.4 (31%)	19.5 (34%)	25.2 (42%)	23.3 (39%)
日増体量（g）	886	979	1,086	1,009

注　平均体重58kg。（ ）内は摂取量に対する構成比。　　（表1と同じ資料による）

第 3 章

飼料の生産と利用

1 飼料作物の特徴，種類と利用

1 飼料作物の成り立ちと特徴

　人類は草食動物を家畜化し，その乳や肉を食料にするとともに，畜力を農作業や輸送などに利用してきた。これら家畜化された草食動物には，その地域に自生する植物や，作物体のなかで人が利用できない部位を飼料として与えられてきたと考えられる。そのため，草食家畜の飼料となる植物は多種多様で，現在も広い地域で野草やイネわらのような作物の茎葉を飼料としている。

　一方，家畜飼育頭数の増加などから，飼料を確保し安定した供給が求められ，飼料生産のための作物の栽培がおこなわれるようになった。このような作物を総称して**飼料作物**という。

　飼料作物は茎葉の利用が主体であるため，必ずしも開花・結実を待つ必要がない。このため，他の作物に比べ播種や収穫あるいは利用可能な期間が長く，穀物などの栽培が困難な地域でも比較的安定した栽培が可能である。このような特性から，飼料作物は寒冷地や山岳地などでとくに重要な作物となっており，やせ地や雨量の少ない地域でも広く栽培されている（図1）。

図1　いろいろな飼料作物の栽培　（左：牧草〈リードカナリーグラス〉，右：青刈作物〈エンバク〉，上はサツマイモ）

2 飼料作物の分類

飼料作物の種類はきわめて多く，植物学的分類のほか，利用法，栽培時期，栽培年限，栽培に適する温度，土壌条件などによって分類されている（表1，2）。これらの飼料作物には，早晩性や草姿などの異なる多様な品種が改良されているものが多い。

表1 飼料作物の利用による分類

飼料作物			
牧草	放牧用		
	刈取用	乾草用	
		サイレージ用	
青刈作物	青刈用		
	サイレージ用		

表2 飼料作物の特性とおもな種類

科		イ ネ 科				マ メ 科			その他	
季節型		周年型	春型	夏型	冬型	周年型	春型	夏型	冬型	夏型	冬型
主要成長期		春・夏・秋	春	夏	秋・冬	春・夏・秋	春・夏・秋	夏	秋・冬	夏	秋・冬
発芽温度条件		低	低	高	低	低	低	高	低	高	低
栽培年限		多年生	短年生	1年生	越年生	多年生	短年生	1年生	越年生	1年生	越年生
不良環境に対する抵抗性	寒さに強い	チモシー，フェスク類，ブロームグラス類，ペレニアルライグラス，ケンタッキーブルーグラス			ライムギ，オオムギ	シロクローバ，バーズフットトレフォイル	アカクローバ，アルサイク，クローバ		ヘアリーベッチ	ビート，ヒマワリ，キクイモ	レープ，ルタバガ
	暑さに耐える	バーミューダグラス，ダリスグラス，バヒアグラス，ネピアグラス，ラブグラス		スーダングラス，ソルガム，テオシント，トウモロコシ，シロビエ，パールミレット，ローズグラス	エンバク	ハギ類	スイートクローバ	カウピー，クロタラリア，デスモディウム，スタイロ	クリムソン，クローバ	サツマイモ	
	ひでりに耐える	トールオートグラス，トールフェスク，ネピアグラス，ラブグラス		スーダングラス，ソルガム，テオシント，野草，ススキ，ノシバ		アルファルファ，バーズフットトレフォイル	スイートクローバ	カウピー，ヤハズソウ，スタイロ	サブクローバ，バークローバ	サツマイモ	
	土の湿りに強い	オーチャードグラス，トールフェスク，リードカナリーグラス，レッドトップ	イタリアンライグラス	ハトムギ，ヒエ	イタリアンライグラス	シロクローバ	アカクローバ，アルサイク，クローバ	ダイズ	ソラマメ，レンゲ		レープ
	土の酸性に耐える	レッドトップ		スーダングラス，ヒエ，野草，ススキ，ノシバ	エンバク，ライムギ	シロクローバ，野草，クズ，メドハギ，コマツナギ	アルサイク，クローバ	カウピー，ヤハズソウ	ベッチ類，ルーピン，バークローバ	カボチャ	カブ類
	日陰に強い	オーチャードグラス，フェスク類，ケンタッキーブルーグラス							クリムソン，クローバ，バークローバ		

注　栽培年限の短年生とは，1年生ではないが2年以内と生存期間が短いもので，アカクローバなどがある。

3 地域条件と栽培・利用

　一般に，機械作業が困難な急傾斜地や生産力の乏しい地域では，生育期間の長い数種類の牧草を組み合わせて栽培し，家畜を放牧して利用している。また，比較的平たんで肥よくな土地では採草地として刈り取り利用し，耕地❶では飼料作物畑として青刈作物や1年生牧草などが栽培されている。

　放牧利用は，省力的ではあるが，牧草の生育状況により家畜の栄養摂取量が大きく変動しやすく，牧草の利用率も低い。

　青刈り利用は，家畜のし好性が高く，放牧利用に比べ単位面積当たりの収量が多く，草をむだなく利用できるが，刈取りや運搬に労力が必要であるため減少している。

　作物の不足する時期の飼料の保存法としては，乾草とサイレージ調製が中心である。これらは，適期にいっせいに刈り取るため，栄養収量❷は多いが，①貯蔵施設や調製用機械が必要である，②労働が集中する，などの問題もある。

❶田，畑，樹園地をあわせたもので，耕地以外の農用地は，採草地・放牧地，宅地（農家）および農道，水路・ため池などがある。

❷飼料の栄養価ではかった収量。おもに TDN，DCP（→ p.14，15）の単位面積当たりの収量で示す。

4 反すう動物と粗飼料

　ウシ（牛）やヤギ（山羊），ヒツジ（羊）などの反すう動物は，健康を維持するために，飼料作物を豊富に摂取する必要がある（図2）。これは，第1胃本来の機能維持には，容積の大きな粗飼料の摂取による第1胃の刺激が欠かせないためである。とくに，成長期に子牛の第1胃の発達を促進させるためには，十分な粗飼料の給与が大切である。また，搾乳牛にも，乳脂率の高い良質な牛乳を生産するために，繊維性物質（NDF）❸の豊富な飼料作物を給与するとよい。

　ウマ（馬）は反すう動物ではないが，体のわりに胃が小さく，飼料の通過速度がはやい。このため，飼料中に粗飼料の比率が低いと空腹になりやすく，疝痛（→ p.180）の原因にもなる。

　このように，粗飼料の給与は，反すう動物やウマの健康維持にとって非常に重要である。

❸植物の細胞壁を構成するヘミセルロース，セルロース，リグニンなどを主成分とする消化性のよい繊維で，中性デタージェント繊維（NDF）とよばれる。NDF は，消化酵素では分解されないため，反すう胃をもたない家畜では不消化物となる。

図2　放牧による飼料作物の摂取（ヒツジ）

2 耕地型飼料作物の栽培と調製

1 種類，利用法と栄養価

季節と種類の選択 畑地や水田裏作などの耕地で栽培される飼料作物は，青刈りやサイレージ調製を目的とした栽培が中心となっている。冬季に栽培される飼料作物としてはイタリアンライグラス，エンバク，飼料カブなどがあり，イタリアンライグラスは水田の裏作にも広く栽培されている。

夏季にはトウモロコシ，ソルガム（ソルゴー），ミレット類❶のほか，西南暖地では乾草づくりに適したローズグラスなども栽培されている。また，各種の混播栽培❷もおこなわれている（図1）。

サイレージの意義 飼料作物の成分は生育段階によって変化するため，収量と栄養価の積が大きい時期に収穫することが望ましい。耕地ではこのような観点から，栄養収量が最も高い時期にいっせいに刈り取って貯蔵するサイレージ材料用の飼料作物が多く栽培されている。このような飼料作物は**サイレージ作物**ともいわれ，そのなかにはトウモロコシ，エンバク，オオムギなど普通作物❸としても栽培される種類が多い。

これらの作物を，穀実の充実する時期に茎葉とともに収穫して貯蔵すると，収量が多くデンプンなど消化のよい成分を豊富に含むサイレージが調製できる。このようなサイレージを**ホールクロップサイレージ**という。

刈取り時期と栄養価 ホールクロップサイレージの刈取り適期は，子実が糊熟期から黄熟期に到達する時期である。この時期は，作物中の水分が60〜70％に低下するとともに非繊維性（水溶性）の炭水化物❹が増加するため（図2），高品質のサイレージが調製できる。さらに，乾物収量および全体にしめる穂の割合が多くなるため，乾物中のTDN含量は60〜70％と高く，家畜のし好性も高い。

❶ミレット（millet，雑穀）は，アワ，ヒエ，キビなどの総称。生育がはやく過湿・乾燥に強い。

❷2種類以上をまきつけて同時に育てること。これに対し，1つの種類だけをまいて育てることを**単播栽培**という。

❸食用作物のこと。イネ，麦類，トウモロコシ，豆類，いも類など（表1）。

❹植物細胞の内容物を構成するデンプンや糖などのことで，可溶無窒素物（NFE）とよばれる。

表1 作物の用途による分類

食用作物（普通作物）	
園芸作物	
工芸作物	
飼肥料作物	飼料作物
	肥料作物

図1 混播栽培の例（イネ科牧草〈ライダックス〉とマメ科牧草〈クリムソンクローバ〉）

2 おもな種類と栽培のポイント

デントコーン

特性と利用 トウモロコシ❶（デントコーン）は栄養価が高く，栽培が容易で収量も多いため，わが国の重要な飼料作物となっている（図3）。デントコーンは晩生品種を密植・早刈りして青刈りとして利用することもあるが，ほとんどはホールクロップサイレージにされている。サイレージ材料としての栽培では，子実割合の高い早生品種を疎植にして，雌穂の充実を図るとよい。

栽培時期 デントコーンの生育には1日の平均気温10℃以上が必要で，登熟期は有効積算温度❷によっておおよそ決まる。サイレージ用デントコーンの刈取り適期は黄熟期から黄熟後期で，有

❶トウモロコシの種類には，デントコーン，フリントコーン，ポップコーン，スイートコーン，ワキシーコーンがある。飼料作物にはデントコーンを主体に，フリントコーン，両者の一代雑種が用いられる。

❷「日平均気温－10℃」を加算して算出する。

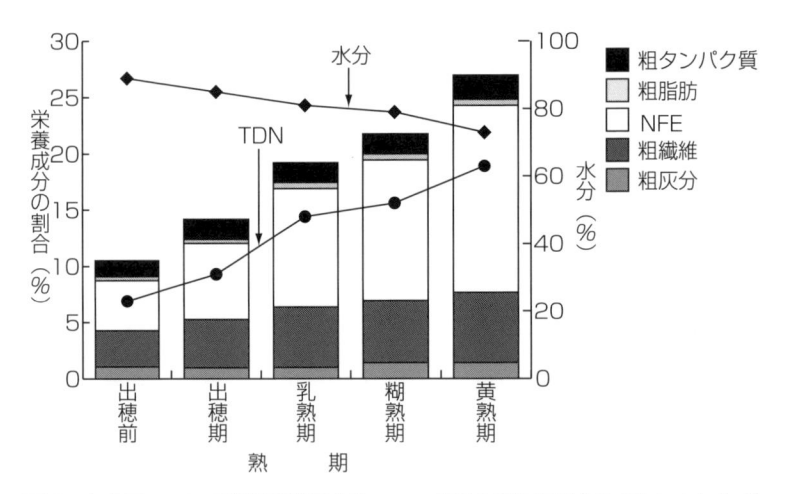

図2 トウモロコシの熟期別栄養成分　（「日本標準飼料成分表」により作成）

図3 トウモロコシ（デントコーン）の栽培（収穫期の雌穂の状態）

効積算温度が早生種約1,100℃，中生種約1,200℃，晩生種約1,300℃で到達する。この時期にミルクライン❶が子実の中央に位置するので，刈取り適期のめやすにするとよい。また，米国の基準品種に対する相対的な早晩性を示した相対熟度（RM❷）も適用できる。

デントコーンは，登熟前に霜にあたると品質が損なわれるため，初霜の3週間ほど前に収穫適期に達している必要がある。また，台風の被害を受けるおそれのある地域では，耐倒伏性の高い早生品種を早期に播種し，台風の襲来前に収穫するとよい。

栽培管理 サイレージ用には10a当たり6,000～8,000本をうね幅70cmていどに条播して栽培するが，熟期がはやい短稈の品種ほど栽植密度を高くする。

デントコーンは多肥性作物であるが，過剰な施肥は硝酸態窒素❸が蓄積する原因となり，また，未熟な堆肥の施用も害虫の被害を増すことがあるので注意する。雑草の多い畑には除草剤の土壌処理，播種後の鳥害には忌避剤の種子粉衣が有効である。

ソルガム

特性と利用 ソルガムは，耐干性，耐湿性ともにすぐれ，再生力も強く，暖地ではトウモロコシをこえる乾物生産も可能である（図4）。しかし，品質，し好性の面ではトウモロコシに及ばない。したがって，水田転作作物として栽培されたり，トウモロコシの連作によって発生する病害虫対策として，あるいは茎がかたいので台風による倒伏対策として栽培されたりすることが多い。

ソルガムは品種によって草丈や茎の太さが大きく異なるが，わが国では，ホールクロップサイレージ用として子実と茎葉の生産を兼用する兼用型ソルガムが，青刈りおよびサイレージ用としてソルゴー型ソルガムが主として栽培されている。

栽培管理 生育に高い温度を必要とするため，トウモロコシよりおそく播種する。播種適期は，平均気温が約15℃に到達する時期以降であり，うね幅60～80cmで条播して栽培する。播種量は，10a当たり1.5～3kgである。播種は，5月中旬～8月中旬ころまで可能で，春に播種した場合は夏季の収穫，夏に播種した場合は晩秋の収穫となる。なお，ソルガムは若刈りすると有毒な青酸を

❶トウモロコシの雌穂を折るとあらわれる子実の側面の，黄色と白の境界部分を示す線。

❷ Relative Matulity。

❸硝酸塩自体は無害であるが，消化管内で一部が亜硝酸に変化すると血中の酸素の交換が阻害され，幼児の場合には窒息症状を起こすことさえある。家畜に対しても，発育不良，繁殖障害を引き起こす可能性が指摘されている。

図4 ソルガムの栽培

含んでいることがあるため、注意を要する。

イタリアンライグラス

特性と利用　イタリアンライグラスは青刈り、サイレージ、乾草のいずれにも利用でき、多くの品種がある（図5）。寒地型牧草[❶]のなかではいちじるしく初期生育がよく、適温期の成長がおうせいで、耐湿性もある。牧草としては生育期間が短いため、夏季作物との組合せが容易である。

イタリアンライグラスは、寒地型牧草ではあるが耐寒性はあまり強くないため、温暖地の冬作として飼料畑や水田の裏作、あるいは高冷地での夏季栽培がおこなわれている。

作期と栽培管理　一般に、イタリアンライグラスの単播栽培では、早生品種を用いて短期間で収穫し、夏季作物へと移行する短期栽培が中心である。播種期は一般に秋で、10a当たり2～3kgを播種し、翌春に2～3回の収穫をおこなうが、9月中旬までに播種すると年内にも収穫できる[❷]。

水田裏作の場合は、イネの活着への悪影響を防ぐため、残根量の少ない極早生品種を栽培するとよい。また、短期間でおうせいに生育するため、肥料ぎれしないように注意する。

飼料イネ

飼料イネは、トウモロコシ、ソルガムなどの栽培が困難な湿田において栽培できる、栄養価の高い粗飼料として注目されている。飼料イネの栽培は、稲作を目的に整備された水田の機能や作業機をそのまま活用でき

[❶] 寒地型牧草は、温帯地方原産で、寒地または暖地では冬から春にかけての栽培に適している。一方、**暖地型牧草**は、熱帯、亜熱帯原産で、暖地に適している。

[❷] このほか、晩生品種による長期多回刈り利用や越夏性品種による周年栽培、永年牧草との混播栽培もおこなわれている。

図5　イタリアンライグラスの栽培、刈取り

るため、きわめて合理的である❶。栽培には通常の移植栽培のほか、水稲の省力的技術として開発された直まき栽培法も適用できる。

　飼料用には晩生種のイネが適しており、糊熟期から黄熟期に収穫してホールクロップサイレージ（稲発酵粗飼料）に調製するとよい。イネは茎がかたくサイレージ調製時の密度が低くなるため、細断して十分な密封をおこなうとともに、予乾時の過度な反転によって子実が落ちないように注意する必要がある。近年では、ロールサイレージ（→ p.42）とする方法も普及している。

3 転作田の利用上の注意点

　転作田で飼料作物を栽培すると、湿害によって生育不良となることがある。湿害対策として明きょや暗きょを設けることにより、収量の増加と作業性の改善が期待できる。また、転作田を一定の地区に集中させることも排水性向上に効果がある。

　このほか、耐湿性の強い草種を選ぶことも大切である。耐湿性の強い飼料作物にはヒエ、ハトムギ、オオクサキビ、リードカナリーグラスなどがあり、ソルガム、シコクビエ、ローズグラスなども比較的耐湿性がある（→ p.29 表 2）。

　トウモロコシは湿害を受けやすいが、排水のよい転作田では栽培も可能である（図6）。しかし、品種により耐湿性に大きな差があるため、栽培条件に適した品種や作期❷の選定が必要である。

❶稲作は、日本の農業においてきわめて重要な位置をしめ、生産基盤の整備が進み栽培技術も確立しているが、現在、米の生産調整がおこなわれ、他の作物への転作が奨励されていることからも、飼料イネの栽培の意義は大きい。

❷一般に、水温が高い時期の排水不良は低水温のときに比べ植物の生育を阻害する。また、幼植物は湿害に弱い。したがって、転作田でトウモロコシを栽培する場合は、早期に播種して、梅雨期前までに十分生育させておくと、湿害が軽減できる。

図6　転作田での飼料作物（トウモロコシ）の栽培

3 草地（放牧地，採草地）の維持・管理

1 種類，調製法と栄養価

種類の選択　わが国の草地の多くは山のすそ野や，なだらかな山にあり，人の手が加えられていない自然のままの草地は少ない。多くの草地では，生産力を高めるため，それぞれの目的に応じた草種が導入されている。このような草地を**改良草地**という（図1）。

　草地は放牧地，採草地に分けられ，放牧地にはレッドトップ，トールフェスク，ケンタッキーブルーグラス，シロクローバなど草丈の短い草種が，採草地にはオーチャードグラス（寒地ではチモシー）を基幹草種にペレニアルライグラス，イタリアンライグラスや，アカクローバ，ラジノクローバ，アルファルファなどを混播する。形態や特性の異なる草種を混播すると，茎葉や根が成長するとき空間を立体的に利用でき，栽培年限や利用期間を長くする効果もある。

乾草とサイレージ　採草地の牧草は乾草やサイレージの材料にも使用されている。乾草は材料の水分を減少させることによって，酵素や微生物のはたらきを抑える貯蔵法である。良質の乾草は栄養価が高く，家畜のし好性が高いため，高泌乳牛や子牛の育成に重要な飼料となっている。

　サイレージは，材料を比較的高水分のまま貯蔵でき，養分の損失も少ないため，夏季に雨の多いわが国に最も適した粗飼料の貯蔵法として広く普及している。

刈取り時期と栄養価　生育初期の牧草は家畜のし好性が高く栄養価も高い。生育が進むと収量は増えるものの繊維質の割合が高くなって品質は低下する。したがって，刈取り利用する場合，栄養価が高く収量も多い時期を選ぶ必要がある。牧草の刈取り適期は，一般に穂ばらみから開花初期までとされている（図2）。

図1　わが国の改良草地の例

2 放牧草地の維持・管理

生産力の維持 　放牧草地は適切な管理を怠ると生産力が低下しやすく，とくに人為的に草種を改変した改良草地ではその傾向が強い。

　放牧法は，放牧地の周囲のみ牧柵（ぼくさく）をつくって長期間放牧する粗放な連続放牧と，放牧地をいくつかの牧区に区切り家畜を移動して利用する集約的放牧に大別できる。連続放牧は，野草地や林地でおこなわれているが，し好性の高い草種が繰り返して採食されるため，植生が急速に変化し，生産力が低下しやすい。また，裸地や土壌侵食の原因ともなるため，注意が必要である。

輪換放牧と帯状放牧 　集約的放牧法には，輪換放牧や帯状放牧（ストリップ放牧）などがある。

　輪換放牧は，放牧地をいくつかの牧区に区画し，家畜を順次移動させ，そのあいだに牧草を再生させてふたたび放牧をおこなう❶（図3）。

　必要な牧区数は以下の式によって求められるが，牧草の再生に

❶この方法は，牧区をせまく区画して短期間集中して放牧すると家畜が牧草を選り好みすることなく均一に採食するため，効率的である。

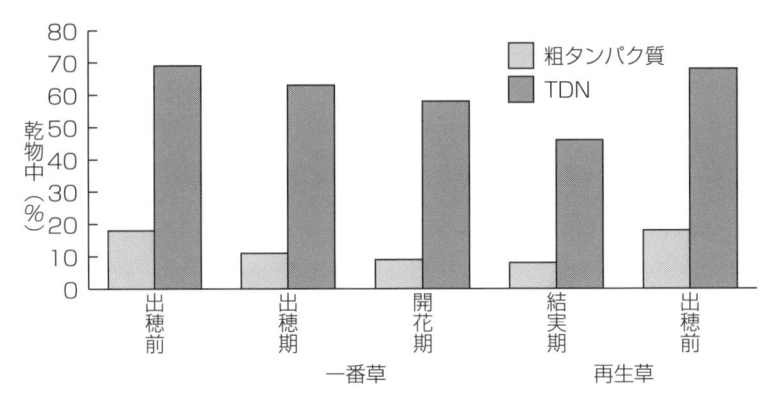

図2　オーチャードグラスの生育時期別栄養成分量　(p.32 図2と同じ資料による)

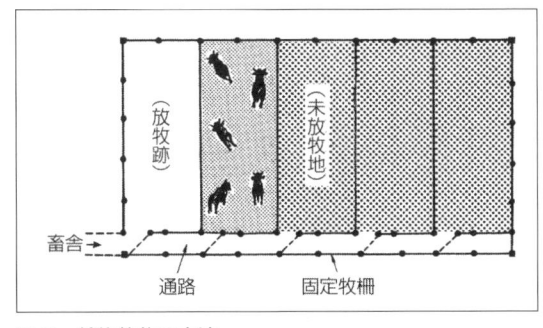

図3　輪換放牧の方法

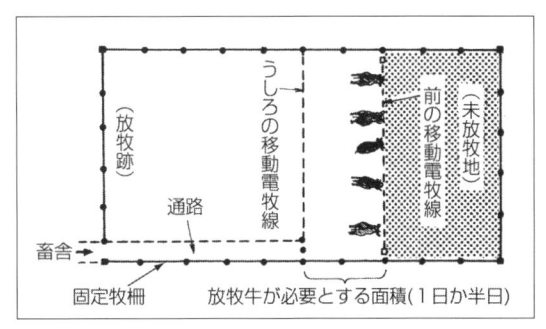

図4　帯状放牧の例

要する期間は季節によって異なるため，経営的に可能であれば，より多くの牧区を準備することが望ましい。

　　必要牧区数＝再生に要する日／滞在日数＋1

　帯状放牧は，毎日あるいは放牧ごとに家畜の必要量にあわせて電気牧柵を移動し，新しい草を採食させる放牧法である（図4）。これは，家畜の摂取栄養量が安定し，牧草の蹄傷（ていしょう）を減らすことのできる，きわめて集約的な放牧方法である。

放牧管理　　放牧地の生産力を，その放牧地に放牧できるウシの延べ頭数によってあらわしたものを**牧養力**という。通常，体重500kgの成牛を1日飼育できる草量を1カウデイという。

　放牧後に採食むらや不食過繁地❶が生じた場合は掃除刈りなどの処置をおこない，牧草の生育がおとろえた場合は必要に応じて施肥をする。なお，放牧開始時の草丈は，牧草の利用率に大きく影響し，伸びすぎると踏み倒しによる草の損失が多くなる。適当な草丈は，普通牧草で約20cm，短草で約10cmとされている。

❶放牧家畜は排せつしたふんの周辺の草を採食しないため，残された草はふんの肥料成分を吸収して過繁茂状態となる（図5）。

3　採草地の維持・管理

季節と成長力　　牧草は，春になると温度や光が生育に適した条件に近づくため，急激に成長を始める。その結果，葉面積はいちじるしく増加して，光合成量も増し，さらに生育がおうせいとなる。このような状況を**スプリングフラッシュ**といい，牧草の収穫時期にあたる。成長した牧草を刈り取らずそのまま放置していると，上部に繁茂した葉が光をさえぎり，下部の葉では十分な光合成がおこなわれず生育が停滞してしまう。

　一方，牧草は夏季の高温や乾燥によって生育がおとろえるが，秋季になるとふたたび生育がおうせいになる。しかし，牧草は短日条件下では生育を抑制する傾向があり，春季ほどの生産は望めない。

　混播草地は，年間2～5回ていどの刈取りが可能であり，生育のおうせいな春にはサイレージや乾草の材料として収穫するが，生育がおとろえる時期には放牧利用する兼用草地もある。

図5　不食過繁地（こんもり盛り上がったところ）の例

再生力の維持

刈取りの方法 牧草の再生力は草種によっても異なるが，刈取り回数，刈取り時期，刈取り高さなど，さまざまな要因により影響を受ける。過度な刈取りをおこなうと，貯蔵養分が不足し，再生力が低下する。

冬季に成長が停滞する前に刈取りを抑制し，貯蔵養分を蓄積させると耐寒性が向上し，翌春の1番草収量も増加する。また，夏季前の刈取りを控えることは，牧草の枯死防止に有効である。

ふん尿の有効利用と施肥 畜舎などで排せつされたふん尿は，発酵させて堆肥や液肥として，草地に還元施用することがきわめて重要である（図6）。放牧地では採食された牧草中の肥料成分の多くがふん尿として草地に還元されるが，採草地では刈取りによって搬出されるため，とくにふん尿の還元施用や施肥などによって地力の維持・向上を図る必要がある。

肥料は，牧草の生育にあわせて施すことが望ましいが，通常は，最も牧草の成長がおうせいな春から初夏に効果が出るように，早春または前年秋に施す。肥料成分のうち窒素とカリウムは流亡，溶脱しやすいため，刈取り後に化成肥料を追肥するとよい。

窒素肥料を施すと，イネ科牧草はおうせいな成長を示すが，マメ科牧草は根粒菌により窒素固定をおこなっているため成長の促進効果が顕著でない。したがって，窒素肥料の過剰な施用は，混播草地におけるマメ科牧草の割合（マメ科率）の減少をまねきやすい。

4 ノシバ放牧と野草の利用

野草地も適切な管理をおこなうと，植生を変化させずに安定した生産が可能である。野草地の生産力は改良草地には及ばないが，各種資材やエネルギーの投入量がきわめて低いため，生態系の維持や環境保全の観点からも評価されている。

ノシバ放牧

ノシバは，わが国に広く分布するイネ科の多年生植物である。草丈は短いが密生して葉をつけ，茎の各節から根や芽を出して地表をおおうように成長する。生育期は春から秋で，ふつう6〜9月ころに放牧する（図7）。

図6 牧草採草地での液肥散布

ノシバは，家畜のし好性がきわめて高いうえに，採食後も茎や成長点が残るため，再生力が非常におうせいで生産性が高い。

適度な放牧をおこなうと多年にわたって利用でき，土壌侵食の防止にも有効なため，山地や傾斜地における重要な野草といえる。

■野草の利用　　わが国の野草地において優占する草種は，ノシバのほか，ススキ，ササが多い。

ススキは，カヤともよばれ，北海道南部から沖縄にいたる広い地域に分布し，種子や地下茎で増殖する。酸性土壌に強く火山灰地やそのほか河原にも生育している。草丈は 1 〜 1.5m，乾物収量は 4 〜 15t/ha で，野草としては収量が多い。春の若い葉は家畜に好まれるが，生育が進むにつれてし好性が低くなる。

ススキは，乾草に調製されることが多く，放牧による利用も可能であるが，多回刈りや過剰な放牧をおこなうと急速に生産力が低下する。

ササ類は，地下茎で増殖し，寒さに強く低温でも葉が枯れないため，冬に放牧で利用されることが多い。また，土壌の保全に有効で日陰でも成長するため，急傾斜地や混牧林❶の飼草としても重要である（図8）。しかし，再生力が弱く夏季に放牧がおこなわれるとおとろえやすいうえ，人工増殖が困難である。

これらの野草地は，一定の放牧や刈取りをおこなうことによって植生が維持されているため，草種や気象条件にあわせた管理が必要である。

❶林地の雑草木（下草や低木など）を飼料として利用するために，林内に放牧し，除草の省力化やふん尿による施肥の効果なども図って畜産的利用をしている森林。

図8　林間での放牧の例

図7　ノシバ（左）とノシバ放牧（右）

4 飼料作物の調製と貯蔵

飼料作物のおもな調製・貯蔵方法は，サイレージと乾草である。

1 サイレージ

サイレージとその特徴

サイレージとは，粗飼料をサイロに詰め込み，乳酸発酵させて貯蔵した飼料である（図1）。サイレージ調製では，飼料作物を適期に収穫することにより，栄養価に富む材料を多収できるうえ，家畜のし好性も高い。また，乾草調製に比べ天候の影響を受けにくい。

サイレージは，水分が70%以上のものを**高水分サイレージ**，70〜60%を**中水分サイレージ**，60〜40%を**低水分サイレージ**とよぶ。高水分サイレージは刈取り後すぐにカッタで細断して詰め込み，中・低水分サイレージは材料を予乾して調製する。

発酵の進み方と調製のポイント

サイレージ発酵の概要は以下のようである。
①材料をサイロ❶に詰め込み密封すると，サイロ内の酸素が材料の呼吸や好気性細菌によって消費され，嫌気性細菌である乳酸菌の生育に適した条件となる。

②乳酸菌は，材料に含まれる糖（水溶性炭水化物）を使って多量の乳酸を生産してpHを低下させる。

③材料のpHが4.2以下になると乳酸菌を含む各種微生物の活動が停止し，糖の減少，乳酸や酢酸などの増加がみられなくなる（図2）。

したがって，材料の詰め込み後，サイロ内に残る酸素が少なく，材料の糖の含量が多いほど乳酸発酵が促進され，良質のサイレージが調製されやすい。そのため，材料を細断するとサイロ内の密度が向上し，良質サイレージが調製されやすい。また，水分含量が低く乾物含量の高い材料では，全体に微生物のはたらきが低下

❶サイロは，垂直型（縦型）サイロ（円形サイロ，角形サイロ，気密サイロなど），水平型（横型）サイロ（バンカサイロ，トレンチサイロ，スタックサイロなど），バッグ型サイロに大別され，いろいろな形式のものがある。設置場所は地上だけでなく地下や半地下のものもある。

図1 サイロの例（気密サイロ）
注 左に積んであるのは，ロールサイレージ。

❶トウモロコシや麦類の穀実が充実する時期に収穫するホールクロップサイレージは，材料の成分が乳酸発酵に適しているため，高品質のサイレージを調製する技術として定着している。

❷これに使用するロールベーラは，元来，乾草調製用に開発された機械である（図4）。近年では，青刈りトウモロコシなどを円筒形に梱包することができる**細断型ロールベーラ**も開発され，高品質のサイレージができ，省力的な作業も可能であることから注目されている。

するが，乳酸発酵に対して酪酸発酵などの不良な発酵が強く抑制されるため（図3），安定して高品質のサイレージが調製できる❶。

ロールサイレージ ロールサイレージは，刈り取った草類を乾草調製と同様の処理をして水分を40〜60％に減少させ，円筒形に梱包して調製するサイレージである❷。ロールサイレージの調製は，梱包から収納までを一貫して機械でおこなえるためきわめて省力的で，固定サイロも不要なことから急速に普及した。

しかし，ロールサイレージは，被覆用フィルムが鳥や昆虫によって破損すると品質が劣化する。また，ほぐして個体別に給与するには労力を要するため，パドックでの不断給じが一般的である。さらに，空気にふれると，変敗がはやくなるため，1つのベール

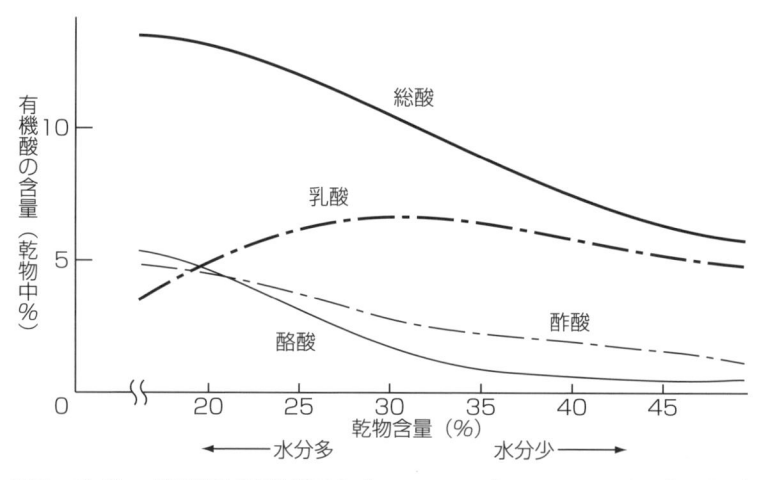

図3 サイレージの乾物含量と酸の生成　　（Zimmer, E., 1969年による）

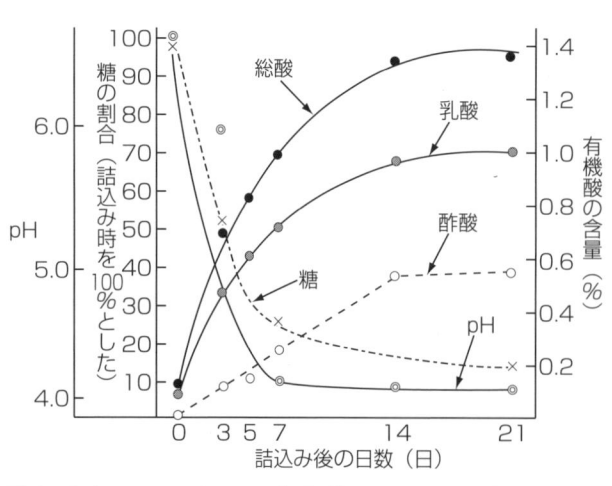

図2 トウモロコシサイレージの埋蔵21日目までの化学成分の変化　　（高野・三股，1959年による）

図4 ベールラッパによるベールの密封被覆

を短期間で採食しきるように給与する。

2 乾 草

　乾草は，草類の水分を 15％以下に減少させて酵素や微生物のはたらきを抑え，長期間変質せずに保存できるようにした飼料である。この方法は古くから粗飼料の貯蔵法として活用されている。
　草類を刈り取ると，初期には葉の表面や気孔から水分が蒸発し比較的はやく水分が減少するが，乾燥が進むと材料中心部の水分が表面に移動してから蒸発するようになる。そのため，しだいに水分の減少がおそくなってくる。そこで，刈取り時にモーアコンディショナ❶などで茎を押しつぶしたり，折り曲げたりして草に傷をつけておくと，乾燥をはやめることができる。
　また，刈り取られた草のうち，表面付近にあるものは水分が蒸発しやすいが下部の草は乾燥しにくいため，反転すると乾燥の促進と乾燥むらの防止ができる❷。
　草類の乾燥速度は，材料によって大きな差があり，茎の細いもの，茎の内部が中空になっているものなどが乾燥しやすいので，乾草調製に適した草種を選ぶことも大切である。
　乾燥後期になったら，夕刻に集草列をつくっておくと，夜露による水分の吸収を少なくすることができる。この方法は，少量の降雨に対する対応策としても有効である。
　十分に乾燥した草類は，ヘイベーラで梱包乾草にすると，収納や機械による取扱いに便利である（図5）。角形に梱包するタイトベーラ，円柱状に梱包するロールベーラなどがあるが，最近では大型のロールベーラも多く使われている。

❶刈取り機（モーア）と茎葉を押しつぶす機械（ヘイコンディショナ）が一体になったもの。

❷刈り倒した草を反転する機械（テッダ），集める機械（レーキ）があるが，2つを兼用した機械（テッダレーキ）を使うことが多い。

図5　集草列とヘイベーラによる梱包作業

参考　自然乾燥法と人工乾燥法

　乾草の調製では，短時間で水分を減少させるほど養分の損失が少ない。
　自然乾燥法は天日と風によって乾燥させるもので，調製に要する経費は少ないが，刈取りから収納まで数日を必要とするため，天候の影響を受けやすく養分損失が多い。とくに，降雨にさらされると，損失がきわめて大きくなる。
　人工乾燥法は熱風乾燥機を用いるもので，養分損失が少ないものの多額の経費を必要とするため，良質な材料にのみ用いられている。

4　飼料作物の調製と貯蔵

5 食品残さなどの利用

飼料化の意義　食品製造副産物や余剰食品，調理残さなどの食品残さには，家畜の飼料として有効な成分を含むものが数多くある（表1）。このような食品残さは古くから飼料として利用されてきたが❶，現在においては，食料自給率の向上，廃棄物の削減による環境保全にも貢献できる❷。

利用のための処理法　多くの食品残さは水分が多く腐敗しやすいため，その品質を維持し，取扱いを容易にするため，乾燥処理法や発酵処理法などが開発されている❸。

乾燥処理法には，油温減圧脱水法，乾熱乾燥法，減圧乾燥法などがある。これらの処理法によって食品残さを乾燥させ，配合飼料の原料として利用できる製品もつくられている。

発酵処理法は，乳酸発酵を利用する方法で，食品残さと発酵を促進させる材料などを混合して，サイレージと同様の原理によって貯蔵して発酵させる。この方法はビールかす，豆腐かすなどの貯蔵やTMR❹（混合飼料）の調製にも応用されている。

このほか，各種の微生物による発酵熱を利用して乾燥する方法や，食品残さを液状化して，リキッドフィーディング❺で肉豚に給与する方法も工夫されている。

このような処理をおこなった食品残さの利用は，今後ますます必要性が高まり，その取組みが増加すると考えられる。

❶かつては生のまま給与されていたが，都市の巨大化により食品残さの発生地と農村部との距離が遠くなったり，家畜の飼育形態が変化したりしたため，変質しやすい生のままの廃棄物の利用は減少した。

❷平成13（2001）年に施行された「食品循環資源の再生利用等の促進に関する法律（食品リサイクル法）」においても，食品廃棄物の発生抑制や減量化，再生利用が求められ，利用技術の確立が急がれている。

❸食品残さの飼料化には，異物混入など固有の問題もあり，平成18年には「食品残さ利用飼料の安全性確保のためのガイドライン」が制定され，飼料化の各過程（原料収集，製造，保管，給与など）における管理の基本的な指標が示されている。

❹Total Mixed Ration。乳牛などの飼料として粗飼料と濃厚飼料，微量栄養素などを適正な割合で混合したもの。他の飼料を与えなくても家畜の生命維持や生産が可能な飼料で，コンプリートフィードともよばれている。（→ p.120）

❺風乾飼料に多量の水などを加えて流動状態にした液状飼料を給与する方法。

表1　各種食品製造副産物の栄養成分　　　（単位：％，（　）内は乾物中％）

	水分	粗タンパク質	粗脂肪	NFE	粗繊維	粗灰分
ビールかす	74.3	6.9 (26.8)	2.3 (8.9)	11.2 (43.6)	4.1 (16.0)	1.2 (4.7)
バレイショデンプンかす	83.7	1.0 (6.1)	0.1 (0.6)	12.1 (74.2)	2.7 (16.6)	0.4 (2.5)
豆腐かす	79.3	5.4 (26.1)	2.3 (11.1)	8.8 (42.5)	3.3 (15.9)	0.9 (4.3)
ミカンジュースかす	81.5	1.4 (7.6)	0.2 (1.1)	14.2 (76.8)	2.2 (11.9)	0.5 (2.7)

注　NFE：非繊維性炭水化物。　　　　　（「日本標準飼料成分表 2001年版」による）

第4章

家畜飼育の実際

1 養鶏

ニワトリの生理的特性		
心拍数(回/分)	(200〜300)
呼吸数(回/分)	(20〜40)
直腸温(℃)	41.7
摂水量(l/日)	0.1〜0.3
ふん量(kg/日)	0.15
ふ化期間(日)	21

1 ニワトリの体の特徴

ニワトリ(鶏)は地上での生活を主とする鳥類[1]であるが,空中を飛ぶための羽をもち,体を軽くする構造を保っている(図1)。

各部の特徴 体表は羽毛でおおわれ,雨露や衝撃などから身を守り,体温を保っている。皮膚は薄く汗腺がない。

頭部には,鮮紅色のとさかと肉ひげがあり,くちばしが発達しているが歯はない。目は大きく,視野が広い。あしは地上生活に向くように,よく発達している。雄のあしには,けづめが発達している。

尾のつけ根には尾腺が発達し,耐水性に富んだ物質を分泌し,これをくちばしで体に塗りつけ,羽毛のぬれを防いでいる。

[1] キジ目キジ科ニワトリ属の鳥類で,代表的な家きんである。

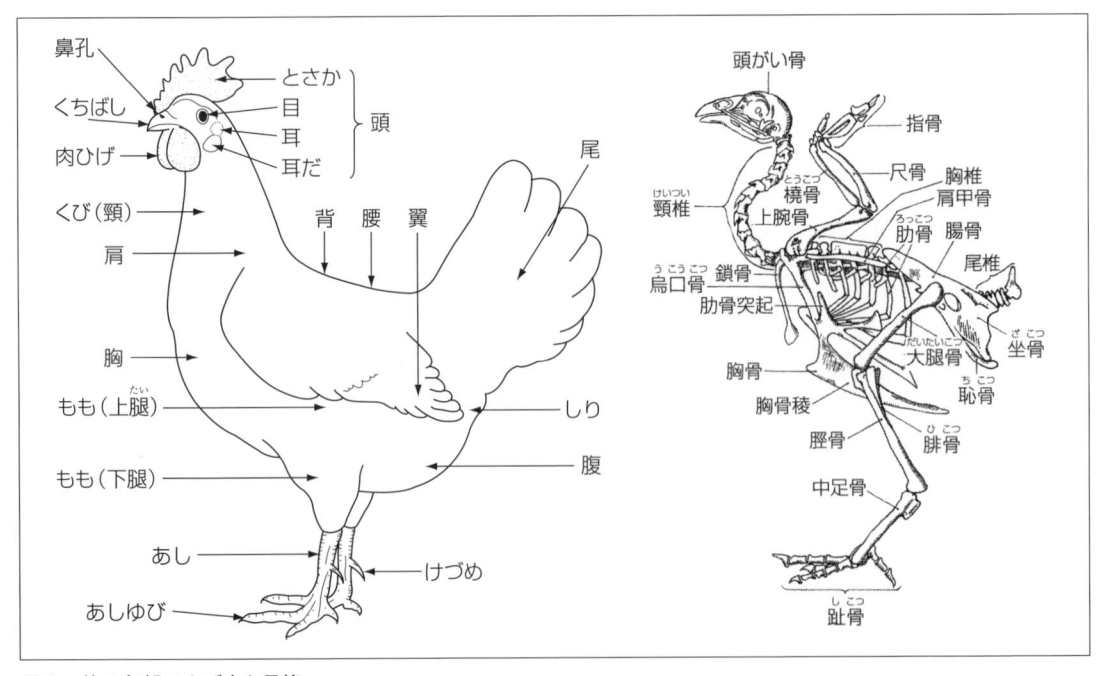

図1 体の各部のよび方と骨格

| 骨格と筋肉 | ニワトリの骨格[1]は，鳥類の特徴として，烏口骨と胸骨が発達し，気のう[2]が骨格の内部にはいり込み，体の軽量化に役立っている。首は長く自由に動き，くちばしはほとんど全身に達し，羽毛のつくろいができる。

筋肉は，翼を動かすための胸筋と，ももの筋肉が発達し，とくに胸筋は体重の約 25% に達するといわれる。

[1] 体を維持し，内部のいろいろな器官を保護するとともに，筋肉に付着して体の運動をする役目をもつ。

[2] 気管支の粘膜が肺外に延長してつくった袋で，呼吸を助けるとともに体の比重を軽くする役目をもつ。

2 ニワトリの習性と行動

ニワトリは身を守る有力な器官（武器）をもたないため，外敵に対する警戒心が強く，警戒の声を出して集団で行動する。聴覚と視覚がすぐれ，情報の大部分を目から得ているといわれる。視力が低下する夜間には，高い安全な場所を選んで休む。まわりのちょっとした変化や音に対しては敏感に反応する。

| ペックオーダー | 集団になったニワトリは，くちばしで相手をつついたり，高く飛び上がってけづめで相手をけったりする攻撃行動をとる。これは個体間の順位を決める本能的な行動で，これによって社会生活の秩序が保たれる。これをペックオーダーとよぶ（図2）。

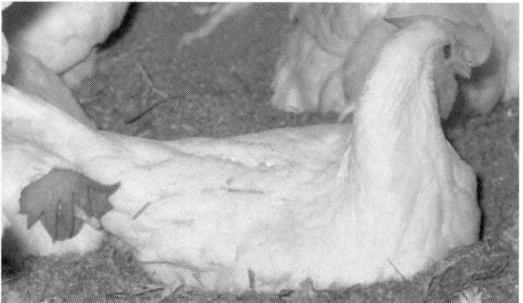

図2 ニワトリの性質と行動（上左：飛しょう，上右：ペックオーダー，下左：カンニバリズム，下右：砂浴び）

カンニバリズム せまい場所や高温・多湿などの環境下で飼育されたり，栄養素が不足した飼料を給じされたりすると，ニワトリは，つつきあい（カンニバリズムという）を起こす。はなはだしいときには相手を殺してしまうこともあり，そのままにしておくと急激に群全体に広がることもある。

就巣性（しゅうそう） ニワトリは，産卵したあと卵を抱いて温めてひなをかえす。この性質を就巣性という。就巣中は産卵しないので経済的に不利になるため，改良によって，現在の実用種では就巣性がほとんど除去されている。

砂浴び ニワトリは，夏は涼しい日陰，冬は日のあたる暖かいところにすわり，あしでこまかい土をはね上げて砂浴びをする（図2）。砂浴びは，体温を発散したり，皮膚についた寄生虫をはらい落としたりする，快適さを求める行動と考えられている。

3 ニワトリの一生

❶産卵鶏，卵用鶏ともいう。

ニワトリ（採卵鶏❶）の一生は，発育段階によって幼びな（幼す

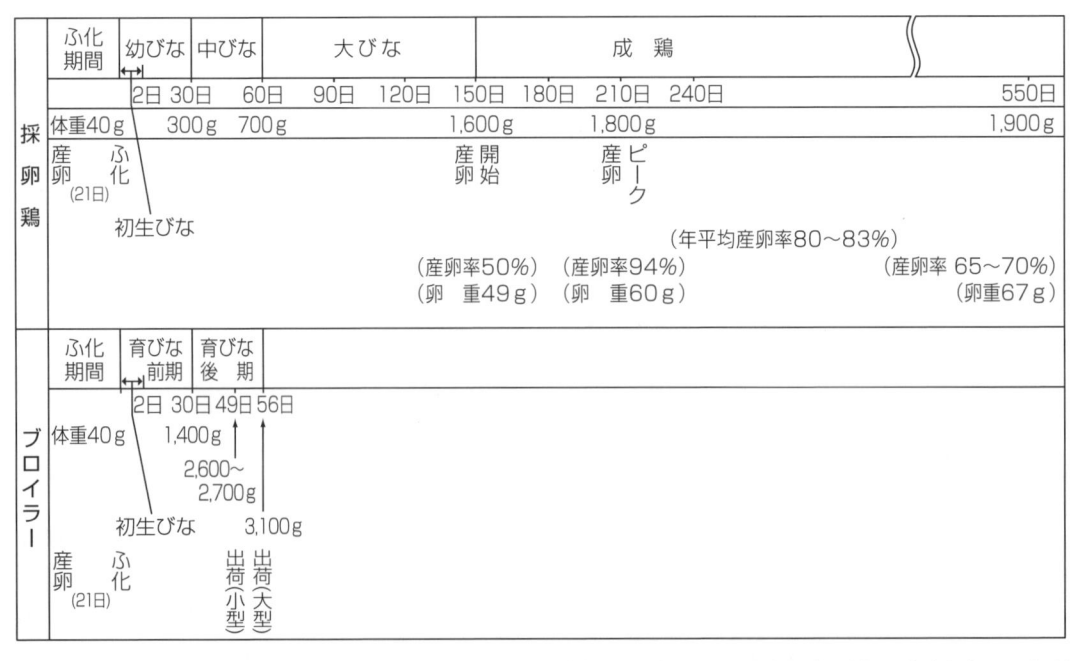

		幼びな	中びな	大びな		成鶏		
採卵鶏	ふ化期間							
	2日 30日	60日	90日 120日	150日	180日 210日 240日			550日
	体重40g	300g 700g		1,600g	1,800g			1,900g
	産卵 ふ化 (21日)			産卵	開始	産卵 ピーク		
	初生びな					（年平均産卵率80〜83%）		
				（産卵率50%）（卵重49g）	（産卵率94%）（卵重60g）			（産卵率65〜70%）（卵重67g）
ブロイラー	ふ化期間	育びな前期	育びな後期					
	2日 30日	49日 56日						
	体重40g	1,400g 2,600〜2,700g	3,100g					
	産卵 ふ化 (21日)	初生びな	出荷(小型) 出荷(大型)					

図3　ニワトリの一生（平均的なライフサイクル）（農林水産省統計部「ポケット畜産統計 平成18年度版」より作成）

う），中びな（中すう），大びな（大すう），成鶏❶に分けられる（図3）。幼びな期は体温の調節機能が不十分で給温が必要である。中びな期には羽がほぼ生えそろい，骨格や筋肉が急速に発達する。大びな期には成羽に生えかわり，性成熟が進み，やがて初産をむかえる。

初産から1年くらいはよく産卵するが，その後月齢をへるにつれて産卵数が減少し卵質も低下するため，採算のとれなくなった時点で新しいニワトリと入れかえることが多い❷。経済的な寿命は，初産後長くて2年ていどと考えられる。ケージ飼育では，およそ18か月で新しいニワトリにかえるのがふつうである。

ブロイラー（肉用若鶏）の場合は，ふ化後約8週間飼育して出荷されるので，その一生は非常に短い。

4 生産物の特徴と利用

ニワトリは，栄養価の高い鶏卵や鶏肉を生産する。鶏卵は，卵殻と卵白，卵黄からできている❸（図4）。タンパク質や脂質などの必須栄養素をバランスよく含んでいる（表1）。家庭用や業務用のほか，マヨネーズ，菓子などの加工用にも広く利用されている。

鶏肉は，牛肉や豚肉に比べて脂質が少なくビタミン類が多いといった特徴がある（表2）。成鶏肉と若鶏肉に大別されるが，現在では若鶏肉が大半で，家庭用や業務用に広く利用されている。

さらにニワトリには，鑑賞用や闘鶏用などとしての利用もある。

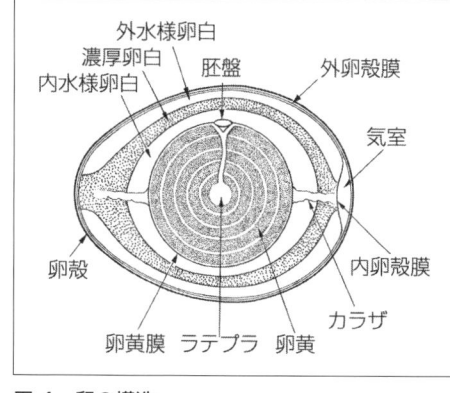

❶生理的には産卵を開始したとき（ふつう18週齢前後）から成鶏となるが，実際的には群の産卵率が50％に達したとき（150～160日ころ）から，成鶏として取り扱う場合が多い。

❷採卵鶏の飼育計画の立案にあたっては，年間の鶏卵生産をどのくらいにし，労力をどのように配分するかが重要になる。まず，養鶏場全体の成鶏を何回に分けて（時期をずらして）導入するかを決める。専業養鶏の場合，導入は等間隔，同羽数がよい。また鶏舎ごとに総入れ替え（オールイン・オールアウト）できれば理想的で，導入回数が多いほど年間をとおして平均した生産ができる。

❸殻つき卵の一般的な卵重は55～64gで，その約10％が卵殻，約60％が卵白，約30％が卵黄である。

図4 卵の構造
注 卵の鈍端部の気室は，卵が卵管中にあるあいだはなく，放卵後の冷却や水分の蒸発によって内容が収縮してできる。

表1 鶏卵（生卵）の組成
(可食部100g当たり，単位：g，ただしビタミンAはμg)

部位	水分	タンパク質	脂質	炭水化物	ビタミンA
卵白	88.4	10.5	—	0.4	0
卵黄	48.2	16.5	33.5	0.1	1,106
全卵	76.1	12.3	10.3	0.3	338

表2 鶏肉（ブロイラー）の組成
(可食部100g当たり，単位：g，ただしビタミンAはμg)

部位	水分	タンパク質	脂質	炭水化物	ビタミンA
むね肉（皮なし）	75.2	22.3	1.5	—	16
むね肉（皮つき）	68.0	19.5	11.6	—	64
もも肉（皮なし）	76.3	18.8	3.9	—	36
もも肉（皮つき）	69.0	16.2	14.0	—	78
ささみ	75.0	23.0	0.8	—	10

（表1，2とも「五訂増補日本食品標準成分表」による）

1 ニワトリの品種と改良

1 ニワトリの起源と養鶏のあゆみ

ニワトリの祖先は現在もインドから東南アジアにかけて生息している赤色野鶏（*Gallus galuus*）といわれ，わが国へは中国から朝鮮半島をへてはいったと考えられている。そして，江戸時代に改良が進み，しゃも，ちゃぼ，長鳴鶏などわが国特有の品種が生まれ，闘鶏用や愛玩用などとして広く飼育されるようになった。

| 採卵養鶏 | 採卵養鶏が産業としておこなわれるようになったのは明治時代になってからである。

大正時代には，国が養鶏を奨励したこともあって，飼養羽数，飼養戸数とも増加した。第2次世界大戦中は激減したが，戦後にふたたび急増し，昭和30年代には経営規模も拡大した[❶]。

昭和40年代以降には，大羽数の企業的な養鶏が主体になってきたが，鶏卵の消費はほぼ限界となり，飼養戸数は減少した（図2）。

| ブロイラー養鶏 | わが国の鶏肉生産には，廃用した採卵鶏（廃鶏）が利用されてきたため，肉生産を目的にした養鶏はほとんどなかった。しかし，昭和30年代になって，ブロイラー（肉用若鶏）の飼育が開始され，比較的発育のよい卵用一代雑種が用いられるようになった。

40年代になると欧米諸国から肉専用種が導入され，本格的なブロイラー養鶏がおこなわれるようになった。

❶施設や飼料の改善と品種改良によるところが大きく，バタリー飼育やケージ飼育などの立体的な飼育方法が開発され（図1），市販配合飼料も普及して省力化が進んだ。

図1 立体的なケージ飼育の例

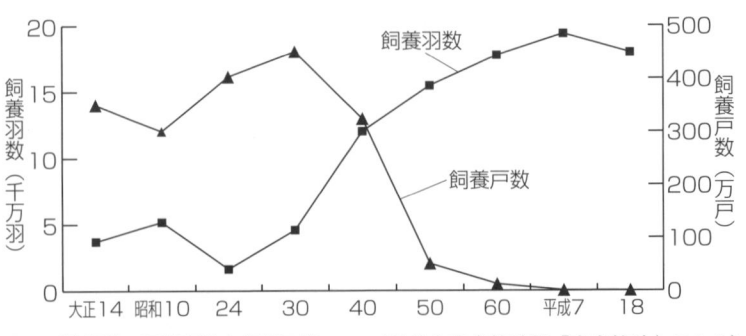

図2 採卵鶏の飼養羽数と飼養戸数　（農林水産省統計部「畜産統計」による）
注　平成18年の飼養戸数（種鶏のみ成鶏雌1,000羽未満の飼養者を除く）は3,600戸。

2 品種と改良

おもなニワトリの品種を図3に，その特性を表1に示す。

白色レグホーン種（卵用種，左：雌，右：雄）

横はんプリマスロック種（卵肉兼用種，雌）

ロードアイランドレッド種（卵肉兼用種，雌）

名古屋種（卵肉兼用種，雌）

白色コーニッシュ種（肉用種，雄）

白色プリマスロック種（肉用種，雌）

図3　おもなニワトリの品種

表1　おもなニワトリの品種の特性

	品　種	原産地	外　観	性質・能力
卵用種	白色レグホーン種	イタリア	羽色は白。とさかは単冠で大きい。くちばし，あしは黄色。耳だぶは白色かクリーム色。卵殻は白色	動作は活発で軽快，やや神経過敏，早熟で体質強健，就巣性はない。初産日齢約150日，卵重57〜63g，初年度の産卵数240〜280個
卵肉兼用種	横はんプリマスロック種	アメリカ合衆国	羽色は黒色と白色の細かい横はん。とさかは単冠。くちばし，あしは黄色。耳だぶは赤色。卵殻は褐色	性質温順，体質強健，就巣性はほとんどない。初産日齢180〜200日，卵重56〜60g，初年度の産卵数200〜250個
卵肉兼用種	ロードアイランドレッド種	アメリカ合衆国	羽色は光沢のある濃赤褐色。尾羽は黒色。とさかは単冠。くちばし，あしは赤褐色または黄色。卵殻は赤褐色	性質温順，体質強健。初産日齢180〜200日，平均卵重55g，初年度の産卵数150〜220個
卵肉兼用種	名古屋種	日本	羽色は淡黄褐色。とさかは単冠。くちばしは黄色。あしは鉛色。皮ふは灰色。卵殻は褐色	性質温順，体質は非常に強健，元来就巣性が強いが，改良されたものは就巣性がない。初産日齢160〜170日，平均卵重55g，初年度の産卵数245〜270個
肉用種	白色コーニッシュ種	アメリカ合衆国	羽色は白。とさかは3枚冠。肉づきよく，姿勢が立っている	発育はきわめて良好，とくに10週齢までの発育はやい。初産日齢200日，肉質良好，産卵は少なく，初年度の産卵数100〜130個
肉用種	白色プリマスロック種	アメリカ合衆国	羽色は白。とさかは単冠。くちばし，あしは黄色。耳だぶは赤色。卵殻は褐色	性質温順，就巣性はほとんどない。近年肉用として改良され，産肉能力がすぐれているが，産卵能力は中等度で，初年度の産卵数160〜200個。一代雑種の雌系として使われる

1　養　鶏

❶ニワトリの能力について,「鶏の改良増殖目標」(平成17年3月策定)では,27年度の目標数値を以下のように設定している。
■採卵鶏
50%産卵日齢 145日
産卵率 84%　卵重量 63g
日産卵量 53g　飼料要求率 2.1
それぞれ鶏群の50%産卵日齢に達した日から1年間の数値。
■ブロイラー
平均体重 2,700g　育成率 98%
飼料要求率 1.9
体重,育成率は49日齢時の数値。
飼料要求率=えづけ後49日齢までの消費飼料重量÷49日齢時体重

表2　採卵鶏の能力のあらわし方

育成期	発育体重	調査した時点の体重で示す
	飼料要求率	育成期間における体重の増加量に対する飼料摂取量の比で示す
	生存率	えづけ時の羽数に対する育成終了時の生存羽数の比で示す
成鶏期	性成熟日齢	各個体の初産日齢の平均値または鶏群の産卵率が50%に達した日齢で示す
	産卵数,産卵率	個体の産卵数は一定期間の産卵個数,産卵率は産卵個数を日数で割った数値で示す。群の産卵数はヘンハウス産卵数,産卵率はヘンデー産卵率で示す ヘンハウス産卵数（個） ＝ 一定期間の産卵個数／当初の成鶏羽数 ヘンデー産卵率（%） ＝ 一定期間の産卵個数／一定期間の延べ羽数 ×100
	産卵重量	1個の重量,一定期間の産卵重量,1日1羽当たりの平均産卵重量（産卵日量）などで示す
	飼料要求率	産卵重量に対する飼料摂取量の比で示す
	生存率	成鶏編入時の羽数に対する一定期間後（ヘンハウス産卵数の算出と同じ期間）の生存羽数の比で示す

■ 卵用種,卵肉兼用種

採卵鶏には多くの品種があるが,卵用種,卵肉兼用種に大別される。代表的な卵用種は白色レグホーン種で,この品種かその交配種が広く飼育されている。卵肉兼用種には,横はんプリマスロック種,ロードアイランドレッド種,名古屋種などがある。

それぞれの品種には,各種鶏場において高度に育種改良された系統がある。一般に飼育されているニワトリは,それらの系統を選択して交配したもので,実用種といい,それを作出した種鶏場名をつけた銘柄名でよばれている。

■ 肉用種

肉用鶏の品種には,白色コーニッシュ種,褐色コーニッシュ種,白色プリマスロック種などがある。実用にはこれらの品種を交雑して得たひなを用いる。この場合,白色または褐色コーニッシュ種を雄系,白色プリマスロック種を雌系とすることが多い。これらのひなをブロイラー専用種といい,銘柄名でよばれている。

近年これとは別に,古くから日本で飼われてきたしゃも,名古屋種などをもとにして,肉質を重視して改良した「地鶏」が各地で作出され,広く飼育されるようになっている。

■ 愛玩用種

容姿の観賞用（長尾鶏,ちゃぼ,比内鶏,烏骨鶏）,鳴き声の鑑賞用（東天紅,声良）,闘鶏用（しゃも,薩摩鶏）などがある（図4,➡p.206）。これらのなかには,卵や肉を利用するものもある。

ニワトリの飼育にあたっては,そのニワトリ（品種）の能力（表1,2）❶を知り,最大限に自らの技術を生かすことが必要となる。

図4　各種の愛玩用種（左：桂ちゃぼ,右：烏骨鶏）

2 飼育形態と施設・設備

1 飼育形態

採卵鶏の飼育形態は、周囲を金網などで囲って放し飼いにしたり、鶏舎内の床の上で飼育したりする方法（**平飼い**，図1）と、ケージに収容して鶏舎内で飼育する方法（**ケージ飼育**）とに大別される。肉用鶏の飼育形態は、大部分が平飼い方式である。

平飼い ニワトリの本来の生活にあった飼育方法といえるが、じっさいには、ニワトリどうしの争いが多くなり、ふんから伝染する病気に感染することも多くなる。大羽数の飼育には適さない。

ケージ飼育 1つのケージに1羽ずつ入れて飼育する単飼と2羽以上を入れる複飼がある。土やふんから離れているので、ふんから伝染する病気に感染することは少ない。一般に、ケージは何段にも積み重ねるので（多段式）、飼育密度を高くでき有利な反面、健康への悪影響やニワトリどうしの争いが起こりやすく、傷卵の発生も多くなる。

2 鶏舎様式

太陽の光が直接はいり込む開放型鶏舎（図2）と、光を遮断したウインドウレス（無窓）鶏舎（図3）とがある。また、2階でニ

図1　平飼い養鶏

図2　開放型鶏舎

図3　ウインドウレス鶏舎

ワトリを飼育し，1階にふんが落下して堆積（たいせき）するような構造の鶏舎を高床式鶏舎とよんでいる。

| 開放型鶏舎 | 鶏舎と外部を窓またはカーテンで仕切ったもので，気温，風雨，太陽光線など，外部環境の変化を直接受けやすい。 |

| ウインドウレス鶏舎 | 太陽光線が差し込まないように窓のない壁をめぐらせた鶏舎で，壁と天井（屋根）には断熱材を施す。光線管理は電灯で，換気は換気扇でおこなう。開放型鶏舎より高い密度の飼育ができるので，機械化しやすく，大規模養鶏場に向いている。 |

3 設備・機器

給じ装置 ケージ飼育に適した給じ装置には，自走式配じ車[1]，給じの時刻や量を設定できる自動給じ機[2]（図4）がある。

平飼い飼育には皿型給じ器[3]やチェーン式[4]が適している。

給水器 ウォーターピックあるいはニップルとよばれる小型の飲水器具が多い。平飼い飼育には，つり下げ式のものもある。

自動集卵器 あみ状のベルトの上に卵を受けたあと，棒状コンベアで自動的に集卵場まで運搬するタイプが多い。

自動除ふん機 集ふん板をワイヤーロープで引いて，ふんを片側に集めるスクレーパー式，ベルトコンベア状に回転するネットをケージ下に設置した多段式ケージに適したものなどがある[5]。

[1] 小型車両に小さな飼料タンクをつけ，鶏舎の通路を走りながら給じする。

[2] ケージの上部に設置したレールに，飼料容器（ホッパー）をつけた台車が移動しながら給じする。

[3] 直径40cmていどの皿を床に並べ，野外の飼料タンクからパイプを通して飼料がはいる（図5）。

[4] えさといの中を飼料タンクと直結するチェーンが巡回して飼料を運ぶ。

[5] ブロイラーの除ふんは，出荷後に，いっせいにおこなうので，ショベルローダが用いられる。

図4 ウインドウレス鶏舎内部と自動給じ機

図5 ブロイラー鶏舎内部と皿型給じ器

3 ニワトリの栄養と飼料

1 栄養と消化・吸収

必要な栄養素　ニワトリは，タンパク質，脂肪，炭水化物，ビタミン，無機質などの栄養素を飼料から摂取し，体の成長・維持や卵の生産に使っている。これらの栄養素が不足しないように給与することが大切である。飼育に必要な栄養素の量を示したものが日本飼養標準である（→ p.223）。

消化器の特徴と機能　消化器の構造は図1のとおりである。

くちばし　先端が角質化してかたく，穀物の実や，地上・地中の虫類をつついたり，ついばんだり，より分けたりするのに適した形をしている。

そのう　飼料を一時たくわえるはたらきをもち，水のほか，口腔咽頭部や食道からの粘液で飼料をふやかして，やわらかくする。

胃　腺胃と筋胃がある。腺胃は胃酸と消化液を分泌する。筋胃は両凸レンズ状の形をして（図2），強い筋肉の収縮運動で飼料をすりつぶし[1]，かくはんする。

腸　摂取された飼料は，消化管（おもに小腸）で消化・吸収さ

[1] 放し飼いのニワトリは，小石（グリット）や砂を拾い食いして筋胃の中にたくわえておき，これを使って飼料をすりつぶす。

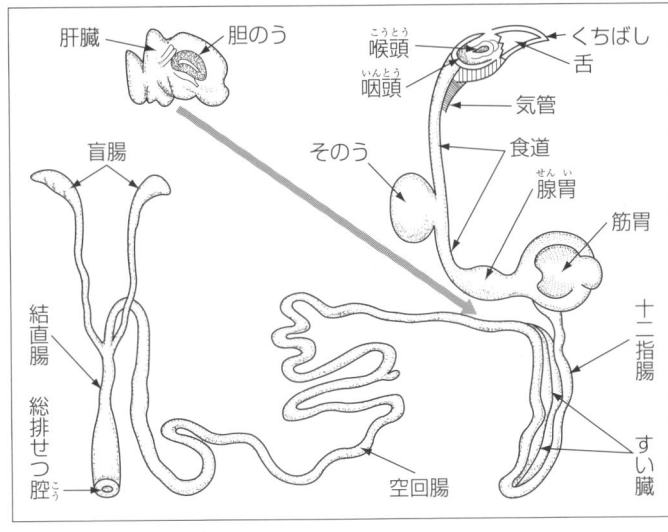

図1　ニワトリの消化器
注　胆のうは，太矢印の位置で腸につながっている。

図2　筋胃の構造

れる。小腸は，他の家畜に比べて長さ・容積ともに小さい。

空回腸とほ乳動物の大腸にあたる結直腸の移行部に1対の盲腸があり，末端部は泌尿生殖管と一緒に総排せつ腔(こう)となっている。不消化物は総排せつ腔で尿と一緒に排せつされる。

2 飼料の種類と特徴

| 穀類 | 養鶏用飼料に最も多く含まれ，主としてエネルギー源として用いられる。とくに，トウモロコシは養鶏用飼料原料としては最も重要なものの1つである❶。ついで，グレインソルガム（マイロ）が多く用いられる❷。

| 植物油かす | 主としてタンパク質源として用いられる。大豆かすは，必須アミノ酸❸のメチオニンが不足しているので，魚粉と組み合わせて用いられる。そのほか，綿実やなたねの油かすなどが使われる。

| ぬか類 | エネルギーの調節と微量栄養素を補給するため，穀類と植物油かすに加えて古くから用いられている。脱脂米ぬかは，米ぬかから油を抽出したもので，ぬか類のなかでは最も栄養分に富んでいる❹。

| 動物性タンパク質源 | 魚粉はアミノ酸組成がよく，とくにリジンとメチオニンが豊富で，飼料原料として欠かせない❺。

| その他の飼料原料 | アルファルファ・ミールは，緑じとして各種ビタミンやキサントフィルを含むのでよく利用される。青菜，牧草，野草なども，身近な飼料原料である。

卵用鶏はカルシウム，リンを多く必要とするので，カキガラ，炭酸カルシウム，リン酸カルシウムなどが無機質飼料として利用される。また，食塩は必ず与える❻。

| 自給飼料の利用 | 飼料費は生産費のなかで最も高い割合をしめるので，できるかぎり自家生産物や野菜くずなどを利用して，飼料費の節約に努めることが重要である。

卵や肉の直接販売（→ p.7, 218）をしている経営では，自給飼料を利用して，特色ある鶏卵や鶏肉を生産している例もある。

---

❶黄色の品種では，キサントフィルやカロテンなどの色素を含み，卵黄やブロイラーの皮ふの色に関係する。

❷その他の穀類としてはコムギ，オオムギ，米などが補助的に用いられる。

❸体内で合成できないか，または合成速度が栄養要求を満たさないため，飼料として与えることが必要なアミノ酸をいう。

❹ふすまも多く利用されている。

❺肉の加工場やと場でつくられる骨付き肉粉（ミート・ボーン・ミール）などもある。

❻銅，亜鉛，鉄，マンガン，ビタミン類なども必要であるが，微量であるのでプレミックス（微量な飼料原料を，あらかじめ適当な媒体飼料に混和しておく予備混合物）を用いる。

3 飼料の配合方法

飼料は，ニワトリが必要とする栄養分を十分に満たしていて，ニワトリが好んで食べるものにし，価格もできるだけ安くなるようにする[1]。

飼料の配合は，次のような順序でおこなう。

①飼養標準によりニワトリが必要とするCP（粗タンパク質）とME（代謝エネルギー）を決定する。

②入手可能な**単味飼料**[2]でCP，MEを満たす配合割合を計算する。なお，あとでカルシウム剤，食塩やビタミン剤などを7％くらい加えるので，配合割合の合計は90％ていどとしておく。

③飼料成分表（→ p.228）で単味飼料のCP，ME含量に配合割合を掛け，CP，MEの含量を求める。

④各単味飼料のCP，ME量を合計し，全体のCP，ME量の含量を求める。

⑤必要とするCP，ME量と比較してそれに近づくように単味飼料の配合割合を修正し，②〜④の作業を繰り返す。

⑥CP，MEが決定したら，カルシウム剤，食塩，ビタミン剤の必要量を加え，同様にしてカルシウム，リンの含量を求める。

単味飼料を用いた採卵鶏飼料の配合例を，表1に示す。

[1] 配合飼料工場では，無機物やアミノ酸のバランスも考慮して，コンピュータで栄養分と経済性の両面から最適の配合割合を計算して配合している。

[2] 飼料原料そのもので単体飼料ともいう。2種類以上の飼料原料を一定の割合で配合したものを，**配合飼料**とよぶ。

表1 単味飼料の配合計算例（採卵鶏）

飼料名	配合割合(%)	CP (%) 成分	CP (%) 計算値	ME (Mcal/kg) 成分	ME (Mcal/kg) 計算値
トウモロコシ	53.5	8.8	4.7	3.27	1.749
グレインソルガム（マイロ）	10	9.0	0.9	3.21	0.321
大豆かす	10.5	46.1	4.8	2.39	0.251
魚粉	7	65.4	4.6	3.12	0.218
ふすま	7.5	15.4	1.2	1.94	0.146
アルファルファ	3	17.5	0.5	1.41	0.042
小計	91.5		16.7		2.728
食塩	0.3	0	0	0	0.000
炭酸カルシウム	6.5	0	0	0	0.000
第2リン酸カルシウム	1.5	0	0	0	0.000
ビタミン	0.15		0		0.000
ミネラル	0.05		0		0.000
小計	8.5				
合計	100		16.7		2.728

注 カルシウムは3.45％，リン（非フィチンリン）は0.37％。配合割合は乾物重。この例は，日本飼養標準の数値とやや異なるが，ニワトリはエネルギーの必要量を満たすだけの量をかげんして食べるので，多少の差異は支障ない。

4 種卵の採取とふ化

1 種卵の採取

　種卵（受精卵）は雄と雌の交配で得られる。平飼いでは自然に交尾がおこなわれ，雄1羽に対して雌10〜15羽を配する。ケージ飼育では人工授精[1]をおこなう。種卵は交尾後3日目ころから産卵され，1回の受精で約10日間産卵される。

　種卵は，形が正常で，大きさが54〜65gのきれいなものを選択する。消毒をして鈍端を上にして，温度15〜20℃，湿度40〜70％の場所に貯卵する。貯卵期間は1週間以内がよく，その後は，しだいにふ化率が低下する。

[1] 雄の精液を採取して，雌の生殖器内に注入する方法で，能力のすぐれた雄を高度に利用できる利点がある。週2回午後に雄から精液を採取し，雌に注入する。

2 ふ　化

ふ化の進み方　種卵に一定の温度（37.8℃）と湿度（60％）を与えると胚が発育する。まず，胚盤が大きくなり，神経や血管が形成される（図1）。つづいて，骨格，脳，

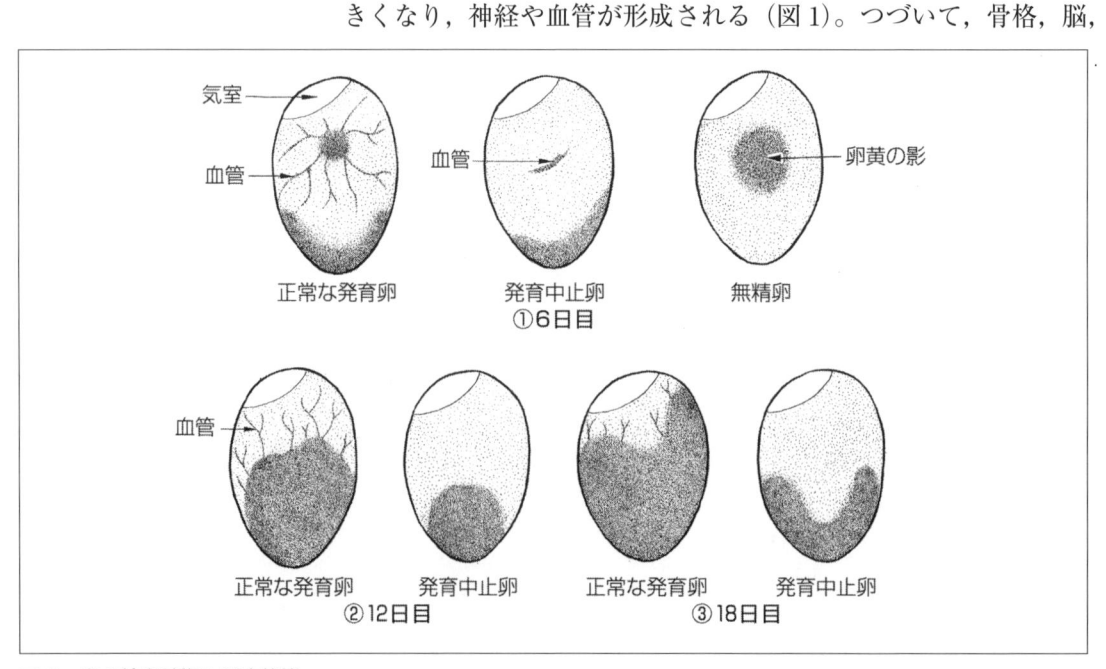

図1　卵の検卵時期と発育状態

呼吸器，循環器などが形成され，21日目に鈍端に近い卵殻をくちばしの先（破殻歯）で破り，頭部とあしで卵殻を押し破りふ化する。

ふ卵器の種類 　現在では，実用鶏はすべてふ卵器で人工ふ化をおこなっている❶。ふ卵器には平面式と立体式があり，前者は小型のものが多く，実験的な場合に使われる。後者は大型で，数万個を収容できるものもある❷（図2）。

ふ化前の作業 　使用前に，ふ卵器は清掃，水洗，消毒をし，温・湿度調節器は点検をしておく。種卵は逆性石けん液，フェノール系消毒剤などで消毒をする。

ふ化中の管理 　種卵を卵座またはトレイの上に鈍端を上に並べ，品種や系統がわかるように印をつけてふ化を開始する。発育中の胚が卵殻膜にゆ着しないように，ときどき卵の位置を変える（転卵という）。転卵は，入卵の翌日から入卵後18日目まで，1日に10～20回おこなう❸。

検　卵 　無精卵や発育を中止するものは取り除く必要がある。この作業を検卵といい，入卵後7日目におこなう場合が多い。検卵は暗い部屋で電光検卵器で卵の鈍端に光をあてて，卵内部のようすを検査する（図3）。

初生びなの雌雄鑑別 　**肛門鑑別法**　ひなの総排せつ腔を反転展開させて，雌雄を見分ける方法である（図4）。この方法は高度な技術の習得が必要で，専門の技術者（初生びな雌雄鑑別師）が従事している。

　羽毛鑑別法　羽毛やあしの色，主翼羽の成長速度の差によって雌雄を区別する方法で，現在広くおこなわれている（図5）。

❶雌鶏が卵を抱いてふ化する自然ふ化（母鶏ふ化または天然ふ化ともいう）は，愛玩鶏でおこなわれているていどである。

❷立体式ふ卵器では，入卵から18日間を入卵室（セッター），以後発生までを発生室（ハッチャー）に移してふ化させる形式のものが多い。

❸立体式ふ卵器では，自動的に転卵をするようになっている。

図2　立体式ふ卵器

図3　電光検卵器による検卵 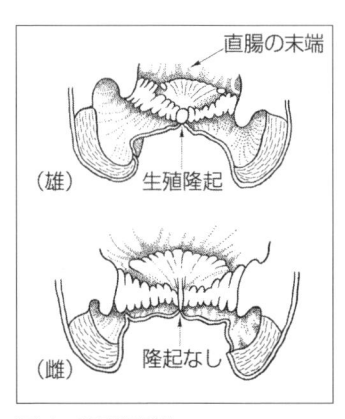　　図4　肛門鑑別法 　　図5　羽毛鑑別法

1　養　鶏　**59**

5 ひなの生理と育すう

1 育すうのねらいと方法

育すうのねらい　ひなの飼育管理は，発育段階に応じて幼びな期，中びな期，大びな期に分けておこなう（表1）❶。育すうでは，ひなにとって最適な環境条件をつくり，丈夫に育てることが管理の基本である。同時に，病気の発生予防のため，ワクチン接種などの衛生管理も計画的に実施することが大切である。

育すう方法　**箱型育すう器による方法**　箱型育すう器は，木製の箱に温源部をつけた最も初歩的な設備である。50～100羽ていどを育すうするのに適している❷。

バタリー育すう法　バタリー育すう器は場所をとらず比較的大羽数のひなの育すうに適した設備で，温源部と床が金網でできた飼育かごを積み重ねたものである（図1）。発育とともに中すうケージ，大すうケージに移して育成する。費用はかからないが，冬季は温度が均一になりにくいという欠点がある。

平飼い育すう法　室内の床の上で育すうする方法で，かさ型育すう器や，床やケージの下に通した温水パイプで加温したり（図2），温風で育すう舎全体を暖房したりする。大羽数飼育に適し，大すうケージあるいは直接に成鶏ケージに収容するまで飼育する。温度が均一で，消毒などの作業は省力的であるが，費用がかかる。

❶発育調査のための体重測定は，4，10，16および18週齢の4回おこなえば，およその発育がわかる。測定は個体のばらつきのていどがわかるように，できるだけ数多くおこなう。体重測定時には，飼料摂取量も測定し，飼料要求率を算出する。

❷発育とともに中すうケージ，大すうケージに移して育成する。

図1　バタリー育すう器
注　1段で50羽，1台で150羽の育すうができる。右側の部分が温源部。

図2　平飼い育すう（床下に温水パイプを通して加温する方式）

表1　発育段階と育すうのポイント

段階	週齢	育すうのポイント
幼びな期	4週齢まで	ふ化したばかりの初生びなは，全身がやわらかい初生羽におおわれているが，体温の調整機能が十分になく，ひなの羽毛も保温力にとぼしいので，育すう器内で加温して育てる
中びな期	4～10週齢	食欲がおうせいで，筋肉や骨格が発達する時期である。この時期以降は適切な栄養を与え，十分な運動をさせてからだを充実させることが大切である
大びな期	10週齢～初産まで	徐々に環境への適応力をつけることが大切になる時期である。120～130日齢ころには性成熟が進み，成羽への換羽とともに，とさかも伸びて鮮紅色になる

2 幼びな期の管理

温・湿度管理　育すう器の温度は33～35℃にし，冬季には4週間，その他の季節は3～4週間で23℃ていどにまで下げるのが基本である。

温度の調整は，ひなのようすを観察しながらおこなう。ひなが温源部から離れて寝ていれば温度は高すぎるし，温源部の近くに集まっていれば低すぎる。

また，育すう初期の約1週間は湿度が不足しやすいので，湿度計で50～70％の湿度になるように管理する。

なお，保温にばかりに気を取られて換気を怠ると，病気にかかりやすくなるなど発育に悪影響があるので注意する。

育すう器の給温を止めるには，1度におこなわず2～3日夜間だけ給温して外気に慣れさせるとよい。

えづけ　えづけ[1]の時間は，ひなの体内に残っている卵黄が大部分消化されたころがよく，ふ化後25～60時間がめやすであるが，じっさいにはふ化場でえづけ時間を指示している場合が多い。

飼料はえづけ用の飼料を水でかために練り，はじめは皿状の器または新聞紙などの上にばらまいて与える（図3）。最初の1週間ぐらいは，ひなにえさや飲み水の場所がわかるように電灯をつけておく。

断し　10日齢から14日齢のあいだにくちばしを切る断し（デビーク）をおこなう（図4）。断しは，上下のくちばしの2分の1を断し器（デビーカー）で焼き切るのが一般的である。これは，中びな期以降の，しりつつきや食羽などの悪癖を防ぐ対策として有効な手段の1つである。

[1] 初生びなにはじめて飼料を与えること。

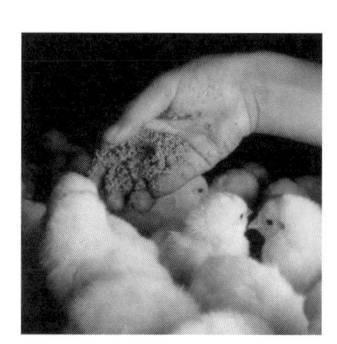

図3　えづけ

3 中びな・大びな期の管理

ひなの移動と飼料の切り替え　ひなを中・大びな用のケージに移し替え，中びな用飼料，その後大びな用飼料に切り替えていく。ふんの排せつ量も多くなり，

図4　断し（デビーク）

放置しておくとアンモニアなどの有害ガスが発生するので，週に1回は除ふんする。早熟なものは130日齢ころから産卵を始めるので，その前に成鶏舎に移動する。

光線管理 この時期に，鶏舎に電灯をつけて照明時間（日長時間＋点灯時間）をかげんする光線管理をおこなう。これは，ひなの時期に，明るい時間が短いとおそく，長いとはやまる性成熟を調整するために，開放鶏舎では，図5に示すような性成熟を抑制する光線管理がおこなわれている❶。

ウインドウレス鶏舎では，日長時間に左右されることはないので，計画的に光線管理ができる。明るさはニワトリの位置で5～10ルクス❷ていどで，成鶏期以降は照明時間を短縮しないのがよい。最近では連続して点灯せず，電灯をつけたり消したりしても産卵にあまり差がないこともあって，電気料金が節約できる間けつ点灯という方法もおこなわれている。

また，飼育するニワトリの標準発育体重❸に近づけることで良好な産卵成績が得られることが多い。そのため標準発育体重をこえたときには飼料給与量を制限する方法がとられる❹。

❶性成熟を抑制することが必ずしも経営上で有利にならないこともあるので，鶏種や季節に応じて光線管理をおこなうことが必要である。

❷健常な視力の人が新聞紙の文字を読めるていどの明るさ。

❸銘柄の発育ていどを示したもので，銘柄によって異なる。

❹ひな育成専門の育すう場から大びなで導入する場合はこれらの管理は不要な場合が多い。

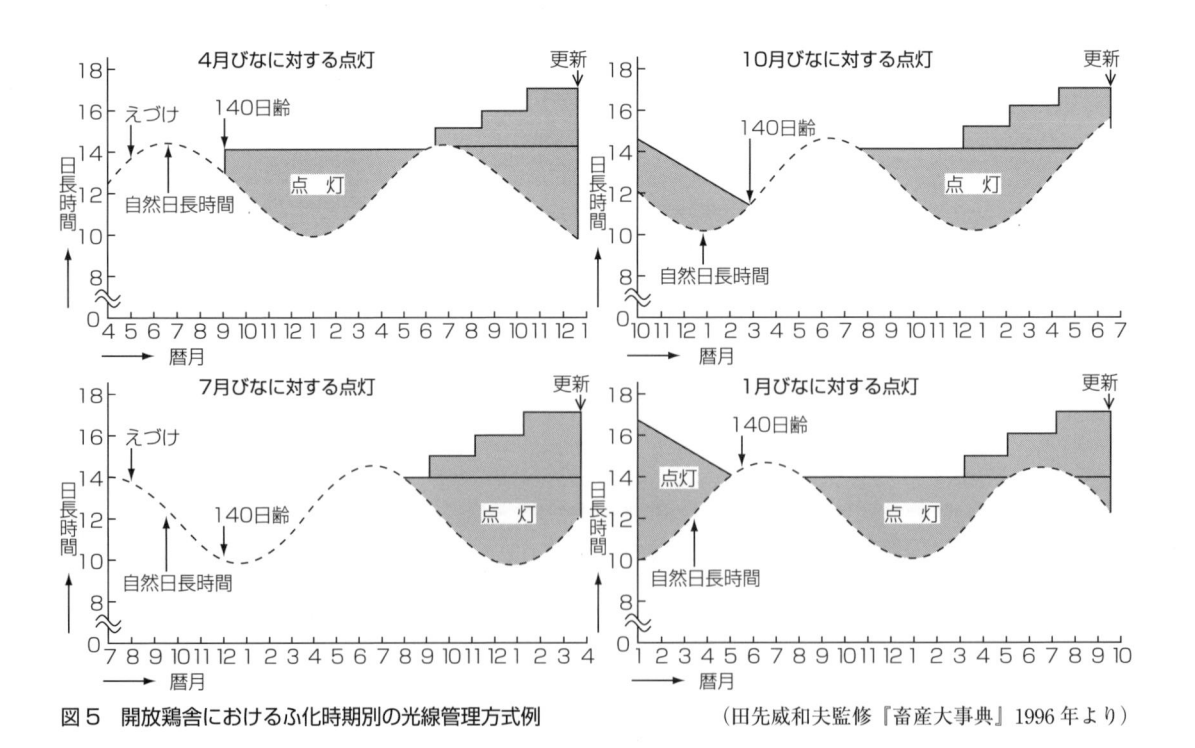

図5　開放鶏舎におけるふ化時期別の光線管理方式例　　　　（田先威和夫監修『畜産大事典』1996年より）

6 採卵鶏の生理と飼育技術

1 卵の形成と産卵パターン

採卵鶏は，一般的には18週前後で産卵を開始し，その後2～4か月間が産卵数が最も多く，徐々に低下する。産卵の推移の仕方を産卵パターンとよぶ。

❶脳の下部にあるホルモン分泌器官で，多くの種類のホルモンを分泌する。

▎卵の形成と排卵

ウシ（牛）やブタ（豚）では卵巣が左右1対あるが，ニワトリでは左側のものだけが発達する（図1）。産卵を開始したニワトリの卵巣には，直径が1～35mmくらいまでのさまざまな発育段階にある卵胞が存在する。

卵胞が発育し，最も大きくなると外側の膜が破れ，卵子（卵黄）が排卵され漏斗部から卵管にはいる。この卵黄は卵白がぼう大部で，卵殻膜が峡部で，卵殻が子宮部で形成され，総排せつ腔から放卵される。排卵から次の排卵までは25～26時間といわれる。

▎産卵とホルモン

卵の形成から放卵までには，下垂体❶から分泌される性腺刺激ホルモンと，卵巣から分泌される卵胞ホルモンとが関係する。

性腺刺激ホルモンは卵胞に卵黄物質の蓄積をうながし，卵胞ホルモンは肝臓の卵黄物質の生産を促進する。また，放卵には下垂体後葉から分泌されるホルモンが関係している。

▎産卵周期

ニワトリの産卵は数日間産卵を続けたあとに1日（または2, 3日間）休産し，ふたたび数日間産卵を続けるという周期性を示す。このような周期を産卵周期といい，連続した一連の産卵を**クラッチ**とよんでいる。

▎産卵の季節変化

ニワトリは日長が長くなる季節によく産卵し，自然日長のもとでは，産卵は春季に高く，秋季に低くなる。このため産卵パターンは，ふ化の季節によって異なり，春と秋，冬と夏にふ化したひなでは対照的な産卵パターンを示す（図2）。なお，産卵に適する気温は12～25℃といわれている。

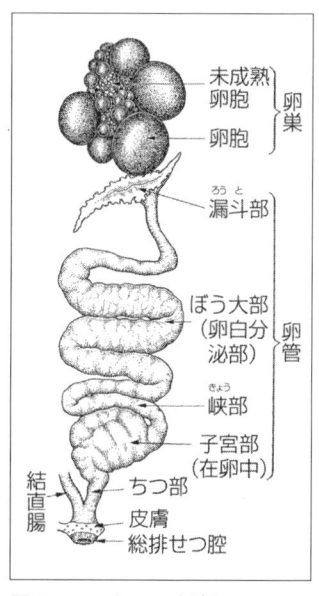

図1 ニワトリの生殖器

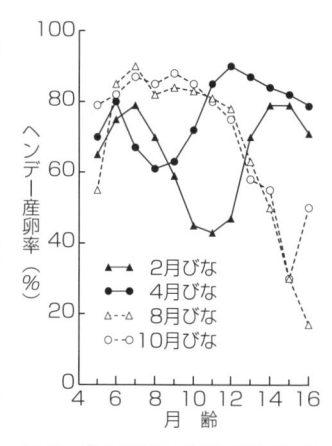

図2 ふ化季節と自然日長下における産卵パターン（「静岡県養鶏試験場研究報告第14号」昭和54年による）

注 ヘンデー産卵率については，→ p.52 表2参照。

2 成鶏期の管理

飼料給じ，給水　成鶏期の飼料は，ふつう1日分を朝と夕方に分けて，ニワトリのようす，飼料の食べぐあいを観察しながら与える❶。

産卵初期には成長しながら産卵が急激に増えるため，高タンパク飼料を給与し，産卵や成長のていどに応じて産卵中期（およそ40〜60週齢），後期（およそ60週齢以降）にかけて粗タンパク質水準を下げていく給与方法がおこなわれている❷。

新鮮な水はいつでも飲めるようにし，とくに夏季は水を切らさないよう，冬季は凍結させないように心がける。

集卵，清掃　産卵は午前中にほぼ終わるので，ふつう午後に集卵する❸。除ふんは，手作業の場合は1週間に1〜2回おこない，鶏舎内を清潔に保つように心がける。とくに，春から秋にかけてハエの多発する季節には，できるだけこまめに除ふんして鶏ふん処理施設で処理する❹。

環境管理　鶏舎内の環境（温度や湿度など）を記録して，日々の管理に活用することに心がける❺。なお，湿度の影響は，他の家畜ほど大きくない。

　暑さに対する反応と夏季の管理　ニワトリは暑いときには翼を広げ，口を開けて激しくあえぎ（パンティングという，➡ p.16），体温を放散させる。また，さかんに水を飲み，ふんは水様便になる。30℃以上になると産卵に影響するといわれる❻。夏季には，以下のような点に注意して管理する。

　①開放鶏舎では，鶏舎内の通風をよくする。場合によっては，送風機で風速0.5〜0.8m/秒くらいで風をあてる。

　②樹木などで日陰をつくり直射日光を避ける。

　③屋根に白いペンキを塗って太陽熱を反射させたり，鶏舎内に水を噴霧したりすることも，温度を下げるのに効果的である。

　④ウインドウレス鶏舎では，温度がなるべく均一になるように換気方法を工夫する。

　寒さに対する反応と冬季の管理　ニワトリは寒いときには，体を丸め熱が逃げないように羽毛を逆立てる。寒くなると飼料摂取

---

❶自動給じ機を用いる場合は午前2回，午後1回給じするが，夕刻前にえさがなくならないように注意する。

❷産卵調査にあたっては，群（または鶏舎）ごとにその日の産卵個数と重量を測定する。同時にへい死やとうた鶏を記録し，月，年単位でまとめる。飼料は投入のつど，重量を記録する。

❸集卵後は高温，多湿の場所を避けて保管し，できるだけはやく出荷するように心がける。スーパーなどの店頭に並ぶものはGPセンター（Grading and Packing Center，図3）で洗浄し傷卵や異物の有無を検査したのちに規格別にパックされる。

❹必要に応じて殺虫剤を散布する。

❺ケージ飼育の場合，ニワトリは自由に移動できないので，とくに舎内の環境を快適にして生産能力を十分に発揮できるように管理することが重要である。

❻飼料摂取量が減少し，卵重は軽く，卵殻も薄くなる。

図3　GPセンター内部

量が増えるが,産卵率は低下する。開放鶏舎では,防風垣をつくったり,カーテンを張ったりして鶏舎内に寒風が吹き込まないようにする。ウインドウレス鶏舎では,換気量を少なくする❶。

だ鶏のとうた

産卵が減少したり病気だったりするニワトリは,飼育しても採算があわない。これらのニワトリをだ鶏といい,日常の管理のなかで発見してとうたする(表1)。

強制換羽

初産から1年くらいたつと,産卵が減少し,卵殻も薄くなって卵質が低下し,自然に換羽するニワトリが増えてくる。自然換羽に先立って人工的に換羽を起こさせると,卵殻質を改善し,採卵期間を延長することができる❷。この方法を強制換羽という。

一般的な方法としては,60週齢前後に,夏季は10〜14日間,冬季は7〜10日間絶食させ,同時に点灯を中止する❸。絶食期間が終わったら,飼料を数日かけて徐々に増して与える。

❶ただし,どちらの場合も,換気が不良にならないように注意する必要がある。

❷サルモネラ感染症にかかりやすくなることもある。

❸絶食開始から1〜2日で休産し,30〜40日で50%ていどの産卵を再開する。点灯は,30日後に再開する。

3 鶏卵の品質

鶏卵は,そのほとんどが産卵されたままの殻つき卵として,取引規格にあわせ出荷・販売されている❹。鶏卵の品質は,卵殻,卵黄,卵白などの状態によって決まる(→p.222)。

鶏卵の規格と品質

鶏卵は形が正常で,汚れがなく,卵殻は適度になめらかで丈夫であり,ひびわれがないものがよい。また卵を割ったとき,濃厚卵白が高く盛り上がり,異物(血液,肉はん)の混入がみられないものがよい。

❹最近では,消費者への直接販売(直売,→p.7, 218)も増えているが,その場合には,①飼育方法や飼料配合を工夫して高品質な鶏卵を生産する,②鶏舎を常に清潔に保ち清潔な新鮮卵を販売する,③鶏卵について正しい情報を提供する,などの点にも十分留意する必要がある。

表1 だ鶏の見分け方

行　動	外　観	腹部の触感
○飼料の食いこみがわるい ○ふんの量が少ない。緑・黄・肉色のふんをするものは病鶏 ○たびたび飲水し,ときに水をもどすものは病鶏 ○動作が鈍いものは病鶏 ○昼でも目を閉じていることが多いものは病鶏	○換羽をはやく始めるものはだ鶏 ○とさかが小さく,光沢のないものは休産中。また,色の薄いものや暗紫色のものは病鶏 ○くちばしが細く長いものはだ鶏 ○目や鼻がぬれて汚れているものは病鶏 ○くちばし,耳だ,あし,肛門部が黄色のものは休産して日が経過している鶏	○膨満しているのは病鶏(腹水症,→p.69) ○厚くかたく感じるのはだ鶏(脂肪鶏) ○ぺちゃんこで弾力のないものは病鶏 ○卵が感触できるものは病鶏(卵墜,→p.69)* ○恥骨のあいだがせまいものは休産中,またはだ鶏

注　*多産鶏の腹部は,弾力があって,ゴムまりにふれる感じで,産卵直前にはやや張ってくるが,卵を外部から感触することはない。

| 品質を決める要因 | 鶏卵の品質は遺伝的な要因，飼料，季節，鶏の日齢および飼育環境などの影響を受ける（図3〜5）。

卵殻 主として炭酸カルシウムでできており，卵殻はち密で厚いほど強く，薄く弱いと破卵や傷卵が多くなり，商品価値がいちじるしく低下する。

卵殻の強度は，一般に栄養分，とくにカルシウムなどの無機物の不足，夏季の暑熱，鶏の高齢化などによって低下する。卵殻のほとんどない軟卵や奇形卵を産むこともあるが，これらは急性の伝染病や生殖器機能の異常であることが多い。

卵白 透明で淡黄ないし淡黄緑色をおびており，水様の部分（水様性卵白）と濃厚な部分（濃厚卵白）とがある。濃厚卵白は高く盛り上がっているほどよい。濃厚卵白の盛り上がりは，貯蔵日数の経過にともなって低下していくので，鮮度のめやすになる。また，この盛り上がりはニワトリの日齢が若いほど高い。

このようなことから濃厚卵白の高さと卵重にもとづいて**ハウユニット**❶という数値が設定され，鮮度の指標とされている。ときに混入がみられる卵白中の少量の血液（血はん）や肉様のかたまり（肉はん）❷は，とくに支障にはならないが，好ましくはない。

卵黄 黄色の色素は飼料中のトウモロコシ，緑じに含まれる色素が移行したものである。卵黄は弾力があって，丸く盛り上がっているほどよい。この盛り上がりは，日がたつにつれて平たくなり，やがて卵黄膜が破れてくずれる。

❶ Haugh unit。卵重と濃厚卵白の高さから求められる鮮度を示す数値で，高いほどよい。白色レグホーンの新鮮卵で85〜90を示す。

❷ これらは卵が形成される過程でたまたま混入したものである。

● **畜産物の加工**
鶏卵のピータンづくり
鶏卵1kg，食塩450g，水酸化ナトリウム75g，紅茶30g，パラフィンを用意して以下の手順でつくる。
① 鶏卵1kgを20％食塩水1.5ℓに入れ，25℃で10日間つける。
② 1.5ℓの水を用意し，2％量の紅茶をいれて5分間煮たのち，ろ過する。
③ これに食塩10％，水酸化ナトリウム5％量を加え，①の鶏卵を25℃で約8日間つける。
④ 取り出してパラフィンで鶏卵表面をおおい，2〜4か月貯蔵する。

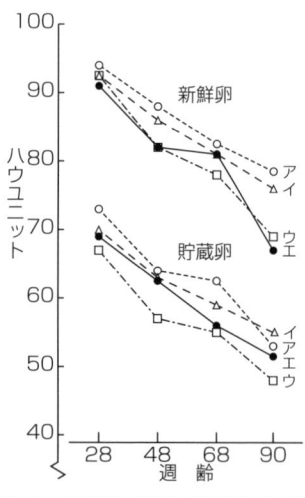

図3 採卵鶏の週齢が卵質に及ぼす影響 （山上）
注 ア〜エは，採卵鶏の銘柄。ハウユニットは，新鮮卵は産卵日当日の卵の値，貯蔵卵は，貯蔵温度5，15，25℃の品温の累計がそれぞれ75，150，225℃に到達した日の卵の総平均値。

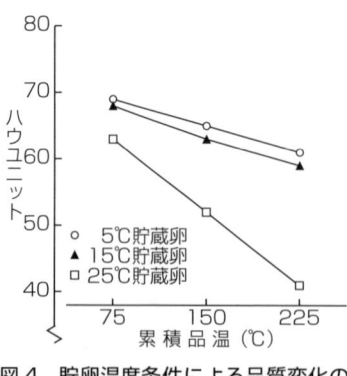

図4 貯卵温度条件による品質変化の差異 （山上）
注 累積品温：貯卵温度条件×貯卵日数。

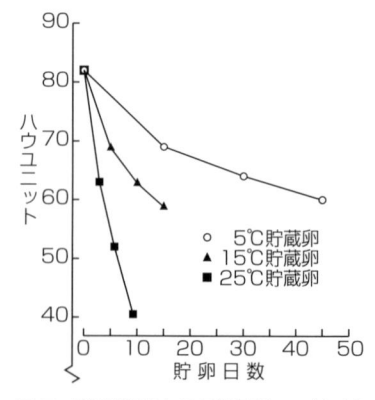

図5 鶏卵貯蔵中の品質変化 （山上）

7 ニワトリの衛生と病気

1 病気の発見と対策

病気の発見 ニワトリが病気になると，表1のような症状があらわれるので，日常の管理でよく観察することが大切である。

とくに，鶏舎が大型化し，大羽数を飼育するようになると，換気不良になりがちで，有害ガスや湿度が高くなり，呼吸器病が発生しやすくなる。また羽数に比べ管理する人数が少なくなると，日常の管理，除ふん，健康状態の観察や衛生管理も不十分になりやすいので注意する。

表1 病気のニワトリの症状

行動	①元気がなく動作がにぶくなり，えさを食べなくなる（写真） ②ふんの量が減り，色が変わったり，下痢をしたりする ③成鶏では産卵が停止したり，軟卵や奇形卵を生んだりする ④ときどき奇声を発する
外観	①羽毛が逆立ち，翼をたれる ②とさかの色が薄くなる。または暗紫色になる ③目が涙で，鼻が鼻汁で汚れる。目は閉じていることが多い ④口を開けて呼吸する

表2 ワクチン接種のプログラムの例

	ワクチン名	初生	えづけ	1週齢	2週齢	4週齢	1〜2か月	3〜4か月
採卵鶏	ニューカッスル病		○		○	○	△	
	マレック病	○						
	伝染性気管支炎			○		○		×
	鶏痘			○				○
	伝染性喉頭気管炎	○					○	
	伝染性コリーザ						×	
ブロイラー	ニューカッスル病		○		○	○		
	伝染性気管支炎			○	○			
	伝染性喉頭気管炎	○						
	鶏痘	○						
	マレック病	○						
	コクシジウム		○（3〜6日齢）					

注 ○：生ワクチン，×：不活化ワクチン，△：不活化油性アジュバントワクチン。 （「鶏病研究会報」による）

病気の対策

病原体の侵入を防止する　病原体に汚染されていないきれいなひなを導入することはもちろん，外部で汚染される可能性の高い卵の輸送箱や出荷用のケージは消毒してから使用し，出入りする車も消毒をする。また人によって病原体がもち込まれる可能性も高いので，部外者の立ち入りを制限し，立ち入る場合は手足を消毒し，消毒済みの衣服と着替える。

病原体の伝播(でんぱ)を防止する　病原体が隣の鶏舎にうつらないように，鶏舎ごとに手や足を消毒し，専用のはきものを用意する。

ワクチン・予防薬の使用　ニューカッスル病，鶏痘，マレック病などにはワクチン接種が有効で，それぞれのワクチンについて接種プログラムを忠実に実行する（表2）。

2 おもな病気の特徴とその対策

おもな病気の特徴とその対策を，表3に示す。病気のなかでとくに重要なものは「家畜伝染病」として，家畜伝染病予防法❶の適用を受け，その規制に従わなければならない。

法定伝染病には，家きんコレラ，高病原性鳥インフルエンザ（家きんペスト），低病原性鳥インフルエンザ❷，ニューカッスル病，家きんサルモネラ症（ひな白痢）がある。こららのうち，発生が問題になっているのは高病原性鳥インフルエンザとニューカッスル病で，家きんコレラは久しく発生がない。家きんサルモネラ症（ひな白痢）は種鶏を対象として対策がとられる。

❶家畜の伝染性疾病の発生を予防し，また，まん延を防止することで，畜産の振興を図ることを目的とした法律。家畜伝染病（法定伝染病）を指定し，まん延防止，輸出入検疫などの方法をこまかく規定している。

❷H5またはH7亜型のA型インフルエンザウイルス（高病原性鳥インフルエンザウイルスと判定されたものを除く）の感染による家きんの疾病。

表3　ニワトリのおもな病気と予防法

病名	原因と症状	予防と治療
家きんサルモネラ症（ひな白痢）（家畜伝染病，以下法定と略す）	原因：ひな白痢菌。消化器，生殖器がおかされる 症状：幼びなでは粘液の混ざった白い便を排せつし，元気がなくなって90％以上死ぬ。中びな，大びな，成鶏はこの病気にかかっても死ぬことは少ない。近年はほとんど発生がない	種鶏が保菌していると，保菌卵を産み，介卵伝染するので，健康な種鶏から採種したひなを購入する（種鶏はこの検査が義務づけられている）。また，直接伝染もするので，ニワトリを収容する前の鶏舎・育すう器などの消毒に努める
ニューカッスル病（ND）（法定）	原因：ウイルス。消化器，呼吸器，神経がおかされる 症状：ひな，成鶏ともにかかり，緑色の下痢便，のどをぜいぜい鳴らし，くびをのばした呼吸，あしの麻痺，旋回運動をする神経異常，などがあらわれる。産卵は休止するか，あるいはいちじるしく減少する。全群がかかり，アメリカ型は比較的軽いが，アジア型は急性で重く，死亡率が高い	ワクチンの予防接種を励行する。病鶏からの排出物により直接伝染するほか，人体について運ばれるから，流行時には他人が鶏舎にはいることを禁止する。死体は家畜防疫員の指示に従い焼却するか土中に埋めるかする

病　名	原因と症状	予防と治療
高病原性鳥インフルエンザ（法定）	原因：ウイルス。糞便などをとおして，経口または経鼻感染 症状：とさか・肉ひげのチアノーゼ・出血，顔面浮腫，神経症状，下痢など。病変が認められる前に死亡することもある	野鳥などの侵入防止，異常鶏の早期発見・早期通報の徹底。現在のところ，効果的な治療法は見つかっていない
鶏痘（FP）	原因：ウイルス。皮ふ，外気に触れる粘膜がおかされ発症 症状：夏を経過したことのないひな，成鶏にかぎって発病する。夏には皮ふ（とさか，肉ひげ，くちばし，あし）に褐色で米粒大の隆起ができる（発痘）。やがてかさぶたになり，脱落してなおる。秋・冬・春には粘膜（のど，気管，鼻，目）に発痘する。のどや気管に発痘すると急死するが，そのほかの場合は産卵の低下，発育の停滞をきたすていどで，やがて回復する	ワクチンの接種を励行する。気温の低い時期には換気に注意する。カの発生・襲来を防ぐ
鶏伝染性気管支炎（IB）	原因：ウイルス。気管支がおかされ，炎症を起こす。腎臓，生殖器も炎症を起こす 症状：口を開いて呼吸し，奇声を発する。緑色あるいは水様性の激しい下痢便をする。成鶏ではこれらの症状があらわれる前に軟卵が出る。発症後は産卵が止まる。伝染力が強く，全群がかかる	ワクチンを接種する。他人が鶏舎内にはいることを禁止する。回復後も異常卵を産む鶏はとうたする
鶏伝染性喉頭気管炎（ILT）	原因：ウイルス。のど，気管にいちじるしい炎症が起こる。 症状：ひな，成鶏ともにかかる。口を開いて呼吸し，せきや奇声を発する。たん，血たんを排出する。茶褐色の下痢便をする。症状は個体による差が大きい	伝染力は弱いが，一度かかるとその養鶏場における根絶は困難。ひな，人，器材によってウイルスが侵入しないように厳重に注意し，消毒を励行する。生ワクチンの接種は，病気の侵入を受けた養鶏場にかぎっておこなう
リンパ性白血病（LL）	原因：ウイルス。肝臓，脾臓，腎臓・卵巣がおかされ大きくはれる 症状：主として120～250日齢ころに発病する。元気と食欲がなくなり，緑色または黄白色のふんをする。とさかがい縮し，つやがなくなる。急速にやせて死ぬ	成鶏と隔離して育すうする。その他は上に同じ
マレック病（MD）	原因：ウイルス。あし，翼，くびの神経がおかされ大きくはれる。内臓がはれることもある 症状：30～120日齢の中びな，大びながかかる。元気がなくなり，貧血になる。あし，翼，くびなどが麻痺する。緑色の下痢便をするものもある。発病したものはほとんど死ぬ	初生時にふ化場でワクチンを接種する。ひなは成鶏から隔離し，育すうする
鳥マイコプラズマ症	原因：マイコプラズマ。主として呼吸器がおかされ，炎症を起こす。関節がおかされることもある 症状：中びな，大びな，成鶏がかかる。鼻じるを出し，くしゃみをし，涙を流す。食欲がなく発育が遅れる。脚弱を起こす場合もある。慢性の経過をたどる	介卵伝染するので，健康な種鶏から種卵を採種する。よい環境下で飼育する。タイロシン，スピラマイシンなどは予防効果があり，生ワクチン接種時にあらかじめ与えておくとよい
ロイコチトゾーン症	原因：原虫（ロイコチトゾーン）。血液中に寄生して起こる。ニワトリヌカカが媒介する 症状：ひな，成鶏ともに夏発病する。ひなが発病すると突然血を吐いて次々に死ぬ。成鶏では皮下や体内に出血するが，死ぬものは少ない。緑色の下痢便をし，産卵が低下する	夕方，殺虫剤を鶏舎とその周辺に散布し，ニワトリヌカカを殺虫し，また襲来を防ぐ。サルファ剤を飼料に添加するか飲水投与する
鶏コクシジウム症	原因：原虫（コクシジウム）。腸管に寄生し，炎症や出血を起こす 症状：ひなおよび若い成鶏がかかる。元気と食欲がなくなり，飲水量が増え，やせる。幼・中びなでは血便をし，急性の経過をたどるものが多い。大びな，成鶏では白色の下痢便をし，慢性的なものが多い。死亡率は高い。平飼いに多発し，ケージ・バタリー飼いには少ない	育すう器具，育すう舎，鶏舎を消毒する。ただし，熱（熱湯，火炎），オルソ剤のほかは効果がない。育すう期には予防薬剤を飼料に添加する。治療にはサルファ剤が有効である。飲水に溶かして2～3日連用する
腹水症	原因：成鶏では腹部の腫瘍や卵墜（卵子が卵管にはいらず，腹腔内に落ちる現象）などがおもな原因。ブロイラーでは冬季の幼・中びなに発生する傾向があるが，原因は中毒，酸素不足，寒冷ストレスなどが考えられている 症状：腹腔内に腹水がたまり，腹部が異常に大きくなる	育すう温度を適正にする。現在のところ，効果的な治療法は見つかっていない

8 肉用鶏の生理と飼育技術

1 発育段階と飼育の目標

ブロイラーの発育は，採卵鶏よりいちじるしくはやく，8週齢前後で出荷することが多い❶（図1）。えづけから3週齢までを前期，それ以降を後期とよんでいる。地鶏などはブロイラーより発育はおそいこともあり，10～20週齢という幅広い日齢で出荷されている。

なお，現在のブロイラーのほとんどは，飼料会社，組織などとの契約生産で，えづけ時期，羽数，出荷日齢などが決められているので，施設，労力配分を事前に検討しておく必要がある。

❶ブロイラーの能力は，発育体重，飼料要求率，生存率のほか，出荷率：えづけ羽数に対する販売できた羽数の比，生産指数：平均体重（kg）×育成率（%）÷（飼料要求率×飼育日齢）×100，などでもあらわす。

図1 ブロイラーの発育と飼料要求率（「徳島県畜産試験場研究報告」1998年による）

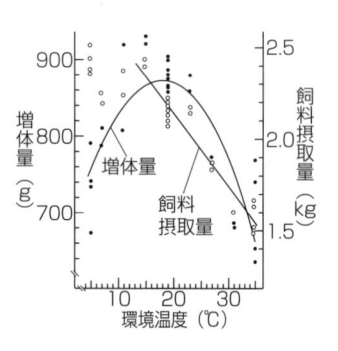

図2 環境温度と増体量，飼料摂取量との関係 （吉田ら）

2 飼料の給じと飼育管理

ブロイラーには，一貫して市販の配合飼料（前期用飼料と後期用飼料）を給じする。食用としてと畜する前7日間は，抗生物質を含む飼料を給与してはならない。

前期の管理　ふつうは鶏舎の床におがくずなどを敷き，2～4週間加温する。育すう温度が低いと腹水症が発生することが多いので，温度管理はとくに重要である。発育不良鶏にはあしが異常のものが多く，生産性が低下するので，できるだけはやくとうたする。

後期の管理　体重の増加にともない動作はしだいに緩慢になり，雄と雌の発育差が大きくなる。この時期の舎内気温と増体量，飼料摂取量とのあいだには図2に示すような関係があり，19～23℃の範囲で効率的に飼育できることがわかる。しかし，夏季の暑熱時には体に風をあてたり制限給じなどの防暑対策が必要である。なお，急激に30℃以上の高温になるときには，熱射病が発生しやすいので注意する。

出荷　食鶏処理場では消化器内の残留物を少なくするため，出荷前の夕方からえさの給与を

中止するのがふつうである。なお，出荷するときに片羽や片あしをつかむとニワトリを傷つけることがあるので注意する。

3 鶏肉の品質とその向上

食生活が多様化し，生産量だけでなく，品質や食味を重視する生産方式を取り入れることも大切である。

鶏肉の品質は遺伝的な要因と飼育管理や給与する飼料の成分などによって左右される。最近では，飼料中にある種の酵母を添加すると肉の赤みが増したり，給与する脂肪で脂肪酸組成が変わるので，飼育管理で品質を改善することも可能となっている。

近年は低脂肪の鶏肉に対する需要も高まっているので，脂肪蓄積を抑制することも品質の改善につながる。そのため，間けつ照明や，飼料のCP含量を高めるといったことがおこなわれる。

● 畜産物の加工
鶏肉のくんせいづくり
①調味液は，食塩6％，砂糖3％，化学調味料1％と水90％の割合でつくる。あらかじめ全体量の10％の水と食塩，香辛料を入れ，弱火で約1時間煮る。
②その後，砂糖，化学調味料を加え，蒸発した水分を補充して冷やす。
③容器に鶏肉を入れ，肉がかくれているていどの調味液にひたして冷蔵庫の中で1.5～2日間おく。
④くん煙用器具で80℃で1時間30分乾燥する。
⑤くん煙用器具で80℃で40分，さくらチップでくん煙する。
⑥せいろで80℃で45分むして完了。

参考 経営指標の検討と経営内容の判断

養鶏経営で収益を上げるには，ニワトリの能力を高めて生産量を増加させ，収入を増やすことが前提となる。多くの事例から，それぞれ目標として適切と思われる数値を抽出して示したものが経営指標である。採卵鶏とブロイラーの経営指標例を表1,2に示す。

これらの数値は相互に関連しているので，各項目を対比して検討することが大切である。たとえば，だ鶏とうたを厳しくおこなえば，産卵率の数値は高くなるが，生存率は低くなり，更新率も高くなる。したがって，産卵率の数値だけで経営内容を判断することはできない。

なお，現在の養鶏経営では，生産費にしめる飼料費の割合が大きいので，飼料費の節減に留意することが大切になる。飼料要求率を下げることも，飼料費の節減につながる。

表1 採卵鶏の経営指標例

	項目	指標
育成期	育成率	97％
	1羽当たり期間中飼料消費量	7.16kg
成鶏期	1羽当たり年間産卵量	17.6kg以上
	年間ヘンデー産卵率	77.3％以上
	1羽当たり年間飼料消費量	40.7kg前後
	1羽当たり1日飼料消費量	111.6g前後
	飼料要求率	2.31以内
	平均不正常卵割合	3％以内
	飼育期間（更新期）	82週齢
	年間へい死率	7％以内
	成鶏1羽当たり飼料費	1,751.6円

（中央畜産会編「養鶏経営改善指導指標（採卵・一貫経営編）」1992年による）

表2 ブロイラーの経営指標例

項目	指標
年間えづけ回数	4.7回
3.3m²当たり飼育羽数（夏季）	40羽
同（その他の季節）	45羽
平均出荷日齢	56日
平均出荷体重（雄）	3,520g
同（雌）	2,980g
育成率	96.2％
飼料要求率	2.117
空室期間	21日
生体1羽当たり飼料費	272.2円

（中央畜産会編「養鶏経営改善指導指標（ブロイラー経営編）」1990年，および「徳島畜試研究報告39号」1998年による）

2 養豚

ブタの生理的特性		
心拍数（回/分）	（55〜86）	
呼吸数（回/分）	（10〜25）	
体温(直腸温)(℃)	38.9	
摂水量（l/日）	1.5〜3.5	
ふん量（kg/日）	3	
尿量（l/日）	2〜4	
妊娠期間（日）	114（111〜119）	
産子数	4〜14	

1 ブタの体の特徴

　ブタ（豚）の体は，肉用家畜として，理想的なかたちをしている。品種によって多少ちがいはあるが，改良の進んだ最近のブタは，頭・くびや肩など前軀（体の頭に近い部分）が小さく，背・しり・もも（腿）など中軀・後軀が発達し，体長も長い，いわゆるロケット型をしている（図1）。この体のつくりは，骨の割合が少なく，ロース（→p.93）が長く，ベーコンやハムを多量に生産するのに適したかたちである。

外ぼうの特徴　ブタの外ぼうで最も特徴があるのは，鼻で，とくに，鼻端はよく発達して強い力をもっている。これで地面を掘ったり，ものにふれたり，においをかいだりしながら採食する。

　尾は細く短く巻いているものが多い❶。四肢は短くて強く，ひづめは2つに分かれており，ひづめの裏はイヌやネコと同じようにやわらかい。

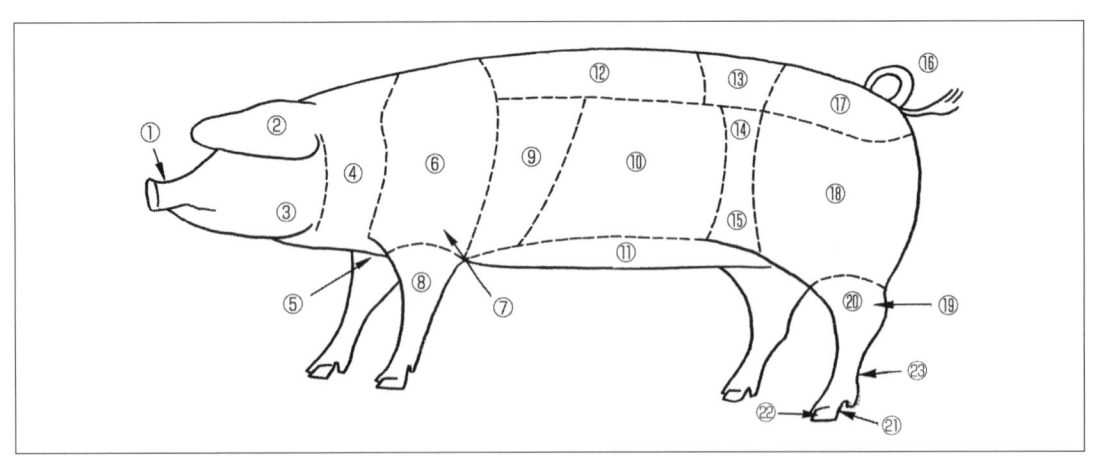

❶子豚のころ尾を力強く巻いているのは，健康のしるしである。

図1　ブタの体とそのよび方　　　　　　　　　　　　　（日本種豚登録協会『登録委員必携』平成2年改訂版による）
①鼻，②耳，③ほお（ジョール），④くび（頸），⑤胸前，⑥肩，⑦肘節，⑧前肢，⑨胸，⑩わき腹，⑪下腹，⑫背，⑬腰，⑭膁，⑮下膁，⑯尾，⑰しり，⑱もも（腿），⑲飛節，⑳後肢，㉑つなぎ（繋），㉒ひづめ（蹄），㉓管

第4章　家畜飼育の実際

皮ふは厚く,汗腺は退化して機能を果たしていない。被毛は剛毛で太く,体温を保持する機能はない❶。乳頭は胸から腹にかけて左右2列に並んでおり,12個以上あるのが正常である❷。

消化器と食性

　ブタは胃が1つしかない単胃動物である。ヒトや鳥類と同じく雑食性❸で,穀類,いも類,果実類などの植物性飼料と,魚粉,肉粉,乳製品副産物などの動物性飼料のどちらも食べる。また,農場残さ類や食品残さなど,広い範囲のものが飼料として利用される。

　これは,ブタの消化器のつくりと関係が深く,図2にみられるように,盲腸と結腸が大きく,肉食獣と草食獣の中間と考えられている。成豚の胃の容積は6～10lで人間の5～6倍以上もある。腸も長く,小腸は15～25m,大腸は4～8mあり,飼料の消化能力も高い。

　飼料をかむときは,上下運動が主であり,ウシなどのように下あごを左右に動かす水平運動はおこなわない。そのため,長い牧草類や雑草などをかんだりすりつぶしたりするのには適さない。

❶体積が小さく皮下脂肪の少ない子豚は寒さに弱く,逆に体積が大きく皮下脂肪の多い成豚は暑さに弱いので,子豚には防寒対策(→p.85)が,成豚には防暑対策(→p.100)が必要である。

❷乳頭の数やかたちは遺伝するので,種豚を選定するときに注意を要する(→p.101)。

❸ブタの歯は乳歯が28本,永久歯が44本ある。臼歯は草食獣のようによく発達し,また犬歯は肉食獣のように発達していて,人間と同じく雑食性であることを示している。

2 ブタの習性と行動

　ブタはおとなしく,人によくなつく動物であるが,一面たいそうおく病である。したがって,ブタが驚くような音や行動は避け,豚房へはいるときは,声をかけながらはいり,ブタの体をなでながら作業をおこなうなどの注意が必要である❹。

❹ブタを追うときは,1mくらいの細い棒を持ち,かるく体を打ちながら歩かせるが,小さいみぞなどがあると,ブタは慎重にこれを調べてから渡るので,ゆっくり待つことも必要である。

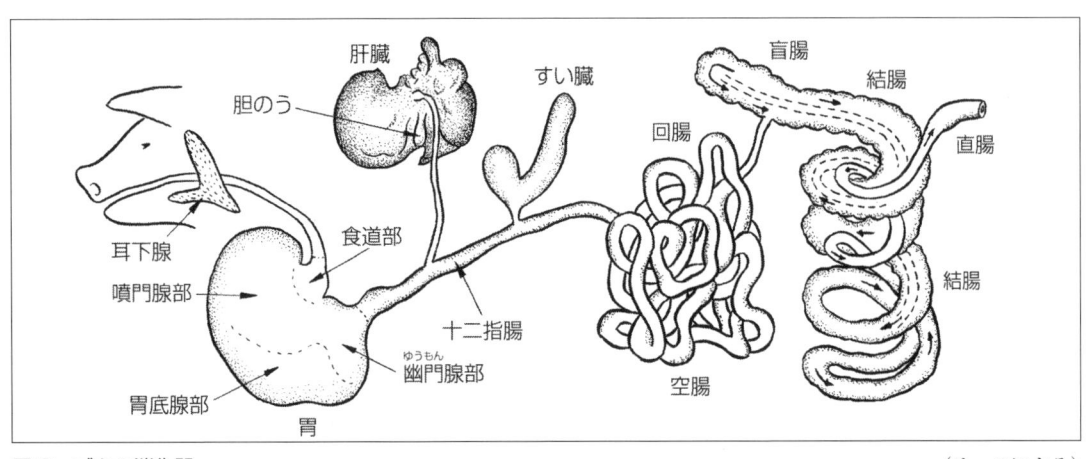

図2　ブタの消化器　　　　　　　　　　　　　　　　　　　　　　　　　　（リースによる）

習性と行動の特性

土浴・水浴 ブタを放飼場や運動場に放すと、強じんな鼻で土を掘り起こし、土浴・泥浴をする。また、水たまりがあると水浴をする（図3）。これは、冷たい土や泥水によって体を冷やし、体温を調節すると同時に、体表の寄生虫を払い落とそうとする習性である❶。

したがって、飼育にあたっては、暑いときは清潔な水をかけたり、繁殖豚には放飼場や水浴場を設けたりして、自然に近い環境をつくることが望ましい（図4）。

また、ブタは一定の場所に排ふん、排尿する習性をもっている（→ p.81）。

群集性と競争意識 ブタは、ウシやウマ、ヒツジなどと同じように外敵から身を守るために、群れ（数頭から10頭くらい）をつくって生活する。群れのなかでは、体力の強弱によって序列がつくられるが、とりわけ採食にあたっての競争は激しい。そのため、せまい飼槽で密飼いすると、弱い子豚は採食できず、発育が不ぞろいになりやすい❷。

ブタの感覚

ブタは、繊細な神経をもっている。とくに臭覚が発達しており、人間よりもはるかに敏感である。この鋭い臭覚で、自分の産んだ子とほかの母豚の子とをはっきり区別し、ほかの母豚の子をかみ殺すこともある。鼻端の触覚も発達していて、鼻で給水器をいたずらしたり、取っ手をはずしたりすることもある。

❶豚舎の中で、ふんや尿で体を汚しているのも、体温調節のための動作である。

❷群れが大きいほど発育がそろいにくいため、肉豚を飼育するさいには、1群の頭数をあまり多くしないほうがよい（→ p.92）。体格や年齢のちがう繁殖豚では、飼槽は1頭ごとに区切り、安心して採食できるようにする。

図3　ブタの土浴・水浴

図4　放飼場で授乳する繁殖豚

味覚も敏感で，臭覚によって食べものの存在を知り❶，臭覚と鼻端の触覚で安全を確かめ，味覚によって食べものを選択する。

音に対しても敏感で，突然の音には極度に驚き，いっせいに騒ぐことがある。飼い主の声や足音もよく覚えており，給じのとき合図の音を鳴らしてよびよせることもできる。

視覚はあまり発達していないが，ある色に対しては色覚をもっていることが，明らかにされている。

❶地下にある食べものも，かぎあてて掘り起こす。

3 ブタの一生

ブタの一生と飼育管理の例を図5に示した。

発育の特徴 ブタはほかの家畜とちがって，生理的に未発達な状態で生まれてくる。分べん時の体重は，わずか1.2～1.4kg（母豚体重の100分の1から200分の1）である。しかし，その後の発育はほかの家畜に比べてはやく，体重は，生後7～8日で生まれたときの約2倍に達し，6か月で100kg前後にもなる。8か月ころになると生殖器も発達し，雄，雌ともに繁殖させることができるようになる❷。

肉豚（肥育豚）の場合，最大の体重まで成長させる必要はなく，飼料の消費量や経営面などからみて，最も効率がよく，しかも肉質がよくなる時期に出荷する❸。

❷生後約4か月以降から脂肪の蓄積が始まるため，生後約3か月以後は，肉豚にするものと繁殖豚にするものとでは管理の仕方が異なってくる。

❸豚肉が色，味ともによくなるのは，生後5か月以降と考えられる。

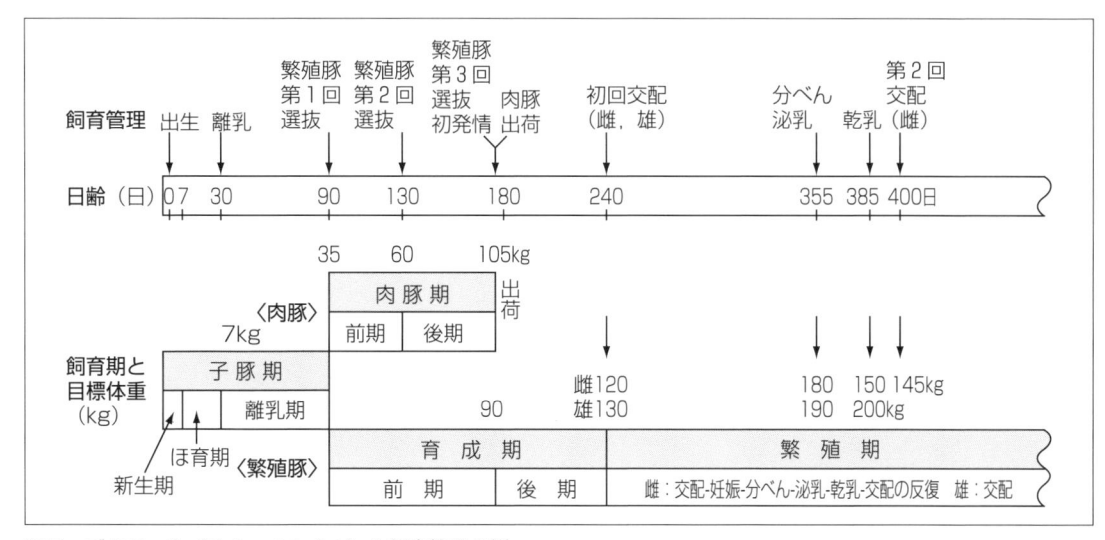

図5 ブタの一生（ライフスタイル）と飼育管理の例
（古郡浩「豚の一生と生理的特性」昭和59年より作成，現状では離乳3～4週齢，肉豚出荷110kg（200日齢）が平均的）

繁殖の特徴

ブタは季節に関係なく，一年中交配することができ，1年間に2.0～2.3回の繁殖が可能である❶。繁殖豚は，妊娠・ほ育の期間を除き，一定の間隔（ふつう21～22日）で発情を繰り返す。発情期に受精すると，平均114日の妊娠期間ののち，10頭くらいの子豚を産む。

出産後は，子豚をほ育したのち離乳すると，ふたたび発情し，次の交配ができる。繁殖豚は生後約1年で初産となり，その後，交配，妊娠，分べん，ほ育を繰り返す（図5）。

❶能力が高く飼育管理がよいと，5年間で10産以上もすることができるが，現在の平均供用年数は約3年間で6産ていどである。

4 生産物の特徴と利用

ブタは肉を中心に，脂肪，内臓，血液なども食用に利用される。豚肉は，やわらかく，特異臭も少なく，脂肪の融点も低く（冷食にも適する），テーブルミートのほか，ベーコン，ハム，ソーセージなどに広く加工されている。豚肉とその加工品の食品成分は，表1のとおりである。

また，皮革，毛❷，骨もさまざまに加工して利用されている。

最近，わが国では，手づくりハムなど，より自然で安全な加工食品を求める傾向が強くなっている。欧米に比べると，年間1人当たりの豚肉消費量は少ないが，今後は，量とともに食味などを加味した高品質豚肉に対する期待が高まっていくと思われる❸。

❷背部の剛毛は長さがあり弾性に富むので，ブラシの材料として珍重される。

❸最近では，世界各国とも赤肉が多く脂肪の少ない豚肉の需要が増えている。また，食味のよい在来種（バークシャー種〈黒豚〉など）が見なおされている。

表1 豚肉とその加工品の食品成分 （可食部100g当たり）

食品名		エネルギー(kcal)	水分(g)	タンパク質(g)	脂質(g)	炭水化物(g)	灰分(g)	無機質(mg)	コレステロール(mg)
豚肉（大型種）	かた（脂身つき，生）	216	65.7	18.5	14.6	0.2	1.0	581	65
	ロース（脂身つき，生）	263	60.4	19.3	19.2	0.2	0.9	560	61
	ヒレ（赤肉，生）	115	73.9	22.8	1.9	0.2	1.2	719	64
豚肉（中型種）	かた（脂身つき，生）	239	63.6	18.3	17.2	0	0.9	581	69
	ロース（脂身つき，生）	291	58.0	18.3	22.6	0.2	0.9	544	62
	ヒレ（赤肉，生）	112	74.2	22.7	1.7	0.1	1.3	704	65
ハム類	ボンレス	118	72.0	18.7	4.0	1.8	3.5	1,730	49
	生ハム（長期熟成）	268	49.5	25.7	18.4	0	6.4	2,920	98
ベーコン類	ベーコン	405	45.0	12.9	39.1	0.3	2.7	1,266	50
ウインナー類	ウインナー	321	53.0	13.2	28.5	3.0	2.3	1,122	57
参考：和牛肉	かたロース(脂身つき,生)	411	47.9	13.8	37.4	0.2	0.7	394	89
参考：若鶏肉	むね（皮つき，生）	191	68.0	19.5	11.6	0	0.9	536	79

（「五訂増補日本食品標準成分表」より）

注(1) 無機質は，ナトリウム，カリウム，カルシウム，マグネシウム，リン，鉄，亜鉛，銅，マンガンをあわせた値。
(2) 1cal = 4.184J。

1 ブタの品種と改良

1 ブタの起源と養豚のあゆみ

　ブタは、イノシシ（猪）が家畜化されたもので、おもにヨーロッパ野猪（*Sus scrofa*）とアジア野猪（*Sus vittataus*）とから、現在の品種が作出されている。紀元前4000年ころにはすでに、メソポタミアの定着農耕民によって飼育されていたといわれ、その後、エジプト、アジア東部・南部、ヨーロッパなどに広がっていった[1]。

　わが国では、600年代には大陸から移動してきた人びとによってブタが飼われていたという記録があるが、仏教の伝来後、肉食が禁じられ、沖縄県以外ではブタは飼われなかった。わが国で全国的に養豚が始まったのは、明治以降である。

　明治時代には、イギリスから中ヨークシャー種、バークシャー種などの**中型種**が導入され、これが、えさとなるサツマイモの生産とともに農家に普及して、養豚の基礎が築かれた。

　昭和35年ころから、国民所得の上昇にともなって豚肉の需要が急速に増加し、飼養頭数が急増した。これとあわせて、欧米諸国から大ヨークシャー種、ランドレース種、ハンプシャー種などの**大型種**[2]があいついで導入され、配合飼料の発達とあいまって、わが国の主要品種は中型種から大型種へと転換し、多頭化も進んだ。

　近年では、さらに経営規模の拡大や企業化が進み、繁殖から肥育まで一貫しておこなう専業養豚・企業養豚が多くなっている[3]。

2 品種と改良

品種とその特徴　**純粋種**　わが国のブタ（種豚）の品種は、現在、種雄豚ではデュロック種（略称D）が、種雌豚ではランドレース種[4]（L）が最も多く、このほかに、大ヨークシャー種（W）、ハンプシャー種（H）、バークシャー種（B）、

[1] とくに、中国で黄河流域を中心にブタの飼育がさかんになり、ブタは中国の食生活に欠かせないものとなった。現在も中国は、ブタの飼養頭数、豚肉生産量とも世界第1位である。

[2] そのほかに、デュロック種、およびこれらを交配した雑種がある。

[3] 飼養戸数は、昭和37年には100万戸をこえたが、昭和42年以降、減少に転じ、平成18年には約7,800戸になっている。

[4] 在来種という意味。デンマークにおいて作出されたランドレースを基礎として、それぞれの国でランドレースがつくられ、その国の名前をつけてよばれている。

❶現在,ブタの品種は約100種にのぼるが,そのうち優良種として飼われているものは約30種である。1800年代にイギリスを中心に西欧諸国で多くの品種が作出され,次いでアメリカ合衆国でも品種改良が進められた。

❷一代雑種の種雄豚の活用は,子豚の質にバラつきが多いなどの問題があるが,夏の暑熱に強いなど,その強健性の面から期待されている。

中ヨークシャー種(Y)が飼われており,この6品種が種豚登録の対象となっている❶。6品種の特性は,図1のとおりである。

雑種 現在,日本で飼われているブタの総頭数の80%以上は一代雑種や三元交配種などの雑種である。なかでも,三元交配が広く普及している。これは,2ないし3品種を交雑したほうが純粋種よりも,①発育がよく,肉質がよくなる,②斉一性が高まる,③両親の欠点を補いあう,などの利点があるからである❷。

たとえば,ランドレース種の雌にデュロック種の雄を交配すると,ランドレース種の母豚の多産性とすぐれた泌乳能力とによって子豚が数多く丈夫に育ち,同時にミートタイプであるデュロッ

品種		特徴
ランドレース種		デンマーク原産。ベーコンタイプ。頭・くびが軽く,垂れ耳。胴伸びがよく,後軀もゆたかで全体にスマート。皮膚は白色。発育がはやく,産子数も多い。泌乳量が多く育成率も高い。体重は生後1年で170〜190kg。各国で改良が進められている。
ハンプシャー種		アメリカ原産。ミートタイプ。背脂肪が薄く,赤肉量が多い。皮膚は黒色,肩から前肢にかけて幅10〜30cmの白帯をもつ。耳は立っている。繁殖能力,ほ育能力にすぐれ,発育もよい。雑種生産に広く用いられている。
大ヨークシャー種		イギリス原産。ベーコンタイプ。白色大型。耳は薄く立っている。性成熟はややおそいが繁殖能力,ほ育能力はすぐれている。赤肉と脂肪の割合は適度。体重は生後1年で160〜190kg。品種改良や雑種作出のための品種として評価されている。
デュロック種		アメリカ原産。ミートタイプ。皮膚は褐色で個体によって濃淡がある。耳は垂れ,先端部が前へかぶっている。顔はまっすぐか,わずかにしゃくれている。性質はおとなしく,強健で暑さに強い。多産でほ育能力にすぐれ,発育・性成熟もはやい。
バークシャー種		イギリス原産。ミートタイプ。体型はやや丸みをもつ。皮膚は黒色で,四肢,鼻,尾の先に白はん(六白)をもつ。耳は立っている。体重は生後1年で145〜155kg。③産子数はやや少ないが,ほ育能力はすぐれている。肉質はきわめて良好。
中ヨークシャー種		イギリス原産。ミートタイプ。白色中型。胴は幅と深みがある。顔はしゃくれ,鼻端は広く,耳は立っている。性質はおとなしく飼いやすい。性成熟ははやいが発育はややおそい。繁殖能力,ほ育能力はすぐれ,肉質は良好。わが国の環境に適し,古くから飼われている。

図1 わが国における主要6品種の特徴
注 写真はすべて雌。

ク種の赤肉の多い肉質が遺伝する。

改良目標と審査・登録　ブタは，家畜化されて以来，もっぱら肉利用を目的として改良が重ねられてきたため，肉の多い後軀が大きくなっている（図2）。さらに，現在では，その時代の要望にかなうように体型，資質，能力の改良が進められている。

そのために改良目標が定められ（表1），それによってブタを評価し，よりよい個体を選抜❶していくために，体型を審査する審査標準，能力を調べるための各種の検定制度がある。血統や能力の成績を記録するための登録事業もあり，子豚登記や種豚登録のほか，繁殖登録❷および産肉登録❸をおこなっている。それらの関係を示すと，図3のとおりである。

外ぼう審査　体型や資質は，品種ごとに定められている審査標準に照らして，そのよしあしが評価される。

子豚登記　子豚が繁殖能力や産肉能力のすぐれた系統であることを確認するための登録制度である。子豚登記を受けるには，品種の特徴をそなえているもの，正常な乳頭が左右にそれぞれ6個

❶品種の改良を目的として，遺伝的に望ましい個体を積極的に残すこと。これに対し，望ましくない形質をもつ個体を除くことを「とうた」という。

❷産子数，泌乳能力，ほ育能力，連産性などの繁殖能力を調査し，一定の水準以上のものを登録する。さらに，産子検定制度を設けて，種豚登録豚の子の繁殖能力を検定し，これに合格した親を登録豚としている。

❸1日平均増体量・飼料要求率，ロースの太さ・長さ，ハムの割合，脂肪の厚さなどを調べて判定する（後代検定実施の場合）。

表1　ブタの改良目標（平成27年の目標値）

①各品種の能力に関する目標

品　種	繁殖能力		産肉能力			
	子豚育成頭数	子豚総体重(kg)	1日平均増体量(g)	飼料要求率	ロースしんの太さ(cm²)	背脂肪層の厚さ(cm)
バークシャー種	8.9	52	750	3.3	34	2.2
ランドレース種	10.5	63	900	3.0	37	1.6
大ヨークシャー種	10.6	63	910	3.0	38	1.6
デュロック種	9.4	53	910	3.0	41	1.8

注(1)　繁殖能力の数値は，分べん後3週齢時の母豚1頭当たりのもの。
　(2)　産肉能力の数値は，雄豚の産肉能力検定（直接検定）のもの。
　(3)　1日平均増体量および飼料要求率の数値は，体重30〜105kgまでのあいだのもの。
　(4)　ロースしんの太さおよび背脂肪層の厚さは，体重105kg到達時における体長2分の1部位のもの。

②肥育素豚生産用母豚の能力に関する目標

1腹当たり生産頭数	育成率(%)	年間分べん回数	1腹当たり年間離乳頭数
10.8	94	2.3	23.3

③肥育豚の能力に関する目標

出荷日齢	出荷体重(kg)	飼料要求率
183	113	2.9

（農林水産省「家畜改良増殖目標」平成17年による）

注　育成率は，離乳時のもの。

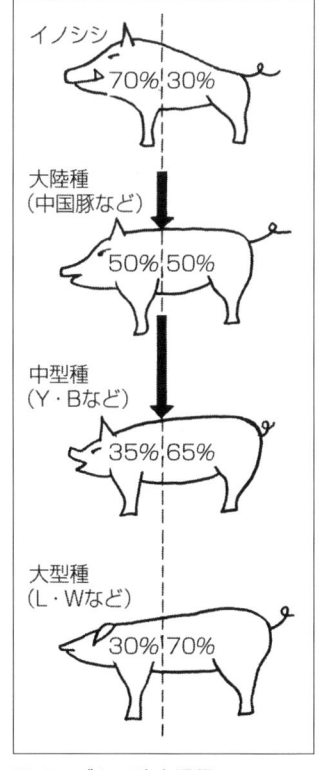

図2　ブタの改良過程
（ハモンドによる）

注　Y, B, L, Wについては，→ p.77参照。

以上あるもの，同腹豚6頭以上のもの，などの条件を満たしていなければならない。

種豚登録 子豚登記豚または登録協会が適当と認めた外国登録団体の血統登録豚について，生後6か月以上たつと，各品種ごとに決められている審査標準にもとづいて体型や資質が審査され，品種の特徴をそなえ欠点の少ないものが登録される。

系統造成

雑種利用の場合，同一品種であっても，その能力には個体差があるので，すぐれた個体を選ぶとともに，品種のなかで血縁関係の強い「系統」という単位で雑種利用を考えることが必要とされている。

系統をつくり出すためには，たとえば同一品種の雄10頭，雌50～100頭を集め閉鎖した集団として，このなかだけで近親交配❶をおこない，一定の目標に向かって不良なものはとうたし，すぐれたものどうしを交配させて，血縁関係を強めていく。

これを繰り返しおこなって，約7世代を経過すると，どの個体も共通した能力をもった豚群が生産されるようになり，系統として作出される❷。

今後は，主要品種の系統豚を一代雑種や三元交配に利用することによって，安定した優良な品質の豚肉が生産されることが期待される❸。

❶血縁関係のある個体どうしを交配すること。

❷すぐれた系統を作出するとともに，じっさいに利用するためには，異なった能力をもった系統豚どうしを交配して，系統間雑種としての能力の検定をおこなうことが必要である。系統豚や系統間雑種の作出や能力検定は，各都道府県の試験機関や農業団体などによっておこなわれている。

❸最近では，品種（肉質），飼育方法・飼料，飼育環境などにこだわり，工夫をこらした銘柄豚（ブランド豚）の作出・生産も各地で進められている。

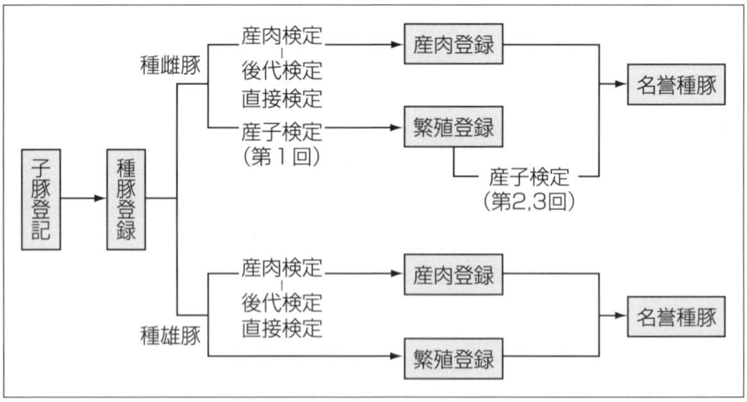

図3 種豚登録のしくみ （日本種豚登録協会による）
注(1) 直接検定とは，自己に対する検定。後代検定とは，自己の種付けによる産子に対する検定（→ p.150）。
(2) 種雄豚の繁殖登録は，自己の種付けにより異なった3頭の雌豚から生まれた子豚中に5頭以上の繁殖登録豚があるものについておこなわれる。
(3) 名誉種豚とは，産肉能力および繁殖能力がすぐれ，雌豚では，産肉登録豚および繁殖登録豚で，かつ産子検定に3回合格したもの。雄豚では，産肉登録豚および繁殖登録豚であるもの。

2 飼育形態と施設・設備

　豚舎・施設の様式は，1群の規模，飼料の給与方法，ふん尿の清掃方法などを検討し，飼育形態や管理方式にあった豚舎・施設を設計することが大切である。また，豚舎・施設はブタの習性にかなったものであることも大切である。

1 排ふん・排尿の習性と豚舎の構造

　ブタは，寝所と排せつ場所とを区別する習性をもっており，飼料のある場所への排せつは避ける。この習性をたくみに利用したのが，デンマーク式豚舎（図1）である。便所と寝所とが区別されるので，衛生的であり，清掃もしやすく，作業能率や飼育密度を高めることができる。

　また，ブタは隣接する房のブタがみえる場所で排ふんする。そのため，排ふん場所はブロックで仕切らず，さくにしたほうがよい。排尿は，飲水時またはその直後におこなう習性をもっているので，給水器の近くで排尿する（図2）。これらの習性を生かして，清潔で管理のしやすい豚舎を工夫するとよい。

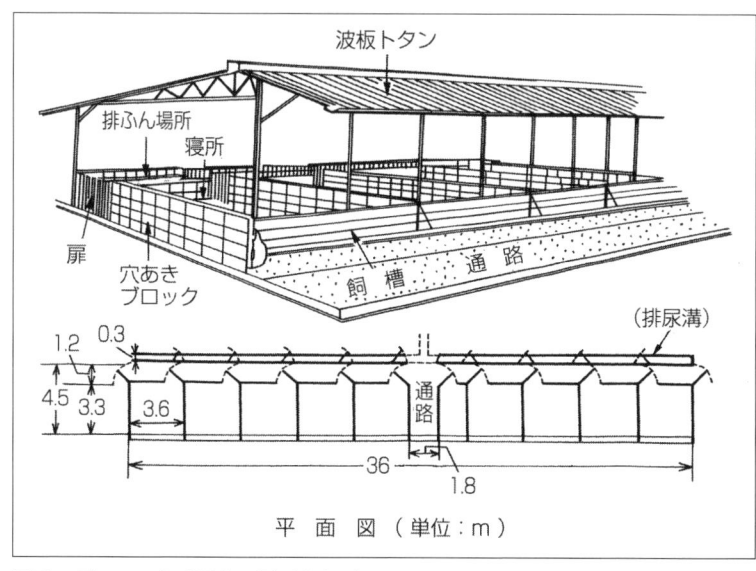

図1　デンマーク式豚舎の例（改良型）

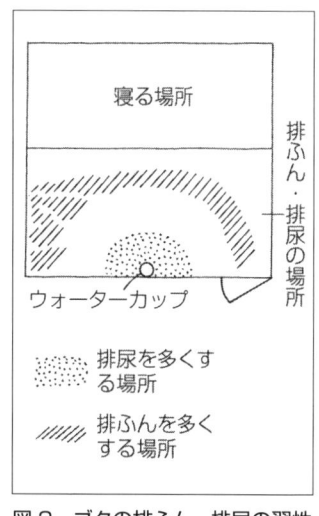

図2　ブタの排ふん・排尿の習性
（生駒博雄『日本の養豚第28巻』昭和53年による）

2 肉豚の飼育形態と豚舎

現在の肉豚舎は，一般にブタの排ふん尿の習性を利用して，寝所と排ふん場所とを区別した構造になっている。その代表的なものがデンマーク式豚舎で，排ふん場所が清掃時の通路をかねているのが特徴である。この方式はわが国の農家養豚にも多く取り入れられたが，飼育規模が大きくなるにつれて減少し，図3に示すような，すのこ床式豚舎❶が多くなった。

❶この方式は，1豚房に15〜20頭を収容し，ふんの収集は，ピット内にとりつけたスクレーパによっておこなう。

3 母豚の飼育形態と豚舎

かつては，同じ豚房を分べん・ほ育・妊娠期間をとおして使用する1豚房1頭飼いをしたり，繁殖豚数頭を群飼したりする方式がとられていたが，最近は妊娠期間をストールで飼育し，分べん前後は無看護分べん房（図4）で飼育する例が多い。

ストール飼育には，1頭ずつを仕切りさくで区切ったせまい豚房で飼う方式と，ロープなどでつないで飼うタイストール方式がある。この方法は，個体ごとの飼料給与ができ，観察にも便利であるが，運動がほとんどできないため，肢蹄が丈夫に育ったブタでないと長期の繁殖に耐えられない。

十分な土地のあるところでは，妊娠豚や育成豚を飼う方法として，コロニー豚舎がある。これは，放飼または放牧❷方式で管理する形態なので健康的である。

❷放飼とは牧草などのない裸地で放し飼いをすること，放牧とは草地などで放し飼いをすることをいう。

図3 すのこ床式豚舎

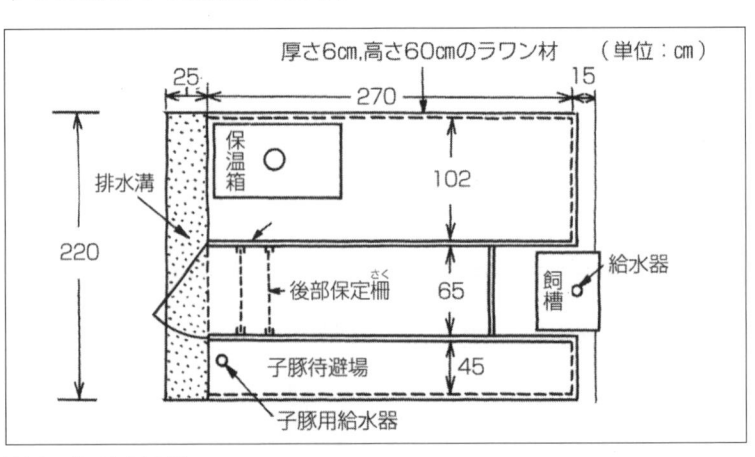

図4 分べん房の例
注 無看護分べんができる分べん房。

ストール飼育の方式をとる場合でも，離乳ないし交配後の約1か月間は，放飼・放牧方式で管理することが，連産性を維持するうえからも望ましい（図5）。

4 子豚育成豚房

離乳後の子豚は，母豚から離れ，飼料や環境なども変わり，ストレスの多い時期である。保温施設や給じ・給水設備などに配慮し，衛生管理などきめのこまかい管理をおこなう。一般に，高床とし，床には塩化ビニルコーティングを施したすのこや金属の網目などを設けた豚房で，十数頭を1房に群飼する（図6）。

5 付属施設

豚舎に付属する施設としては，飼料タンク（飼料庫），運動場，調理場などがある。飼料庫は，貯蔵中に飼料が変敗しないように留意し，袋詰めの場合は床にすのこ板をおく。

繁殖豚には放飼・放牧場のあることが望ましい。排水がよく，日あたりのよい場所に設け，面積は広いほどよいが，少なくとも1頭当たり $20 \sim 25m^2$ は必要である。せまい場合には，ときどき土壌消毒をおこなうか，土の交換をする。

食品残さを用いてリキッドフィーディング（→ p.92）などをおこなう場合には，そのための装置や給与システムが必要である。

図5 ストール飼育の例

図6 子豚育成豚房の例

3 子豚の生理と飼育技術

1 子豚の生理的特徴

　ブタは，出生後の発育速度がきわだってはやいため，分べん後の管理がよくないと発育が遅れ，「ひね豚」になってしまう。また，子豚の死亡事故は3日齢までが多い。その原因は，圧死，飢餓，虚弱，下痢，寒さなどがあげられる。

体温の調節機能

　子豚は，体温の調節機能が未発達なまま生まれてくる。子豚の体温は，出生直後は母豚とほぼ同じ39℃であるが，室温にさらされると急速に低下し始める❶。生まれた子豚が自力で母豚の乳房にたどりつくまでには20〜30分かかり（図1），このあいだに室温が適温より低いと，子豚の体温は3〜7℃も低下する（図2）。

　吸乳を始めると，体温は急速に上昇してくる。そして，出生後1〜2日すると，体内で脂肪を分解して熱を発生できるようになり，皮下脂肪も蓄積されるので，38〜39℃の体温で安定してくる。

❶エネルギー源であるグリコーゲンの貯蔵が少ないためで，たとえば，出生時の体脂肪蓄積率は，ヒツジ3％，ヒト16％に対し，ブタは1.0〜2.5％しかない。

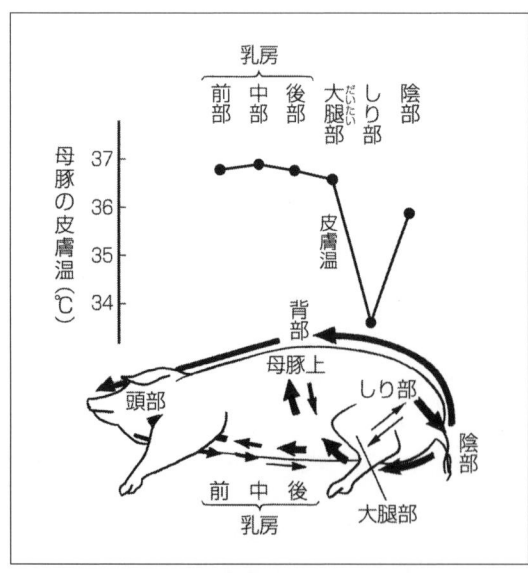

図1　分べん直後から最初に乳につくまでの子豚の経路とそのあいだの母豚の皮膚温
（谷田創・吉本正『家畜の管理25巻1』平成元年による）
注　矢印の太いところほど子豚がたどるひん度が高い。

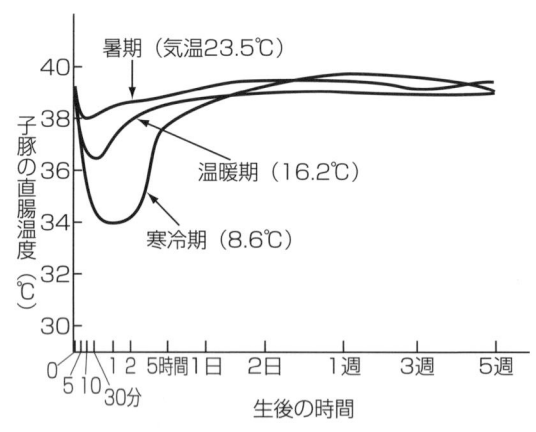

図2　子豚の直腸温度の推移　　（鹿熊俊明らによる）

表1　豚乳の成分（ランドレース種）　　（単位：％）

	水分	固形分	タンパク質	脂肪	乳糖	灰分	pH
初乳	71.1	28.9	19.8	4.8	3.6	0.7	5.9
常乳	81.2	18.8	5.1	7.4	5.5	0.8	6.9

（丹羽太左衛門監修『新養豚全書』昭和54年による）

しかし，生後6日ころまでは体温の調節機能が低く，7～20日齢のあいだにその機能が発達するので，子豚には季節に関係なく保温設備を施し，暖かな環境で管理することが望ましい。子豚管理の適温は，生後6時間までは約35℃で，その後は図3に示す温度である[1]。

消化・吸収の機能

ブタは免疫抗体を初乳から得ているので，必ず初乳を飲ませる[2]。また，赤血球をつくるために必要な鉄が母乳から十分に供給されない場合には，鉄欠乏性の貧血，発育不良や下痢を起こしやすいので，適切な鉄剤の投与や人工乳を給与する必要がある。母乳の不足や寒冷などでも下痢の発生や虚弱死がみられ，早発性大腸菌症による下痢も発生しやすい。表1に初乳と常乳の成分を示した。

一方，消化酵素がまだ十分に生産されていない生後2～3週齢時に，人工乳を過食したり，母豚にかたい脂肪をつくる飼料（→ p.103 表1）を与えたりすると，子豚は消化不良を起こし，「白痢」とよばれる下痢や遅発性大腸菌症による下痢にかかる。この時期は，とくに下痢が発生しやすい。発生した場合には，ただちに絶食をさせ，適切な薬剤の投与をおこなう。

[1] まわりの温度が低いと，子豚は暖を求めて母豚に接して休息するので，圧死などの事故が増加する。それを防止するうえでも，子豚の温度管理は重要である。

[2] 新生子豚は病原微生物の侵入に対して無防備であるから，衛生環境にも十分な配慮が必要である。

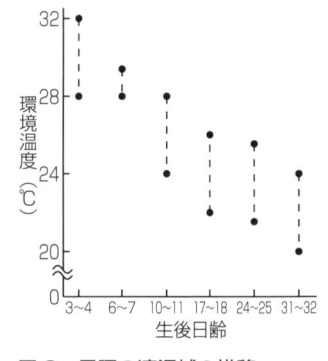

図3 子豚の適温域の推移
（吉本正『家畜行動学』昭和63年による）

2 子豚の飼育管理

子豚の発育と飼育管理のあらましを図4に示す。

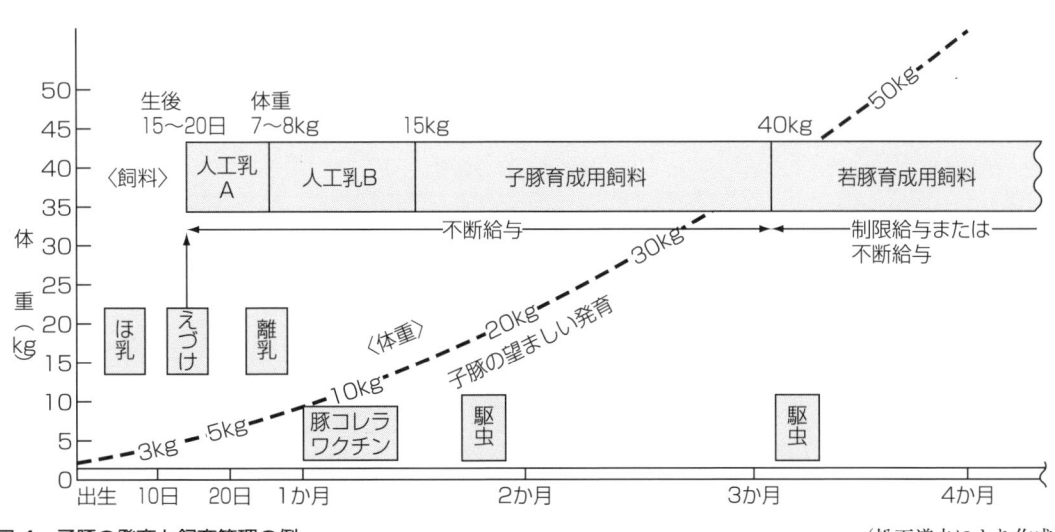

図4 子豚の発育と飼育管理の例　　　　（松下道夫により作成）

母乳によるほ乳

ほ乳回数と時間 親子を自然の状態で飼っているときには、母豚が子豚に乳を飲ませる回数は、1日24〜26回と多い。また、分べん直後は、吸乳すればいつでも乳汁が出る。しかし、やがて、母豚が横になって子豚に乳頭をふくませているあいだ❶だけしか出なくなる。

母豚の泌乳量は、分べん後2〜3週で最高になり、その後しだいに減少していく。1乳期（60日間）の乳量は平均254kgであり、1日平均乳量は4.2kgになる。

子豚の吸乳の習性 子豚は、生まれてから数日のあいだは、どの乳頭にでも吸いついて乳を飲むが、しだいに自分の乳頭を決め、その乳頭からだけ乳を飲むようになる。そのため、泌乳量の少ない乳頭についた子豚は発育が遅れがちになる。産子数が乳頭の数より多い場合は、乳頭にありつけない子豚を里子❷に出すことがおこなわれる。

えづけと人工乳

えづけ用の飼料としては、人工乳（ほ乳期子豚用飼料）を利用するのがよい。生後10〜14日齢（はやい場合は3〜7日齢）に、浅い皿のような容器に人工乳を入れて床においてやると、子豚はしだいに食べるようになる❸。人工乳の給与量は、表2に示すとおりである。

離　乳

離乳の時期は、子豚の発育状態、母豚の栄養状態、次回の交配計画などによって決まる。子豚の発育にとっては、子豚の消化生理が成熟してからの離乳が望ましい。最近では、分べん回転率を上げるなどの目的で、3〜4週齢で離乳をおこなうことが多くなっている。

---

❶乳頭をふくませるほ乳時間は、分べん当日ではやや長く1回8分くらいであるが、その後は5.0〜5.5分と短くなる。さらにその時間のうち、じっさいに乳が出ている泌乳時間は、分べん当日で約47秒、3日目で約22秒、60日目では約11秒ときわめて短い。

❷子豚を里子に出す場合、1〜2時間、実子と同居させてにおいをなじませたり、里親のふん尿をすりつけたり、臭気の強い薬液や消毒剤をつけたりして体臭をわかりにくくしておくと、品種や毛色のちがう子豚でも安全になじませることができる。

❸急ぐときは、子豚の鼻先を水でぬらし、飼料の上に押しつけてやると、人工乳が口のまわりにつき、子豚がそれをなめることによって味を覚えて食べるようになる。

表2　早期離乳における人工乳の給与量　（1日1頭当たり，g）

週齢	人工乳A	人工乳B
3	250〜320	
4	400〜520	
5		600〜690
6		750〜940
7		900〜1,140
8		1,050〜1,270

（農林水産技術会議事務局編「日本飼養標準―豚1975年版」による）

表3　子豚の飼料給与量の基準　（1日1頭当たり）

		1〜5	5〜10	10〜20	20〜30
体重	(kg)	3.0	7.5	15.0	25.0
期待増体量	(kg)	0.2	0.25	0.47	0.65
風乾飼料量	(kg)	0.26	0.41	0.85	1.29
体重に対する比率	(%)	8.7	5.5	5.7	5.2
粗タンパク質 [CP]	(g)	62	90	162	219
可消化エネルギー [DE]	(Mcal)	1.01	1.52	2.89	4.4
	(MJ)	4.2	6.4	12.1	18.4
可消化養分総量 [TDN]	(g)	230	340	660	1,000

（農林水産技術会議事務局編「日本飼養標準―豚2013年版」による）

離乳初期用人工乳（A）から後期用人工乳（B）への切り換えは，3〜4日かけて徐々におこない，急激な飼料の変化を避ける。人工乳から子豚育成用飼料への切り換えも，同様である。子豚期の体重増加の目標と飼料給与量の例を表3に示す。

5 **去　勢**　肥育を目的とする雄子豚は，去勢するのがふつうである。その時期は，なるべく保定がらくで傷口も小さくてすむ離乳前がよい。

去勢をおこなう場合には，下痢などにかかっていないことを確認し，手術前は，飼料の給与を控える。豚房を清潔に保ち，子豚
10 の汚れと化膿を防ぐ。

3 子豚の選び方

子豚を選ぶときは，その血統や親の能力を調べ，また体型をよく観察して選定するが，とくに次の点に留意する（図5）。

①その品種の特徴をそなえている。

15 ②同腹の子豚数が多く，どれも順調に，しかも一様によく発育している。

③食欲があり，元気で，のびのびとした体型であり，皮膚や被毛につやがあり，尾をきりりと上に巻いている❶。

④体型は長方形で，腹部に深みと幅があり，尾つきが高く（斜
20 しりはよくない），とくに後肢は後外方にふんばっている。

⑤鼻端，耳間が広く，耳は薄く大型で，目は清明なもの。

⑥乳頭は6対以上で，左右に正しく配列しているもの。

❶尾の垂れ下がっている子豚には，下痢をしたり，寄生虫がいたりする場合が多い。

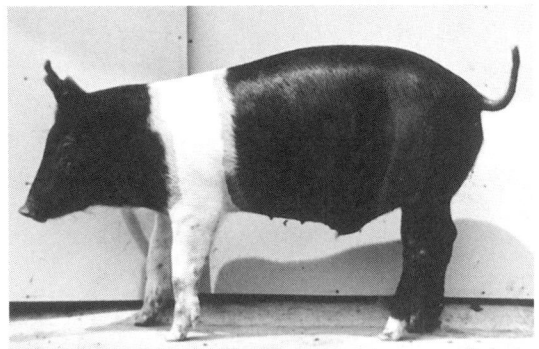

産肉能力の高い子豚　　　産肉能力の低い子豚

図5　子豚のよしあしの例

4 肉豚（肥育豚）の生理と飼育技術

1 肉豚の生理

発育の進み方

ブタの体の発育には，一定の法則がある。図1は，発育にともなう骨，筋肉，脂肪の割合の変化を示したものである。品種によって多少異なるが，生後3～4か月までは骨格が発達し，筋線維の分裂・増殖がおこなわれる。その後4～5か月齢までに筋線維が肥大して，体の基礎的な発育はほぼ完了する。それ以後は，おもに脂肪が蓄積する。

脂肪は，まず皮下と，腹（内臓）に蓄積し，ついで筋肉のあいだにはいってくる。肉質や味は，筋肉内の脂肪の質やはいりぐあいによって左右される❶。あまり短期間に肥育させたものは，脂肪のはいり方が少なく，水っぽい肉になる。また，脂肪のはいり方は品種によっても異なり，中型種の中ヨークシャー種やバークシャー種が，大型種に比べて脂肪沈着がよく，肉の味がすぐれている。

肉豚の出荷時期は，素豚の価格，飼料の価格，脂肪のはいりぐあい，豚肉の価格など，いろいろな要因によって左右されるが，一般に生後約6か月齢，体重90～115kgのころである。この時期はまだ脂肪の蓄積はピークに達していない。

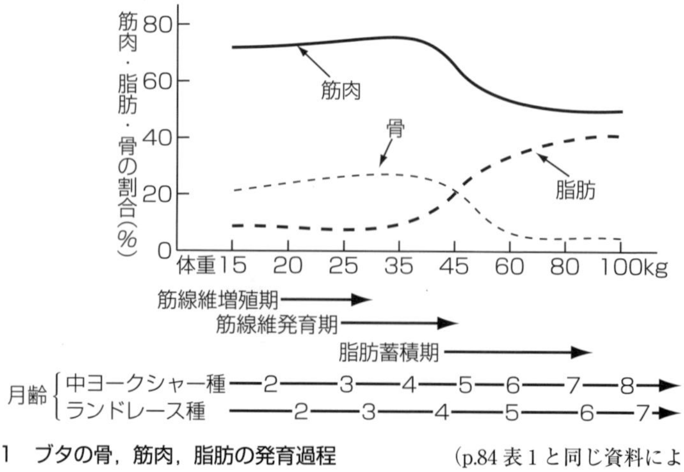

❶筋肉の約70～75％は水分で，残りの大部分はタンパク質である。若いうちは水分が多いが，成長するにしたがって脂肪量が増し，味がよくなる。しかし，成豚に達すると，筋肉の結合組織がかたくなり，一般には食肉として好まれない。

図1　ブタの骨，筋肉，脂肪の発育過程　　（p.84表1と同じ資料による）

栄養と発育　肉豚は，栄養の与え方によって発育の速度を変えることができる。

図2に示すように，同じブタでも，飼育期間の前半，後半ともに栄養価の高い飼料を与えると，発育ははやく，短期間で出荷できる。これに対し，全期間栄養価の低い飼料で飼うと，体重90kgに達するまでに，高栄養飼育に比べて100日以上遅れる。

しかし，高栄養飼料では，脂肪がつきすぎたり，肉じまりがわるくなったりしやすいのに対して，比較的低栄養のほうが肉質はよくなる傾向がある。

発育段階別管理の要点　肉豚の発育過程は，体をつくる育成期と，体を太らせる肥育期との2期に分けて考えることができる。

育成期　骨格や筋肉の基礎的な発達がおこなわれる時期で，生後4〜5か月，体重50〜60kgまでのころである。この時期には，成長に必要なタンパク質，ビタミン，無機物（ミネラル）に富む飼料を十分に与える必要がある。

肥育期　肉豚として赤肉量を増すとともに，脂肪を蓄積させて味をよくする時期である。肉の味は脂肪の質によって左右されるので，中ていどのかたさの脂肪をつくる飼料を給与し（→ p.103 表1），肉豚としての仕上げをおこなう。タンパク質は代謝をさかんにするので，少なめにするほうがよい。

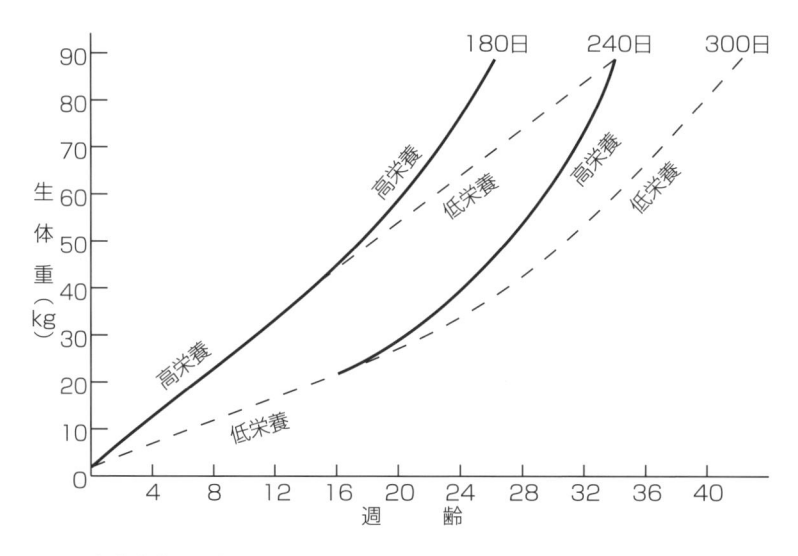

図2　栄養水準と発育　　　　　　　　　（マク・ミケンによる）

2 肉豚の飼育管理

産肉能力 肉豚に求められる産肉能力は，次のような指標によってあらわすことができる。

肥育期間 20〜30kgの体重から育成・肥育し，90〜115kgで出荷されるまでの日数。配合飼料を給与する場合は，90〜120日間であることが望ましい。

飼料消費量 肥育を始めてから出荷するまでに給与した飼料の量。少ない飼料でたくさんの肉量を得られることが望ましい。

飼料要求率 1kgの体重増加に要した飼料の量（kg数）[1]。

一般に現在の大型種では，飼料要求率が3.2以内であれば最もよく，3.4〜3.6は中くらいであるが，3.8以上になると，飼料を食べる割に太らないブタといわれる[2]。

1日平均増体量 1日当たりに増加した体重のことで，一般に現在の大型種では，この値が800g以上であれば最もよく，700g前後では中くらいであるが，500g以下では発育が不良であるとみなされる[3]。

以上のような調査結果は，表1のような記録帳に記入しておくと，肉豚の成績評価や技術診断に便利である。

肉質 ロースが長く，太く，赤肉量が多いもの，良質の脂肪が適度についており，ハムの割合の大きいものがよい。肉はやわらかく，赤みも適度で味のよいものが望ましい（→ p.94）。

発育と飼料

栄養と発育 一般に栄養価の高い飼料を与えると，発育ははやくなるが，短期間で仕上げるため脂肪の蓄積や肉の色調などは不足し，良質の肉が生産されなくなる。反対に栄養価の低い飼料を与え，じっくりと仕上

[1] たとえば，肉豚が70kgの増体をするのに，飼料を217kg必要とした場合，飼料要求率は217÷70＝3.1である。

[2] しかし，この値は与える飼料の質によって異なり，魚粉や大豆かすなど栄養価の高い飼料を与えると値が小さくなり，いも類などの自給飼料を利用すると3.8〜4.5くらいになる。したがって，飼料要求率だけで能力をみることはできない。

[3] 導入時体重が30kg，出荷時体重が105kg，飼育に要した日数が100日とすると，1日平均増体量は（105−30）÷100＝0.75（kg）＝750gとなる。

表1 肉豚の飼育管理記録（例）

月.日	週間給与量(kg)	週間残食量(kg)	週間摂取量(kg)	体重(kg)	増体量(kg)	1日平均増体量(g)	飼料要求率
5.1	19.6	1.6	18.0	80.5	6.0	857	3.00
5.8	19.6	0	19.6	85.0	4.5	643	4.35
5.15	20.0	1.0	19.0	90.0	5.0	714	3.80

注 残食量は1週間分をビニルの袋などに入れておいてはかる。

げると，美味な肉が生産されるが，発育はおそくなり，年間の出荷頭数が少なくなる。表2に栄養水準と発育・肉質の関係の調査例を示した。

飼養標準と飼料給与 ブタの発育に応じた養分の必要量のめやすは，日本飼養標準（➡表3）に示されている。多頭飼育をおこなっているところでは，購入配合飼料の給与が中心になるので，表3に示したような給与基準によって飼料給与をおこなうとよい。

中・小規模の養豚農家では，飼養標準を用いて，自給飼料や農場残さなどをじょうずに利用し，飼料費を節減し，じっくりよい肉質のブタを生産するように心がけるとよい。

| 飼料の給与方法 | **無制限給与と制限給与** 飼料の与え方には，ブタが飼料をいつでも食べたいときに食べられるようにする**無制限給与**（不断給じ・自由採食ともいう）と，決まった量を1日1～2回与える**制限給与**（制限給じ）とがある❶。

無制限給与は省力的であり，発育もはやいが❷，脂肪が厚くなったり，飼料がこぼれてむだになったり，食べすぎのため飼料要求率が低くなったりする。制限給与は労力はかかるが，飼料の量は

❶多頭飼育をおこなっている養豚場では，1日1回，朝に飼料を与えるところもある。そうすると，午後2時ころまでは飼料が残っており，無制限給与と制限給与の利点を，ともに生かして管理することができる。

❷群飼方式をとる場合には，発育がそろう利点もある。

表2 肉豚の栄養と発育・肉質との関係

栄養水準 DCP (%)：TDN (%)	生後25週体重 (kg)	飼料要求率	ロースしんの太さ (cm²)	背脂肪層の厚さ (cm)	ハムの割合 (%)	と体の筋肉の割合 (%)
13.5：72.5	98.2	3.61	15.7	3.6	30.68	47.1
13.5：67.5	86.1	3.84	16.0	2.6	30.73	57.0
11.0：72.5	87.0	3.57	16.8	3.2	30.60	55.8
11.0：67.5	91.4	3.99	14.4	3.0	31.28	49.5

（p.84 表1と同じ資料により作成）

表3 肉豚飼料給与量の基準　　　　　　　　　（1日1頭当たり）

体重	(kg)	30～50 40.0	50～70 60.0	70～115 92.5
期待増体量	(kg)	0.78	0.85	0.85
風乾飼料量	(kg)	1.86	2.41	3.07
体重に対する比率	(%)	4.7	4.0	3.3
粗タンパク質 [CP]	(g)	288	349	399
可消化エネルギー [DE]	(Mcal)	6.14	7.96	10.12
	(MJ)	25.7	33.3	42.3
可消化養分総量 [TDN]	(g)	1,390	1,800	2,290

（p.86 表3と同じ資料による）

前者に比べて15～20%節減でき，枝肉の品質もよい。

また，両方を組み合わせた**スキップ法**（間欠給与法）もある。これは，数日間飼料を与え，次の1日は絶食させる給与法で，無制限給与の利点を生かしながら厚脂肪を防止する方法である。5～6日間飼料を与えて，1日断食するていどのスキップ法が適切であろう。

飼料の給与形状 ブタの飼料の形状には，マッシュ（粉状）やペレット（固形状）などがある。全粒のままの穀物を与えると，そしゃくが十分におこなわれず飼料効率がわるくなるので，ふつう1～2mm目のふるいを通るくらいに粉砕する。

ペレットは，粉砕したものを固形化したもので，マッシュよりし好性が高く，飼料効率も向上する。飼料の取扱いもらくであり，豚舎内でも飛散しないなどの利点がある❶。

加水処理 マッシュの飼料に水を加えて与えることは，古くからおこなわれている。飼料の3分の1くらいの量を打ち水する場合と，3～5倍量の水を加え流動飼料として与える場合とがある。

最近は，給じ器の中に飲水用のニップルをとりつけ，ブタが鼻で飼料を落下させ，ニップルから水を出して，練りえ状にして採食させる方法（**ウェットフィーディング**）が普及している（図3）。飼料を効率よく与え，発育もややはやくなるといわれている。また，各種の食品残さを液状にし，配合飼料を加えて肉豚に給与する**リキッドフィーディング**❷（→ p.44）も普及している。

❶ただし，価格がやや高くなる，固形化のさいにビタミン類が破壊される心配がある，などの欠点がある。

❷食品残さの利用により飼料費が削減できる，飼料の液状化により豚舎の粉じんが減少しブタの呼吸器疾病が防止できる，液状化した飼料の発酵処理などでpHを低下させる（酸性に保つ）ことでブタの消化管内を良好に維持できる，などの利点がある。しかし，自動化されたリキッドフィーディングの装置・システムの導入には，大きな初期投資が必要になるといった課題もある。

図3 ウェットフィーディングの給じ器

群編成 一般的な肉豚の飼い方は，平飼いによる群飼である。1群の頭数は，飼育規模にもよるが，1～2腹（7～15頭）にとどめるのがよい。1群当たりの飼育頭数を多くすると，豚舎の利用率や作業能率は高まるが，発育が不ぞろいとなり，事故率も高くなる。あまり密飼いにすると，発育の遅れ，換気不良による肺炎，尾かじりなどの原因になる。

1頭当たりの広さは0.3～0.5m²は確保したい。群飼をしても，1頭1頭に目の届く管理をすることが大切である。

飼育環境と管理 豚舎内の温度は20～24℃に保つのが望ましい。暑さ，寒さは，肉豚の発育，飼料の摂取量に大きく影響する。夏の暑熱時には食欲が減退し，1日平均

増体量が低下する。30℃をこえると，その影響はいちじるしくなる。一方，寒さが厳しいときには，ブタの飼料摂取量が増す❶。豚舎の室温が低い場合（5～10℃）には，飼料を10～20％増しにするか，飼料のエネルギー含量を高める必要がある。

　高温時には直射日光をさえぎり，通風をよくして，高温の影響をやわらげる。冬の低温時には，豚舎に囲いをして保温に努める。ただし，密閉状態にすると，舎内の空気が汚れ，病気が発生しやすくなるため，換気には十分注意する。

❶温度が1℃低下するごとに増体1kg当たり，子豚では43.6g，肥育豚では76.9g多く飼料を消費するという。

3 肉質と異常肉

枝　肉　枝肉のよしあしは，正確には大割肉片に4分割してみないと判断できないが，市場での取引きは，枝肉半丸❷のままでおこなわれる（図4）。日本食肉格付協会が枝肉取引規格を決め，格付け業務にあたっている。

　規格は，品種，年齢，性別には関係なく定められた判定表および豚枝肉の取引規格にもとづいて，極上，上，中，並，等外に分けられる。これに，枝肉のつりあい，肉づき，脂肪の付着，仕上げなどの外観と，肉のきめ・しまり・色沢，脂肪の質と光沢，脂肪の沈着などのていどを総合して等級を判定する（図5）。

　一般に，次のような肉が上物として高価に取り引きされる。

①枝肉の重量は，皮はぎ枝肉で65～80kgのもの。

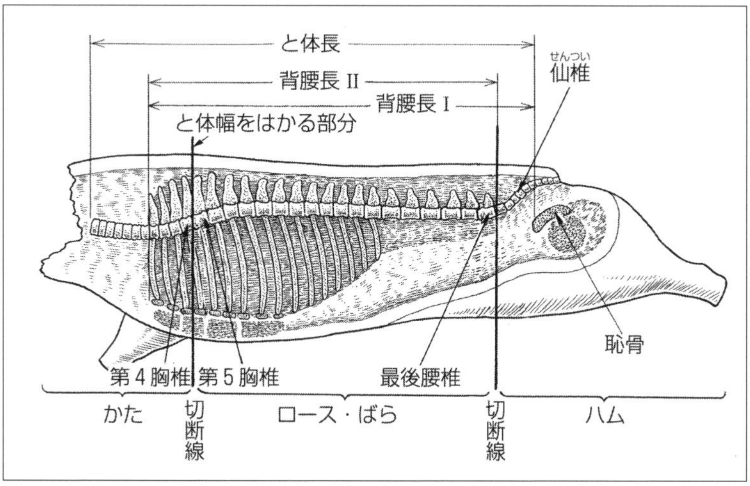

❷背骨を中心にして左右に引き割ったもの。

図4　枝肉半丸の測定位置

②と体長は 95～100cm，幅 32～34cm，背腰長（ロースの長さ）66～73cm のものがよく，胴の短いものは商品価値が低い。

③ハムの部分は，枝肉全体の 32％以上で，ももの発達したもの。

④脂肪は白色でしまりがよく，適度の厚さがあり，背脂肪は均等の厚さがあるもの❶。

❶ ふつう，肩と腰がやや厚く，背の中央部が薄くなるが，この薄い部位の厚さが 1.3～2.4cm のものが望ましい。

⑤枝肉全体では，筋肉 6，脂肪 3，骨 1 の割合のものが理想的であるとされている。

肉質については，外観では筋肉の露出部分や断面の色，しまり，弾力，保水性，香りなどで判断する。

異常肉 古くから，「ふけ肉」とか「むれ肉」「やけ肉」といわれ，肉色とくにロース部の赤みが消えて灰色をおび，筋肉のあいだから水がしたたる肉質のものがある。これは現在，PSE 豚肉❷とよばれ，生体では見分けがつかないが，風味がわるく，生肉用に適さず，肉の加工にも支障をきたす。

❷ Pale（退色して白っぽい），Soft（軟弱でしまりがわるい），Exudative（しん出液が出やすい）の頭文字をとってあらわしたものである。

高温の環境で飼育したり，と畜前にひどくブタを追い回したり，と畜後，枝肉をはやく冷やさなかったりすると，PSE 豚肉になるといわれる。

このほか，魚の生あらや生米ぬかを多く与えると，脂肪が褐色または黄色の「黄豚」となる。仕上げ期にはとくに飼料の質❸に注意して，よい枝肉をつくるように心がける必要がある。

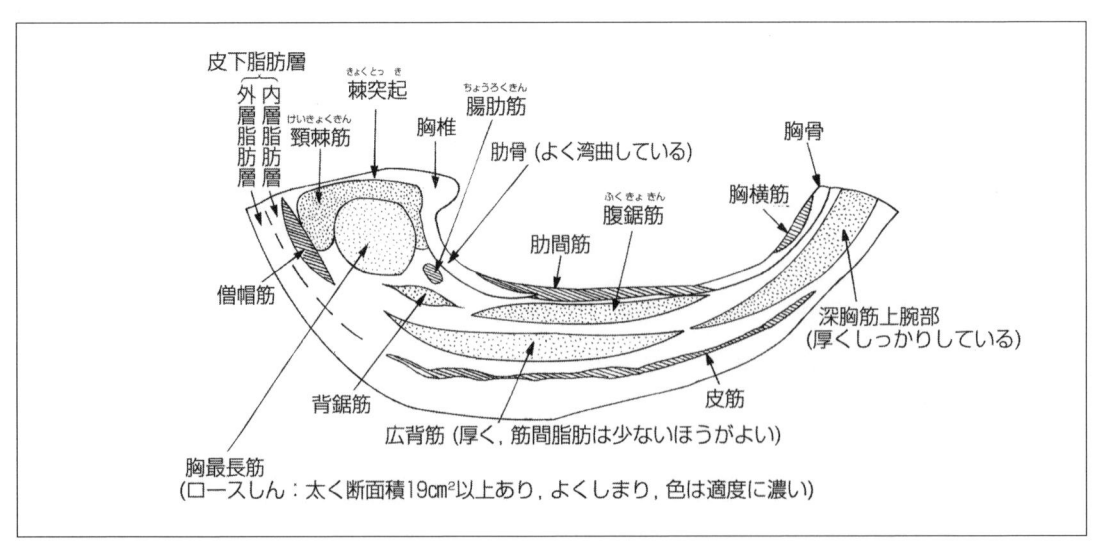

❸ 白色脂肪をつくる飼料としては，麦類，いも類，ふすま，麦ぬかなどがある（→ p.103 表 1）。

図5　外観による枝肉のよしあしの判断の要点
注　第 4～5 胸椎の部分で背線に直角に切断したもの。

5 繁殖豚の生理と飼育技術

1 繁　殖

生殖器

雌の生殖器　卵巣，卵管，子宮，子宮頸，ちつおよび外部生殖器から成り立っている（図1）。ブタは多胎動物で，ふつう1回の分べんで10頭以上を産むので，子宮角は長大にできている。卵巣は，卵子をつくり，雌性ホルモン❶を分泌し，生殖器を発達させ，繁殖のためのさまざまな活動を支配し，雌らしい体型と性質をあらわす作用をする。

雄の生殖器　一対の精巣（こう丸）とその付属器官とから成り立っている（図2）。精巣は，精子をつくり，雄性ホルモン（テストステロンなど）を分泌する。このホルモンは，雄の生殖器を発達させ，その機能を維持し，精子❷の生存を延長させるとともに，雄らしい体型や外観，性質をあらわす作用をする。

性成熟と発情周期

雌豚は，はやいものでは100日齢ころから発情のような兆候を示すが，まだ排卵をと

❶エストロゲン，プロゲステロン，リラキシン。エストロゲンは，卵胞ホルモンともよばれ，生殖器の成熟，発情，乳房の発達をつかさどる。プロゲステロンは，卵子が子宮へ着床するための準備，発情の停止，妊娠の持続，乳房の発達などをつかさどる。リラキシンは，分べんに関連する作用をもっている。

❷オタマジャクシのような形をしており，長さが50〜60μmである。ブタが1回に射精する精液量は200〜300mlあり，ほかの家畜に比べて多い。

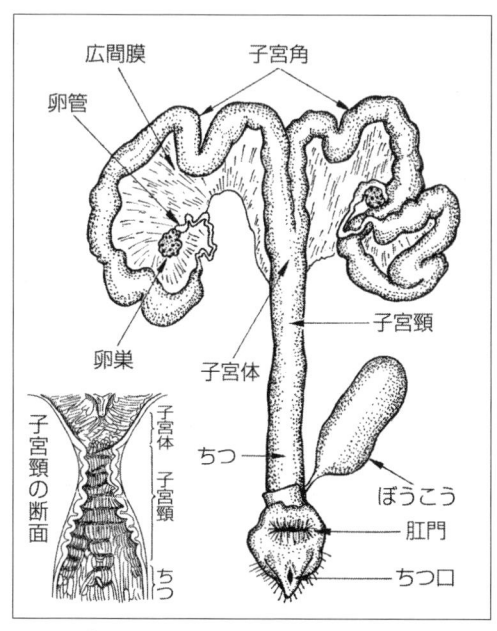

図1　ブタの雌の生殖器

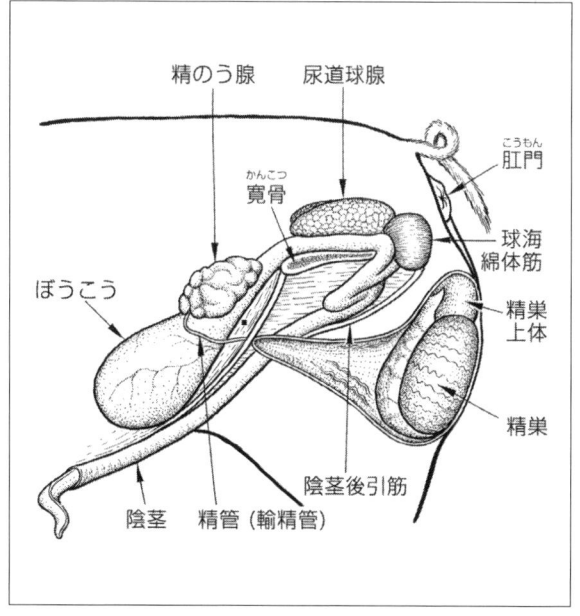

図2　ブタの雄の生殖器

2　養　豚

もなわない。外陰部の変化を21日周期で4～5回繰り返しているうちに，正常な発情があらわれる。

繁殖供用開始の適期は，品種や発育のていどにもよるが，ふつう8～9か月齢，体重120～130kgのころである。初回交配を急ぎすぎると，産子数が少なく，生まれてくる子豚が小さく，不ぞろいの場合が多い。また，母豚が若いため子豚のほ育が十分におこなわれず，妊娠や授乳によって母体の発育が抑えられ，その後も能力が十分に発揮できなくなるなど，数々の悪影響がある。

雄豚の精巣が発育して，精子ができ始めるのは，4か月齢ころであり，7か月齢ころには性成熟に達する。

発情の経過 発情の持続期間は2～3日であるが，次の3期に分けられる。

①**発情前期**(平均2.7日) 子宮，ちつ，外陰部が充血し膨満する。

②**発情期**(平均2.4日) 雄豚を近づけると交尾を許す時期で，外陰部の充血と腫脹（しゅちょう）が最高になり，排尿回数が増し，粘液は乳白色となって，分泌量も多い❶。この時期に排卵がおこなわれる。

③**発情後期**（平均1.8日） 外陰部の充血がとれ，粘液の分泌も止まり，雄豚を許容しなくなる。

しかし，未経産豚は，発情が不順で兆候もはっきりしないものが多いので，よく観察することが大切である。経産豚では，子豚に授乳しているあいだは発情が起こらないのがふつうで，離乳すると，およそ4～5日（長くても17日以内）で発情が再起する❷。

交配の方法 交配にあたっては，発情の確認・早期発見につとめ，ふつう発情開始後（雄許容開始

❶発情期の後半には発赤・腫脹がややおとろえ，ふくらみがしぼんで，小じわがみられるようになる。

❷栄養状態がわるいと，母体が健康を回復するまで発情しないで，空胎が長く続くこともあり，経営上不利である。

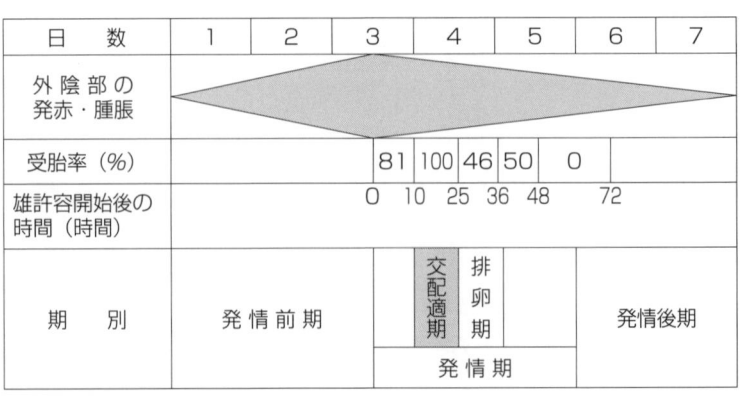

日　数	1	2	3	4	5	6	7
外陰部の発赤・腫脹							
受胎率（％）			81	100	46	50	0
雄許容開始後の時間（時間）			0　10	25　36	48	72	
期　別	発情前期			交配適期／排卵期（発情期）		発情後期	

図3　発情と交配適期および受胎率との関係　　（p.84 表1と同じ資料による）

後）の時間を指標にして交配適期を判断する（図3）。

　交配の方法には，自然交配と人工授精とがある。

　自然交配　ブタの場合は，いまでも自然交配が多くおこなわれている❶。この方法は，交配の適期をブタどうしが判断するので，確実である。しかし，病気や寄生虫を伝染させたり，雄豚の過労をまねいたり，雌豚が損傷したりすることがある。

　自然交配時におけるブタの性行動の最も活発な時間帯は，季節に関係なく午前5～8時であり，午後3時ころから夕刻にかけて，回数が減少する❷。雄豚の性行動の流れは，図4のようである。

　人工授精　優良種雄豚の精液導入が容易，疾病の侵入・伝染機会の減少など利点があり❸，人工授精に関する一連の技術開発も進み，その利用が広がっている。人工授精では，とくに発情の確認（朝夕2回）・早期発見，適期授精が大切で，1発情で2回授精（2回目は1回目の12時間後）が一般的である。精液の取扱い（液状精液の保存温度など）にも留意し，精子活力検査を実施して活力の高い精液を使用する。精液の注入は，ふつう専用のカテーテルをちつから挿入して，子宮頸管部にゆっくりと注入するが，注入器や注入法の改良が重ねられている。また，凍結精液の

❶ブタの人工授精のおもな制約要因は，1回の射出精液から人工授精できる頭数が少ないこと，液状精液の保存期間が限定されていること，雌豚の授精適期の発見がむずかしいこと，などであった。

❷1回の発情期における雄豚の乗駕回数は12～14回，交配回数は1～8回と，雄豚によってかなりの差がある。

❸このほかにも，種雄豚の使用頻度や雌との体格差に関係なく交配できる，種雄豚用の施設・飼料などが削減できる，検査した活力の高い精液を用いることで受胎率が向上する，海外からの精液の輸入も可能で改良が促進される，などの利点がある。

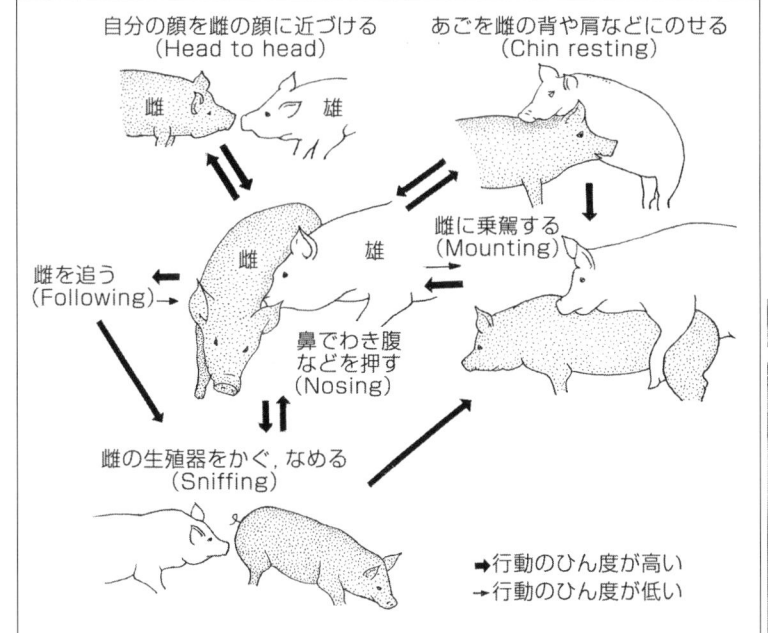

図4　雄豚の性行動の流れ（左）と自然交配（右）
注　Nosing（ノージング）が性行動の中心的役割を果たしていることがわかる。

（図はハフェッツにより作成）

受胎率向上のための技術開発も進められている。

妊娠の確認 　交配後21日たって再発情がなければ、ふつう、妊娠したと判断できる。しかし、なかには受胎していても外陰部が充血してはれる（裏発情）ブタもいるので、乳房がふくらみ、腹部が大きくなって胎児の動きが確認されなければ、確定はできない。最近は、ホルモンによる診断法や、超音波を利用して胎児の心拍をとらえる妊娠診断器が開発されており、受精後15～25日以降ならば診断が可能である。

妊娠が確認されたら、交配日、分べん予定日を記録しておく。

胎児の発育と分べん 　**胎児の発育と分べんの準備** 　胎児の発育は図5に示すように、妊娠後期に急速に進む。妊娠期間は114日であるが、繁殖豚によって2～3日増減する。

妊娠末期豚は、分べん予定日のおそくとも1週間前に分べん房に入れる（→p.82図4）。分べん房は清掃・消毒をおこない、子豚の保温設備や敷わらなどの準備をしておく。

分べんの経過 　妊娠末期になると、腹部が垂れ下がり、尾根の両側が落ちくぼみ、乳房がはってくる。分べんの2～3日前になると、親豚は敷わらをくわえて歩き回り、自分で産床をつくる動作をする。乳頭をしぼると少量の乳汁が出てくる。

分べん直前になると、陣痛が起き、やがて胎膜が破れて破水し、胎児がべん出される。ふつう、10～20分に1頭の割合でべん出され、3時間以内で産み終えるが、なかには長くかかるものもある❶（図6）。子豚が全部生まれてから30分から2時間すると、胎盤がべん出される（後産（あとざん）という）。

分べんの介助 　生まれた子豚は、布などでまず鼻先と口をふき、ついで全身の粘液をぬぐい取るとよい。さい帯（へそのお）はつけねから4cmくらいのところを、糸で結さつし、その下部をはさみかつめで切り、切り口にヨードチンキを塗っておく。上下のあごの両側に生えている犬歯は、子豚の皮膚を傷つけたり、母豚の乳房を傷つけたりするので、ニッパなどで切除する。

無看護分べん 　分べんに付き添うことは労力を要し、夜間のことも多いので、多頭飼育の経営では無看護分べん方式を採用して

❶ふつうは、生まれた子豚は保温箱に入れておき、分べんが終わってからいっせいにほ乳させるが、分べんが長びくようなときには、途中でほ乳させてもよい。生まれた子豚は、生時体重をはかり、記号をつけておくと、その後の観察に便利である。

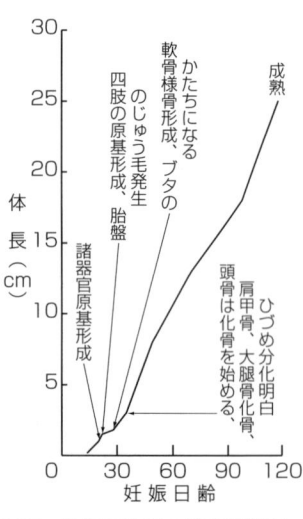

図5　胎児の体長と器官の発育
（中村良一ほか『臨床獣医ハンドブック』昭和44年により作成）

いるところが多い。

異常分べんと奇形 　ブタの出産は比較的かるく，難産はまれである。異常分べんで多いのは，秋の流行性脳炎による流産と死産である。流行性脳炎は人畜共通の伝染病で，コガタアカイエカの媒介によって発生する。秋に生まれ，翌春に妊娠した雌豚が，夏にカにさされた場合に多く発生し，2産以降は少ない。したがって，9～10月に初産を迎えるような交配を避けることが望ましい。

　子豚の奇形は，間性，ちつ肛，鎖肛，ヘルニアなどの生殖器に関係するものが多い。これは遺伝的なものであるから，交配する雄豚をかえてみるなど，遺伝の経路を調べ，その遺伝形質をもった親豚はとうたする必要がある。

胚（受精卵）移植 　最近は，ブタにおいても胚（受精卵）移植の技術が確立されてきている。胚は発育初期には病原体が感染していないため，病気の伝播を防ぐことができるので，豚コレラやオーエスキー病（→ p.107）などの防止に効果的である。また，優良種豚の増殖，遺伝形質の保存，遠隔地への輸送，さらに発生工学的研究にも役立つ（→ p.198）。

2 母豚の飼育管理

飼料の給与 　母豚は，妊娠，分べん，ほ乳にともなって図7のようにたえず体重を変化させている。したがって，母豚に対する飼料の給与は，このような体の生理的変化にあわせて考える必要がある。

交配から妊娠中期 　前回の分べんとほ乳で消耗した体力を回復するための栄養と，胎児の発育や胎膜などの発達のために必要な栄養を考慮して飼料給与量を決める。この時期は，やせていてはいけないが，太りすぎないように注意する。

妊娠後期 　胎児が急速に発育するので，飼料を増量する。泌乳のための栄養の蓄積も必要である。しかし，太りすぎにならないように注意する。

分べん直前 　便秘を防いだり，分べんをかるくしたりするため，

図6　分べん後にほ乳する子豚

❶飼料を多給していると，分べん後ただちに泌乳量が多くなり，乳房炎を起こす心配がある。

❷一般に，分べん直前にはボディコンディションスコアが3.0〜3.5，離乳直後には2.5〜3.0がよいとされている。もし，離乳直後にスコア4であれば，毎日の飼料給与量を約1kg減らす（逆に2であれば約1kg増やす）のが基本である。

飼料を減らすのがふつうである。分べん予定日の数日前から徐々に減らし始め，分べん日は半量以下にする❶。

分べん後 乳の出方に応じて徐々に飼料の量を増やしていく。

妊娠豚および授乳豚の飼料給与量のめやすは，表1のとおりである。これをもとに，ボディコンディションスコアによる評価（図8）も加えて，適切な飼料給与をおこなう❷。母豚に対して，牧草などの緑じを与えることは，太りすぎを防ぎ，体内の栄養のバランスをよくして，胎児の発育や乳質によい影響を与える。

防暑・防寒対策 成豚は暑さの影響が大きく（→p.16），暑熱環境のもとでは，発情が弱くなったり発情周期が乱れたりする。食欲も低下するので，泌乳量が少なくなり，ほ乳中の子豚の発育がわるくなり，母豚自身もやせる。十分な暑熱対策が必要である。成豚の防寒対策はそれほど必要ないが，すき間風を防ぎ，暖かくしておくと，飼料が節減できる。

駆虫 母豚に回虫が寄生していると，妊娠末期や子豚のほ育中に虫卵が排出され，子豚に摂取される。回虫卵が子豚の腸内にはいり，ふ化した子虫が子豚の腸壁の毛細血管を通って体内移行（肝臓→心臓→肺→気管→食道）し，ふたたび腸に達して成虫となる。これによって子豚は発育が不良となり，腸，肝臓，肺などをおかされ，下痢，肝硬変，肺炎などにかかる。妊娠中に1回は駆虫をおこなうことが望ましい。

図8 母豚の体型とボディコンディションスコア
1：やせすぎ（腰骨，背骨が肉眼でもわかる） 2：やせている（手のひらで押すと腰骨，背骨が容易に感じ取れる） 3：理想的（手のひらで強く押すと腰骨，背骨が感じ取れる） 4：太っている（腰骨，背骨が感じ取れない） 5：太りすぎ（腰骨，背骨が厚く脂肪でおおわれている）
（p.86表3と同じ資料による）

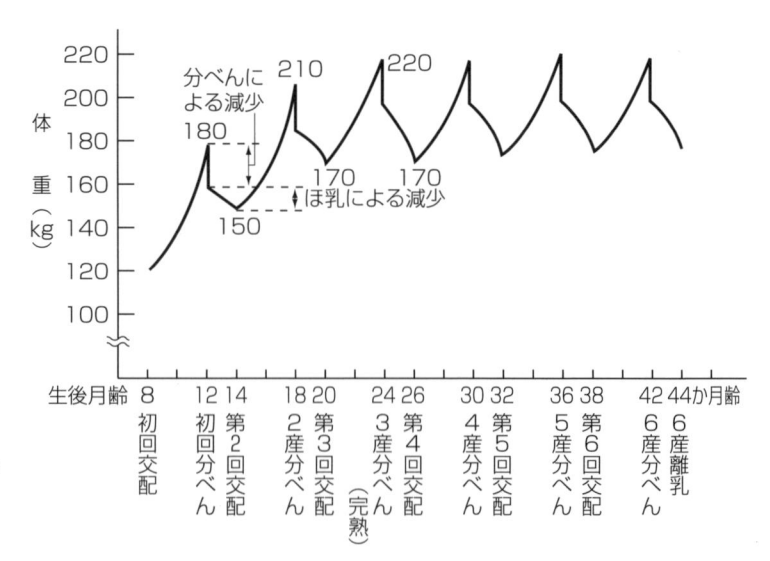

図7 母豚の体重の望ましい推移

3 繁殖雌豚の育成

　繁殖に供するためのブタは，その能力，体型，資質を考え，品種や系統を吟味する。個体としては，健康で活力があり，体型のすぐれた子豚を1腹から2〜3頭選定し，子豚登記をおこなう。

繁殖能力　　ブタの繁殖能力は，次の要素によってあらわされる。

　同腹子豚数　1回の分べんで生まれてくる子豚の数で，その数は10頭以上であることが望ましい。しかし，産子数が多くなると子豚が小さくなり，また，生時体重が不ぞろいになりやすい。体重1kg以上の，健康なそろった子豚を多く産む能力が期待される。

　ほ育能力　生まれた子豚を，できるだけ数多く健康に育てあげる能力で，圧死をさせたり，母性愛に欠けていたりする母豚は望ましくない。

　泌乳能力　乳が十分に出るかどうかを示す能力で，豊乳性であることが望ましい。乳頭が12個以上あり，盲乳頭や副乳頭❶などのないものがよい。

　連産性　健康に管理されたブタは，2年間に4〜5産させることができる。優秀な成績の母豚は，大切に管理して産次を重ね，1頭の母豚から健康な子豚を80〜100頭生産することが望ましい。

　そのほか，①奇形の子を産むような不良形質をもっていないこ

❶盲乳頭は乳頭乳が閉じていて乳汁が出ない乳頭，副乳頭は正常な乳頭のあいだにある小さな乳頭。乳頭が平たくて子豚が乳を吸えないようなかたちのものもある。

表1　母豚の飼料給与量の基準　　　　　　　　　　　　（1日1頭当たり）

〈妊　娠　豚〉

産次		1	2	3	4	5	6
体重	(kg)	130	155	175	190	205	215
風乾飼料量	(kg)	2.04	2.11	2.13	2.24	2.22	2.17
粗タンパク質 [CP]	(g)	255	264	266	280	278	271
可消化エネルギー [DE]	(Mcal)	6.29	6.49	6.56	6.89	6.84	6.68
	(MJ)	26.3	27.2	27.4	28.8	28.6	27.9
可消化養分総量 [TDN]	(g)	1,430	1,470	1,490	1,560	1,550	1,520

〈授　乳　豚〉

産次		1	2	3	4	5	6
体重	(kg)	165	185	200	215	225	230
風乾飼料量	(kg)	4.51	5.25	5.35	5.45	5.52	5.55
粗タンパク質 [CP]	(g)	677	788	803	818	828	833
可消化エネルギー [DE]	(Mcal)	14.87	17.33	17.66	17.99	18.20	18.31
	(MJ)	62.2	72.5	73.9	75.3	76.1	76.6
可消化養分総量 [TDN]	(g)	3,370	3,930	4,005	4,080	4,130	4,150

（p.86 表3と同じ資料による）

と，②性質が温和で飼いやすく，子育てのじょうずなこと，③体格がしっかりして強健であること，などが大切である。

繁殖成績を記録するための「繁殖記録帳」（母豚管理台帳）の例を表2に示す（→ p.212 表1）。

育成期 　5週齢から4～5か月齢までは，発育をやや抑えぎみにし，高エネルギー飼料の給与は控える。5か月齢から9か月齢までは，発情の兆候を繰り返しながら成長する。その後，候補豚のうちから1頭を選定し，繁殖用若雌豚とする。充実した，しまった体をつくるためには，広い豚舎とできれば運動場を与え，土に親しませ，緑じを与える（図9）。この時期の給与基準は表3のようである。

初産期 　初産期は，妊娠後，胎児を育てると同時に自分の体も成長させ，栄養を蓄積し，きたるべき授乳にそなえなければならないので，飼料を十分に給与する。この時期の管理が不良であると，初産の繁殖成績がわるいばかりでなく，2産以降の繁殖成績にも影響してくる。

なお，初産のブタは，流行性脳炎による流産や死産の発生を防ぐため，なるべく9～10月の分べんは避けるように交配時期を決めることが望ましい❶。

❶やむをえずこの時期に分べんさせるさいは，あらかじめ流行性脳炎の予防接種を受けておく。

図9　運動場で土に親しむ育成豚

表2　繁殖記録帳（種雌豚）の例

交配月日				分予定月日 べん	種雄豚の号名	産次	分べん月日	同腹子豚数	生存産子数			死産数	事故頭数					育成頭数			育成率(%)	離乳月日	入墨番号
1回	2回	3回	4回						雌	雄	計		未熟児	圧死	下痢	その他	計	雌	雄	計			
3/2	3/3			7/5	ヤブホ2	初	7/7	12	6	5	11	1		1		1	2	5	4	9	82	9/22	213～221

表3　繁殖用育成豚の飼料給与量の基準　　　　　　　　　　　（1日1頭当たり）

体重	(kg)	60～80 70.0	80～100 90.0	100～130 115.0
期待増体量	(kg)	0.60	0.55	0.50
風乾飼料量	(kg)	2.19	2.29	2.44
体重に対する比率	(%)	3.1	2.5	2.1
粗タンパク質［CP］	(g)	274	286	305
可消化エネルギー［DE］	(Mcal)	6.74	7.04	7.52
	(MJ)	28.2	29.5	31.5
可消化養分総量［TDN］	(g)	1,530	1,600	1,710

（p.86 表3と同じ資料による）

6 飼料の種類と配合

1 飼料の種類と特徴

　ブタの飼料は，濃厚飼料と粗飼料とに大別される。濃厚飼料には，穀類，ぬか類，油かす類，製造かす類，動物質飼料，粗飼料には，青刈作物，牧草およびそのミール（粉末），根菜類などがある。そのほか，各種の食品残さ（食品産業から出るパン類，めん類，菓子類，牛乳・乳製品などの余剰食品，事業所や家庭から出る調理残さや食べ残しなど）も利用される。また，少量で特殊な効果を期待する飼料や添加剤もある。飼料の種類は，ブタの健康状態だけでなく，肉質（とくに脂肪の質）にも影響する（表1）。

　穀類　ブタの好みに適しており，栄養価が高く，消化もよい。デンプンを主成分とし，粗繊維が少ないので，エネルギー飼料として最適である❶。

　トウモロコシとグレインソルガム（マイロ）が養豚に使われる穀類の代表で，配合飼料中60％以上をしめている。オオムギ，コムギ，エンバク，くず米なども良質の脂肪をつくる飼料である。ヨーロッパ諸国では，麦類を主体にした配合飼料が用いられている。

　ぬか類　ふすま❷，麦ぬか，米ぬか❸がある。ふすまは，ぬか類のなかではタンパク質を多く含むもので，母豚の産乳飼料に適する。また，繊維が多いので便通をととのえる作用がある。

　麦ぬかは，おもにオオムギの外皮であり，豚肉の脂肪を白く，ややかためにするので，肥育期の飼料として適している。米ぬかは，育成期には20％くらいまで用いてもよいが，肥育期には控えめに給与する。

　油かす類　大豆かすが最も多く利用されている❹。大豆かすはタンパク質を多く含むが，アミノ酸の一種であるメチオニンが少ないので，ほかの飼料を組み合わせて補充する。母豚には産乳飼料として与えるとよいが，子豚には与えすぎると下痢をする。また，体脂肪をやわらかくするので，肥育期には控えたほうがよい。

❶ただし，タンパク質がやや不足し，ビタミンAやカルシウムが少なく，リンが多い。

❷普通ふすまと特殊ふすま（「専管ふすま」「増産ふすま」）とに分けられる。特殊ふすまはデンプン含量が多い。

❸現在では，米ぬか油をしぼったあとの脱脂ぬかが市販されている。

❹このほかにも，菜種かす，落花生かす，綿実かす，あまにかす，ごまかすなどがある。

表1　体脂肪の質と飼料との関係

	飼料名
やわらかい脂肪をつくる	豆腐かす，あまにかす，菜種かす，さなぎかす，落花生かす，魚かす，米ぬか，しょうゆかす，トウモロコシ
かたい脂肪をつくる	麦類，いも類，ふすま，麦ぬか，デンプンかす，やしかす，綿実かす，脱脂乳
白色脂肪をつくる	麦類，いも類，ふすま，麦ぬか，デンプンかす
黄色脂肪をつくる	米ぬか，トウモロコシ，大豆かす，落花生かす，しょうゆかす，さなぎかす，魚かす

製造かす類 豆腐かすやデンプンかす,しょうちゅうかすなど（→ p.44）は,ブタの飼料として適している。しょうゆかすはタンパク質含量が高いが,独特のにおいがあって塩分も含まれているので,繁殖豚に多給することは控えたほうがよい。

動物質飼料 おもに魚かす類[1]が利用されている[2]。動物性タンパク質の供給源として重要で,子豚期・育成期に欠かせない飼料である。アミノ酸の質がすぐれているうえに,動物の成長に必要な因子を含み,植物性タンパク質の欠点を補う効果をもつ。

いも類,根菜類など サツマイモは,エネルギーの高い飼料で,甘味があり,茎葉もブタが好んで食べる。ジャガイモは,水分が多く甘味は少ないが,デンプン質飼料として適している。いも類を磨砕あるいは細切にし,ぬか類を10～30%混ぜてサイレージや,いもぬか飼料とすると貯蔵性が高まる[3]。

食品残さ 雑食性のブタの飼料として利用価値が高く,かつては残飯や調理残さなどを煮て与えることが多かったが,近年では,食品製造副産物や余剰食品などを用いたリキッドフィーデング（→ p.44, 92）の導入が進んでいる。本格的なリキッドフィーデングの導入にあたっては,利用する各種食品残さの成分調査や品質管理,ブタの発育段階に合わせた成分調整などをおこなうことが大切になる。

牧草など 牧草,青刈作物,野草,野菜くずなどは,ビタミンやミネラルなど微量成分も多く,栄養の点ですぐれた飼料である。繁殖豚に十分に与えると配合飼料を節減でき,繁殖障害も減少する。また,繊維質の多い牧草のサイレージなどを与えると,厚脂肪の防止効果もある。

2 飼料の配合法

飼料をブタに給与する場合には,まず,そのブタが必要とする養分量を知り,それにあうように,いくつかの飼料を配合しなければならない。ブタの養分要求量は飼養標準にまとめられているので,それをめやすとして計算する。配合の手順は,ニワトリの場合（→ p.57）と同様にしておこなう。

---

[1] 魚かす類を多量に与えると,体脂肪が黄色または褐色になり,いわゆる黄豚の原因となるため,飼料への配合率は5%以内とする。

[2] そのほかに,乳製品およびその副産物,肉加工副産物,さなぎ,昆虫などがある。

[3] 飼料用のカブ,ビート,ボンキンなども利用できる。

7 ブタの衛生と病気

1 健康状態の観察

　健康なブタは鼻先が適度に湿り、目はいきいきとして、分泌物が付着しておらず、尾はよく巻いており、毛づやもよく、食欲はさかんで、行動力も活発である❶。体温は、子豚では38～39℃、成豚では38℃くらいである。呼吸数は、ふつう1分間に10～15回であり、脈拍は1分間に60～80回である。脈拍が100以上のときは体温も高く、呼吸もはやい。

　ふんの色や形は、飼料の種類や給与量によって異なるが、ほ乳中の子豚では、健康なときのふんは黄白色で、人工乳を食べるようになると、ふんは黒褐色になる。緑じを食べると、黒色のふんになる。また、発熱しても黒色になる。ふんの形は、成長するにつれて、バナナかソーセージのような形になる❷。

　以上のほか、目が充血している、目やにが出ている、鼻端が乾いている、せきをする、歩くときよろめく、などの症状は病気と関係がある。また、皮膚や被毛に光沢のないもの、尾に力がなく垂れているものなどは、寄生虫におかされていることもある。

　多頭数飼育でも、1頭ごとの健康状態に十分気を配る。

2 飼育環境と予防衛生

　病気を出さないためには、まず、よい飼育環境をつくることである。日あたり、排水、通風をよくし、夏は涼しく、冬は暖かい環境をつくるように心がける。夏の熱射病の予防には、豚舎のまわりに木陰をつくったり、よしずを張ったりする。大型の豚舎では、扇風機をとりつけることもおこなわれるが、天井を張り換気と断熱効果の高い豚舎の構造にすることが大切である。

　あいた豚舎は消毒し、病原菌や害虫を駆除してから使用する。病気を予防するためには、表1のような点に留意する。

❶うつぶせになって背を丸めている、群れを離れてぼんやりしている、飼料を与えても起きてこない、などのブタは、健康に異常があると考えられる。

❷人工乳を食べてもふんがぼろぼろしている場合は便秘である。

表1 病気予防のための留意点

導入時の注意	・導入先の病気発生の有無を確かめ、発生またはその疑いのあるときは導入をさし控える。また、予防注射実施の有無、実施の時期、駆虫の実施の有無などを確かめる。 ・導入したブタは1～2週間、隔離豚舎に収容し、健康上異常がないか観察する。
豚舎などの衛生管理	・部外者の豚舎内への立ち入りをできるかぎり制限する。やむをえず入れるときは、専用のゴム長靴や防疫衣を着用させる。 ・管理者自身も専用の作業着とゴム長靴を着用し、舎外へ出るときは、必ず着衣と靴をとりかえる。豚舎の出入り口には、消毒液を入れた手洗いと踏み込み消毒槽を常備する。消毒液は、ときどきとりかえる。 ・豚舎内に、イヌ、ネコ、鳥類を入れない。ネズミの駆除を励行する。 ・豚舎および管理器具の消毒を励行する。汚水だめや排水溝はさらし粉などで消毒する。運動場は、生石灰を1m²当たり300～400g散布し、汚れが目だつときは土をとりかえる。
予防注射	・豚丹毒、流行性脳炎、い縮性鼻炎、伝染性胃腸炎などの予防注射を計画的におこなう（図1）。

3 おもな病気とその対策

ブタのおもな病気とその予防・治療法は，表2に示したとおりである。ブタには，伝染病をはじめ多くの病気が発生するが，豚熱（豚コレラ）❶などの急性疾病は，ワクチンの開発・普及（図1）と予防接種，防疫の徹底などによって減少し，呼吸器病，生殖器病，妊娠・分べん期・産後の疾患，循環器病，消化器病などの発生が多く，慢性疾病の改善も課題となっている❷。昭和56（1981）年以降，オーエスキー病の発生が問題となり，「オーエスキー病防疫対策要領」にもとづいた防疫が進められている。

法定伝染病❸に指定されている病気が発生した場合は，家畜伝染病予防法にもとづいてただちに届け出をおこない，もよりの家畜保健衛生所の指示にしたがって処置をしなければならない。

これらの病気からブタを守るために，SPF豚❹の作出が実用化されており，オーエスキー病の防止対策としても活用されている。

❶豚コレラの法律上の名称は，令和2年に豚熱に変更された。

❷急性病では，伝染性胃腸炎による子豚の被害が大きい。

❸ブタで対象になる家畜伝染病（法定伝染病）は，豚熱，アフリカ豚熱，豚水疱病，牛疫，口蹄疫，流行性脳炎（日本脳炎），狂犬病，水疱性口内炎，炭そ，出血性敗血症，ブルセラ症である。豚熱は，平成19年に清浄化が達成されたが，平成30年9月に再び発生，その後も発生が確認され，「豚熱に関する特定家畜伝染病防疫指針」にもとづいた防疫措置がとられている。届出伝染病には，豚丹毒，い縮性鼻炎，伝染性胃腸炎，豚赤痢，オーエスキー病，豚繁殖・呼吸障害症候群（PRRS），豚流行性下痢（PED）などがある。

❹ Specific Pathogen Free の略。特定の病原体をもたないブタをいう。母豚から子宮ごと胎児を取り出し，無菌箱の中で，殺菌した飼料でほ育し，無菌状態で育成して繁殖に供する。これをプライマリー豚といい，これから生まれ，隔離豚舎で育成されたブタをセカンダリー豚という。

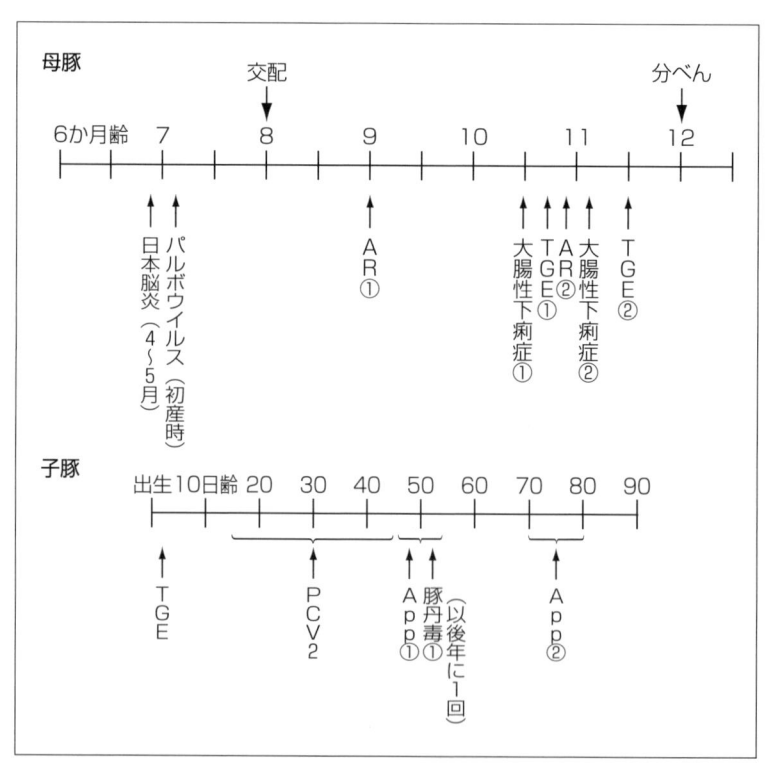

図1 母豚と子豚へのワクチン接種プログラムの例
（宮嶋松一『「養豚経営」の収益アップのヒント』平成16年，家畜衛生対策推進協議会『豚の飼養衛生管理手引書』平成24年より作成）
注　AR：い縮性鼻炎，App：ヘモフィルス感染症，TGE：伝染性胃腸炎，
　　PCV2：豚サーコウイルス2型　①：第1回接種，②：第2回接種。

表2 ブタのおもな病気と予防法

病名	原因と症状	予防と治療
豚熱（CSF）（法定）	原因：ウイルスの感染による 症状：急性で41～42℃の高熱が続き、ブタは豚房のかたすみにうずくまる。飼料を食べなくなり便秘に続いて下痢を起こすことが多い。脳がおかされるので、麻痺（まひ）やけいれんを起こすことが多く、7～10日で100％死ぬ	わが国では衛生管理の向上やワクチンの普及により平成5年以降は発生がなくなり、平成18年4月からはワクチンの使用が中止されたが、平成30年に再び発生した。人・物・車によるウイルスの持ち込み防止など「飼養衛生管理基準」にもとづき発生予防と早期発見・通報を徹底
豚丹毒	原因：豚丹毒菌の感染によって起こる 症状：40～41℃の高熱を出し、皮膚に赤紫色のはん点を生じる	6週齢ころに予防接種。繁殖豚には6か月ごとに予防接種。発病したときは、免疫血清、ペニシリンの注射
流行性脳炎（法定）	原因：ウイルスによる。力によって媒介される。夏から秋に多い 症状：成豚は感染しても症状をあらわさない。妊娠豚が感染すると胎児に感染し、子宮内で死亡する	夏から秋に出産する母豚の予防注射。3～4週間隔で2回接種すると効果が増大する。コガタアカイエカの駆除
豚流行性肺炎（SEP）	原因：おもにマイコプラズマ様微生物の感染によるといわれている 症状：慢性の肺炎で、広くまん延しているが、死ぬことはまれである。乾いたせきをするのが特徴で、幼豚は発育が遅れる	抗生物質の投与であるていど病勢の進行が抑えられる
い縮性鼻炎（AR）	原因：ボルデテラ菌がおもな病原体とされている 症状：くしゃみ・鼻汁、鼻づまり、目やになどがみられ、やがて鼻が曲がったり変形したりする。発育も遅れる	ワクチンが開発されている。抗生物質の投与であるていどの予防・治療ができる
伝染性胃腸炎（TGE）	原因：ウイルスの感染による 症状：生後10日以内の子豚は発病後2～7日でほとんど死ぬ。白色、黄色の下痢便をする。成豚は死ぬことは少ないが、激しい下痢のため体重が減少する	この病気にかかると1年くらいのあいだに免疫ができ、母豚の初乳をとおして抗体が子豚に移行する。ワクチンが開発されているが、治療はむずかしい
豚赤痢	原因：ある種のスピロヘータおよびビブリオ菌がおもな病原ではないかといわれている 症状：生後2～4か月の幼・中豚期に発生が多い。チョコレート状の血便をし、食欲があるのに発育が遅れる。慢性になりやすいが死亡率は高くない	ワクチンはない。り病豚との接触を避ける。抗生物質の投与であるていど予防・治療ができる
オーエスキー病	原因：ウイルスによる 症状：妊娠中のブタは流産か死産をする。ほ乳子豚は発熱沈うつ、便秘、ふるえ、腰のふらつき、神経障害がみられ、1～3日で死亡するものが多い	ワクチン使用を含めて「オーエスキー病防疫対策要領」にしたがう必要があり、市町村単位で清浄地域、準清浄地域、清浄化推進地域の3地域に区分し防疫が進められている
胃かいよう	原因：微粉細飼料の多給、繊維の不足、ストレスなど 症状：しだいにやせる。採食後おう吐、血便など。肉豚にも発生する	粗飼料を与える。ストレスの原因をつくらない。治療は困難。ひき割りまたは圧ぺんした穀類を10～20％、飼料に混ぜて与える
トキソプラズマ症	原因：トキソプラズマ原虫が原因で、人にも伝染する 症状：急性のものは豚コレラにも似た症状をあらわすが、死亡率は高くない。慢性に転じやすく、発育不良となる	的確な予防・治療法がなく、発見された場合は全部廃棄処分される
寄生虫病	回虫（→ p.100）、肺虫（気管支をおかす）、ふんかん虫（消化器に寄生）、腎（じん）虫（腎臓周辺の脂肪、肝臓に寄生）などの寄生によって起こる。幼豚に寄生すると発育不良を起こす	それぞれの寄生虫に適応した駆虫剤の投与。肺虫はミミズが中間宿主になるので注意する
下痢症	→ p.85	

注　SEP：Swine Enzootic Pneumonia，AR：Atrophic Rhinitis，TGE：Transmissible Gastroenteritis。

3 酪農

乳牛の生理的特性		
心拍数(回/分)	65 (60〜70)	
呼吸数(回/分)	30 (15〜40)	
直腸温(℃)	38.5〜39.5	
摂水量(l/日)	20〜100	
ふん量(kg/日)	20〜50	
尿量(l/日)	10〜30	
妊娠期間(日)	280 (278〜282)	
産子数	1	

1 乳牛の体の特徴

ウシ（牛）は，草を消化する独特な消化器官が発達しているので，草を主食とし，栄養価の高い牛肉や牛乳などの食品を生産する。とくに乳牛は，乳生産の向上を目的にして改良されたため，消化器官や乳房が大きく発達し，肉牛に比べるとこれらのある後軀（こうく）が充実している（図1，2）。

牛体の大きさは，体重と体高で示されることが多い。このほかにも，体長，胸囲，十字部高，腰角幅などの部位を測定して，体型や発育のよしあしを判定する。

2 乳牛の性質

乳牛は性質が温和で，従順であることが特徴である。しかし，発情期や移動などで興奮したり，危害や苦痛を与えると警戒心が

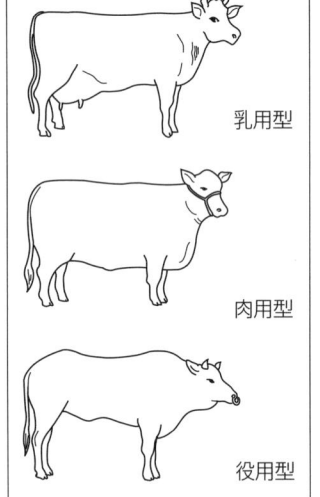

図2 ウシの用途による体型の特徴 （『畜産総合事典』による）

図1 乳牛の体各部のよび方と体格測定部位
①額 ②鼻りょう ③鼻鏡 ④角 ⑤あご（顎） ⑥くび（頸） ⑦きこう ⑧肩端 ⑨胸垂 ⑩ひじ（肘） ⑪前ひざ
⑫肩後 ⑬肋 ⑭腰角 ⑮寛 ⑯尾根 ⑰尾房 ⑱尻端（坐骨端） ⑲乳か ⑳乳静脈 ㉑前乳房 ㉒乳頭 ㉓臁（けん）
㉔後ひざ ㉕腿（もも） ㉖飛節 ㉗後乳房 ㉘つなぎ（繋） ㉙ひづめ（蹄） ㉚副蹄 ㉛管 ㉜背 ㉝腰 ㉞しり
㉟腰角幅 ㊱寛幅

強くなって近寄るとけるなどの悪癖を覚えたりすることもある。乳牛の取扱いには，常に細心の注意を払う必要がある。

乳牛を群飼育すると，力の強い順に序列化され，社会的順位が自然に形成される。乳牛の記憶力は比較的高く，学習によって牛床の位置や搾乳時間などを覚える。乳牛の飼育管理では，乳牛のこのような性質を活用するとじょうずな管理ができる。

3 乳牛の一生

乳牛の一生は，発育段階によって子牛，育成牛，成牛に分けられる。また，成牛ははじめて分べんした初産牛と2産以上の経産牛に区別される。成牛は，乳生産している**泌乳期**と乳生産していない**乾乳期**を繰り返しながら，年齢を重ねる。そして，老齢になるなどして乳生産が低下し採算がとれなくなると廃用にされる❶。

子牛の生時体重はふつう40～50kgの範囲にあり，その後体重，体高が増加し，15か月齢前後になると繁殖（交配）に供用される（図3）。初産月齢は，平均すると27か月齢であるが，初産月齢のはやいウシは21か月齢で泌乳を開始する。

初産牛は泌乳とともに体も成長しているので，乳量は経産牛よりも少ない（図4）。2産牛もまだ体の成長が続いているが，乳量は急増し，3産から5産のウシが乳量は最も多くなる。

❶老齢になる前に疾病などが多発すると，その時点でとうたされることもある。

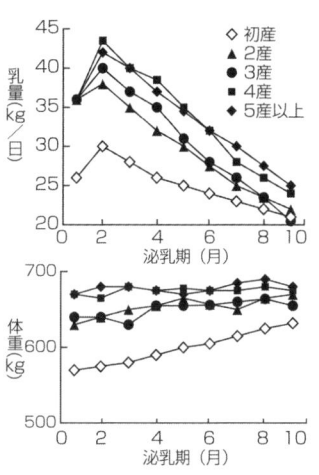

図4 乳牛の産次と乳量・体重
（久米）

	子牛	育成牛				成牛			
0	6か月	12か月	18か月	24か月	30か月	36か月	42か月	48か月	
体重40kg	170kg			540kg		610kg		680kg	
出産	離乳(3〜4か月)		初回交配	分べん(初産)	交配		分べん(2産)	交配	平均供用年数(6〜7年(4産))
				搾乳牛	泌乳期	乾乳期	泌乳期		泌乳ピーク(3〜4産)
						乾乳2.3か月	経産牛1頭当たり年間乳量約7,900kg		

図3 乳牛の一生（平均的なライフサイクル）　　（農林水産省統計部「ポケット畜産統計平成18年度版」より作成）

4 生産物の特徴と利用

　乳牛の生産する牛乳と乳加工品は，各種の栄養素を豊富に含んだ食品である。牛乳中にはタンパク質，脂肪，糖質，ミネラル，ビタミンが含まれているが，なかでも人間にとって貴重なタンパク質とカルシウムが豊富である。乳加工品には，クリーム，バター，チーズ，ヨーグルト，粉ミルク，アイスクリームなどがあり，いずれも栄養価が高い（表1）。

　牛乳や乳加工品の利用の歴史は古く❶，とくに牧畜を中心にした農業が発達したヨーロッパなどの国々では，牛乳や乳加工品を生活のなかにじょうずに取り入れ，基礎的な食品として有効利用してきた。そしていまでも，地域ごとに特色のあるチーズ（表2）が生産されるなど，食生活になくてはならないものである。

　わが国で牛乳と乳加工品が広く普及したのは，第2次大戦後である。現在は，健康維持や食料の安定確保にとっての重要性が認識され，チーズやヨーグルトなどの消費が増加してきている。

❶古代のメソポタミア王朝やエジプト王朝で，牛乳や乳加工品が利用されたことが知られている。

表1　牛乳・乳製品の分類および標準成分　　（可食部100g当たり，単位：g，ただしカルシウム，ビタミンAはμg）

食品名	水分	タンパク質	脂質	炭水化物(糖質)	灰分	カルシウム	ビタミンA(レチノール当量)
普通牛乳	87.4	3.3	3.8	4.8	0.7	110	38
ヨーグルト―全脂無糖	87.7	3.6	3.0	4.9	0.8	120	33
アイスクリーム―普通脂肪	63.9	3.9	8.0	23.2	1.0	140	58
全粉乳	3.0	25.5	26.2	39.3	6.0	890	180
プロセスチーズ	45.0	22.7	26.0	1.3	5.0	630	260
有塩バター	16.2	0.6	81.0	0.2	2.0	15	510

（「五訂増補日本食品標準成分表」による）

表2　ナチュラルチーズの分類

軟質チーズ（水分45％以上）	非熟成（フレッシュ）		カテージ*，クリーム（米），モツァレラ（伊），クワルク（独）
	白カビによる熟成		カマンベール（仏），ブリー（仏），ヌシャテル（仏）
半硬質チーズ（水分45～50％）	細菌による熟成		ブリック（米），チルジット（独），サムソー（デンマーク）
	細菌および表面のカビによる熟成		リンブルガー（ベルギー），トラピスト（ユーゴスラビア）
	青カビによる熟成		ロックフォール（仏），ゴルゴンゾラ（伊），ブルー（仏），スティルトン（英）
硬質チーズ（水分35～45％）	細菌による熟成	眼あり	エメンタール（スイス），グリュイエール（仏）
		眼なし	チェダー（英），ゴーダ（オランダ），エダム（オランダ）
超硬質チーズ（水分25％以下）	細菌による熟成		パルメザン（伊），ロマノ（伊），サプサゴ（スイス）

注　各チーズの水分含量は大まかなめやすであって，厳密なものではない。（ ）内は原産国名。*本来は中央ヨーロッパ原産であるが，アメリカの生産量が多い。

（『畜産総合事典』による）

1 乳牛の品種と改良

1 乳牛の起源と酪農のあゆみ

　ウシは人間の利用できない草を食べて，牛乳や牛肉を生産することができる。このことが，人間が古くからウシを家畜として利用するようになった大きな理由である。とくに，自然条件が厳しく牧畜中心の農業が発達したヨーロッパでは，ウシの改良も進んだ。現在の乳牛の主要な品種のほとんどは，ヨーロッパを起源としている。ただし，熱帯・亜熱帯地域では，暑さに強いインド系の乳牛が使われている。

　わが国では，明治期にヨーロッパやアメリカからホルスタイン種などの乳牛の導入が開始されたが，酪農がいちじるしく発展したのは第2次大戦後である。昭和40年ころまでは飼養戸数，飼養頭数ともに増加を続けた。その後，飼養戸数は大きく減少したが，1戸当たりの飼養頭数は増加（経営規模の拡大）した。昭和60年前後には飼養頭数が最大（約210万頭）に達したが，近年では，飼養頭数がやや減少している（図1, 2）。

　近年の生乳生産量は，飼育頭数の減少を1頭当たりの乳量（個体乳量）の増加で補うかたちで維持されており，820万t前後で推移している。

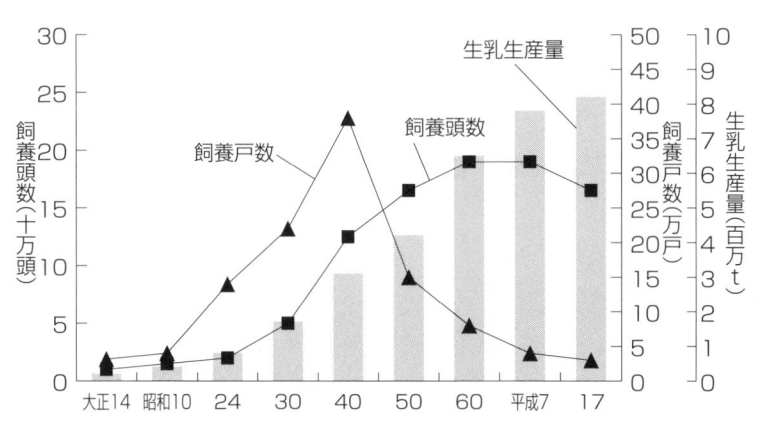

図1　乳用牛の飼養頭数と飼養戸数，生乳生産量の推移
（農林水産省統計部「畜産統計」による）

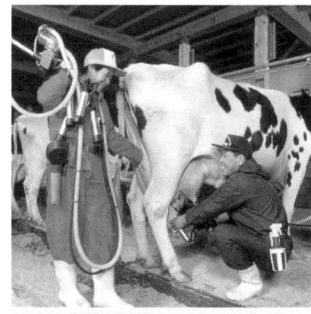

図2　各種の酪農経営（上：家族経営，下：ミルキングパーラを導入した大規模経営）

3　酪農　**111**

2 品種と改良

乳牛の品種

世界には多くの乳牛の品種があるが,わが国で飼育されている乳牛の99％はホルスタイン種であり,ジャージー種の飼育はごく一部の地域に限られている（表1）。

ホルスタイン種の原産地は,冷涼な気候のオランダとドイツであるが,その後世界各地で改良が進められ,現在では世界で最も代表的な乳用種となっている。ホルスタイン種の大きな特徴は,泌乳能力が高く乳量が多いことである。産肉性にもすぐれ,性質は温順で扱いやすいが,暑さに弱いことがやや難点である。

ジャージー種の原産地はイギリスである。乳脂率などの乳成分が高いため,牛乳は濃厚で,バターなどの乳加工品の生産にも適しているが,乳量が少ないことが難点である。

乳牛の改良

乳牛の改良は,遺伝的にすぐれた雄牛と雌牛❶を選抜・交配することによって,乳量,乳成分などの向上に大きく貢献してきた。とくに,ホルスタイン種の改良の成果はめざましく,最近では年間乳量が2万kgをこえるスーパーカウとよばれるウシも増えている❷。

---

❶乳牛の改良は,人工授精技術の普及によって雄牛側から始まり,その改善効果が大きかったが,最近では胚移植（受精卵移植）技術の開発などにより,雌牛側からの改良も始まっている。

❷「家畜改良増殖目標」（平成17年3月策定）では,生涯生産性の向上につとめつつ能力・体型の改良を推進することを基本として,能力に関する目標数値（27年度,ホルスタイン種全国平均,かっこ内は現在の数値）を以下のように設定している。
乳量 8,400（7,500）kg
乳脂肪 3.9（3.9）％
無脂乳固形分 8.9（8.8）％
乳タンパク質 3.3（3.2）％
初産月齢 25か月（26か月）
（とくに,乳タンパク質の向上）
体型については,とくに長命性との関係が明らかな乳器と肢蹄の改良を重視する,としている。

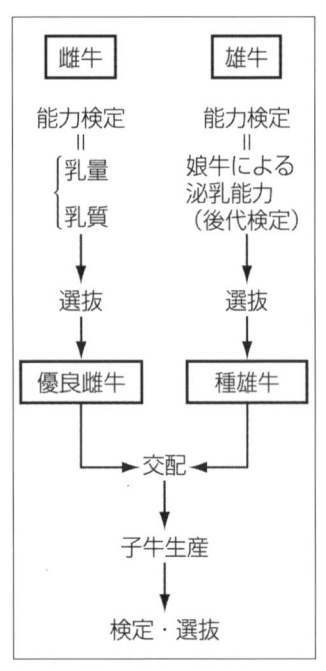

図3 乳牛の改良の進め方

表1 乳牛品種の特性

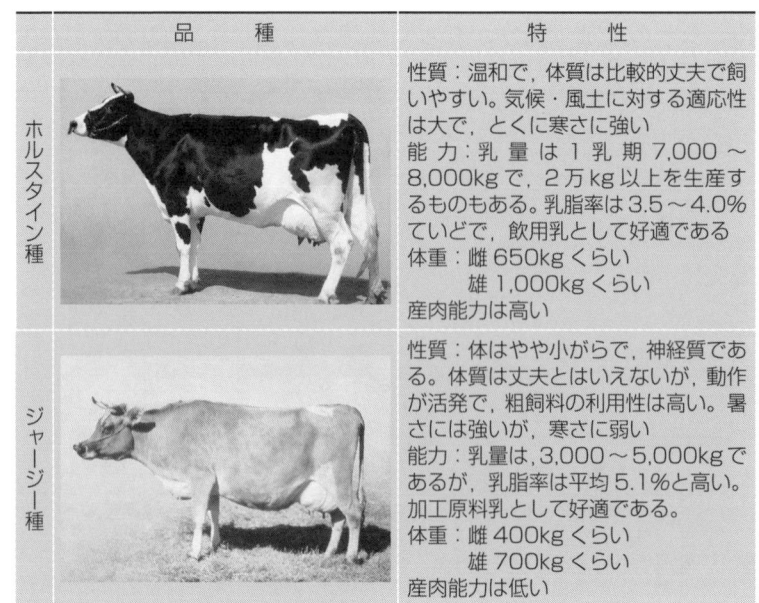

品　種	特　性
ホルスタイン種	性質：温和で,体質は比較的丈夫で飼いやすい。気候・風土に対する適応性は大で,とくに寒さに強い 能力：乳量は1乳期7,000～8,000kgで,2万kg以上を生産するものもある。乳脂率は3.5～4.0％ていどで,飲用乳として好適である 体重：雌 650kgくらい 　　　雄 1,000kgくらい 産肉能力は高い
ジャージー種	性質：体はやや小がらで,神経質である。体質は丈夫とはいえないが,動作が活発で,粗飼料の利用性は高い。暑さには強いが,寒さに弱い 能力：乳量は,3,000～5,000kgであるが,乳脂率は平均5.1％と高い。加工原料乳として好適である。 体重：雌 400kgくらい 　　　雄 700kgくらい 産肉能力は低い

わが国では，乳牛の改良のために，種雄牛の能力評価をおこなう**後代検定事業**を，国などが中心となって実施している。この事業は，候補種雄牛を選抜し，その交配によって生まれた娘牛の体型審査と泌乳能力検定の結果からすぐれた種雄牛を選抜するものである（図3）。そして，その種雄牛の精液は「検定済み種雄牛」として酪農家に提供されている。

　乳牛の改良では，1974年に始まった**牛群検定**❶も大きな貢献をしている（図4）。これは，事業に参加した酪農家の乳牛❷から，毎月，乳量，乳成分，繁殖成績，濃厚飼料給与量などを記録し，その結果を判定して，酪農家の経営改善に役立てるものである。

　また，牛群検定のデータは，家畜改良事業団によって毎年，乳用牛群能力検定成績としてまとめられ，乳牛の遺伝的能力❸を改善するための貴重な基礎資料となっている（図5）。

❶乳用牛群能力検定のことで，乳検ともいう（→ p.213）。

❷平成16年度の検定農家数は11,100戸，検定牛は56万頭に達し，検定牛比率は53％である。

❸種雄牛の遺伝的能力（相加的遺伝的能力，**育種価**という）の評価に使われる。最近では，乳量増加に対する牛群検定による改良の効果が大きくなっている。

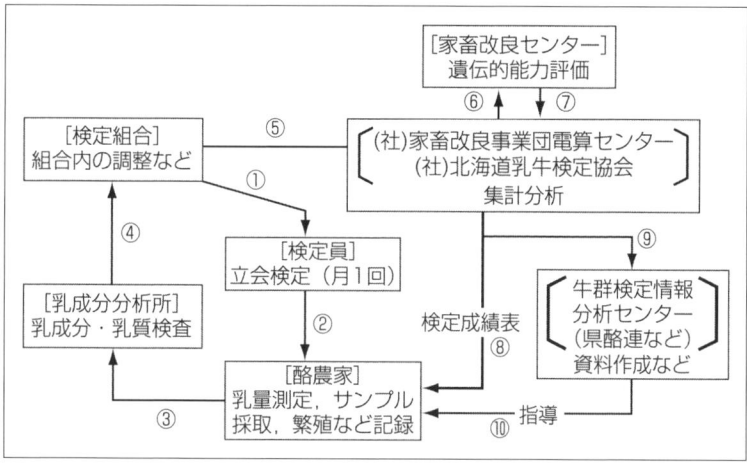

図4　牛群検定の概要

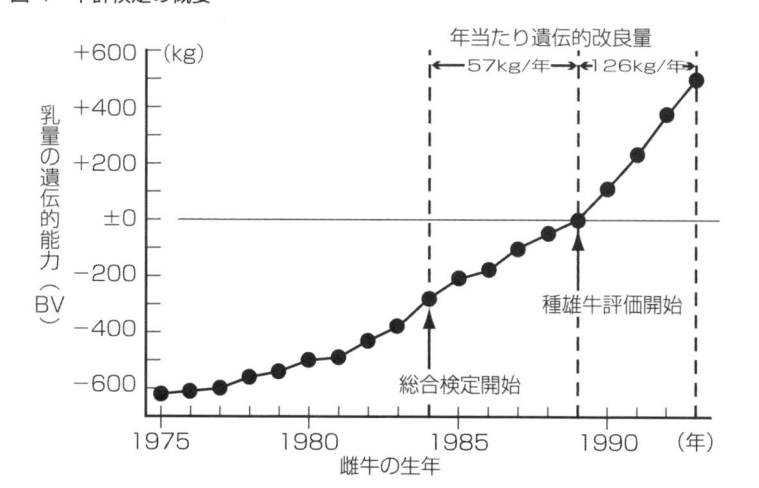

図5　雌牛の遺伝的能力（乳量）の推移　　（磯見保『今こそ乳牛改良』による）

2 飼育方式と施設・設備

1 飼育方式と牛舎

飼育方式　乳牛の飼育方式には，ウシを1頭ずつ牛舎内につないで管理する**つなぎ飼い方式**と，放牧地や運動場，牛舎内に放したままで管理する**群飼育方式**（放し飼い方式）とがある。

つなぎ飼い方式では，各個体の要求量や体調などにあわせて，えさのメニューや給与量を変えることが可能である。群飼育方式ではTMR給与（→p.120）によって乳牛の能力を最大限に高めることができるが，個体管理がむずかしいなどの難点もある。

牛舎の条件と構造　いずれの飼育方式の場合も牛舎は，乳牛を健康的に管理し，低コスト・高品質の生乳生産の基盤となるもので，①衛生的で住みごこちがよい，②管理作業が能率的にできる，③経営的にみて経済的である，などの条件をそなえていることが望ましい。牛舎の構造は，飼育方式によって異なり，つなぎ飼い方式でのストール牛舎と，群飼育方式でのフリーストール牛舎に大別される（図1）。

　ストール牛舎　牛床（ストール）を中心にして，飼槽，飲水設備（ウォーターカップなど），けい留装置（スタンチョンなど），

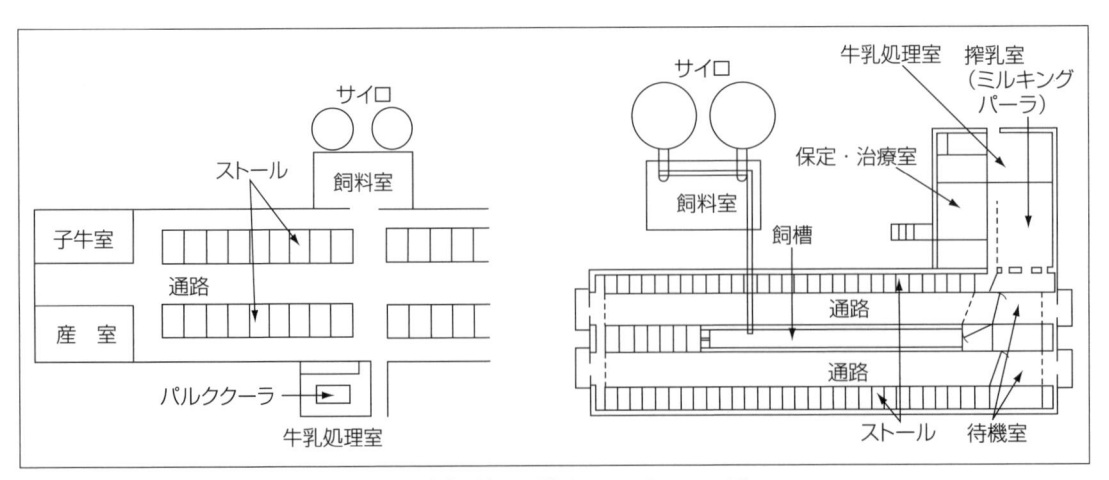

図1　ストール牛舎（左）とフリーストール牛舎（右，2群用，62ストールの例）

通路など❶から構成される。ストール牛舎は，乳牛がスタンチョンなどでつながれ，各個体の位置が決まっていることが特徴である（図2）。個体管理がしやすく，採食時の競合が少ないことなどの利点があるが，搾乳や飼料給与に労力がかかる。牛床は2列で構成され，パイプライン方式のミルカで搾乳する場合が多い。ふん尿処理には，バーンクリーナ❷を使用したり，自然流下式のふん尿溝を設置したりすることが多い。

フリーストール牛舎 ウシの通路を中心にして，牛床，飼槽，飲水設備，搾乳室（ミルキングパーラ）などから構成される。フリーストール牛舎は，乳牛が自由に行動でき，ミルキングパーラや飼槽などに自ら移動するため，搾乳や飼料給与が省力的なことが大きな特徴である。経営規模の大きい酪農家での導入が多い。

ミルキングパーラには，ヘリングボーン式（斜列式，図3）やパラレル式（並行式）が多く，最近では搾乳ロボット（→ p.216）の導入も試みられている。ふん尿処理には，バーンスクレーパ❸やローダ（荷役用車両）などを用いることが多い。

牛舎環境の改善

乳牛を快適に生活させ乳量の増加や作業の能率化を図るためには，牛床，通路，飼槽，飲水設備などを適切に配置し，構造や大きさを工夫する必要がある。

とくに乳牛は，寒さには強いが暑さに弱いため，わが国の牛舎では防暑対策が重要である。防暑対策のためには，屋根に断熱性のすぐれた材料を用いる，牛舎内の換気の効率を高める，夏季にはサイドの壁が開放できるようにする，などの工夫をする（図4）。

❶ふつう，このほかに産室，子牛室，飼料室，牛乳処理室などもそなえている。

❷ふん尿溝のふんや敷料をかき寄せて舎外に搬出する装置。

❸ふんや敷料をかき寄せる装置。

図4 送風機を設置した牛舎

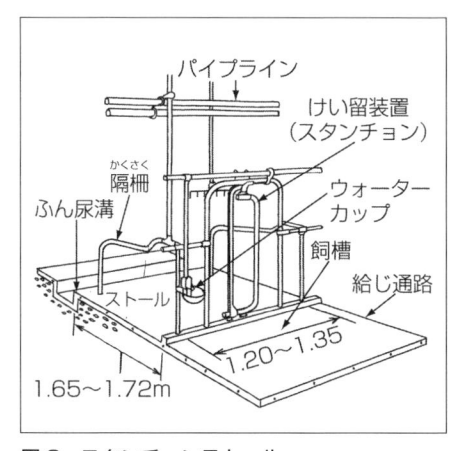

図2 スタンチョンストール
注 スタンチョンは自由に回転する。

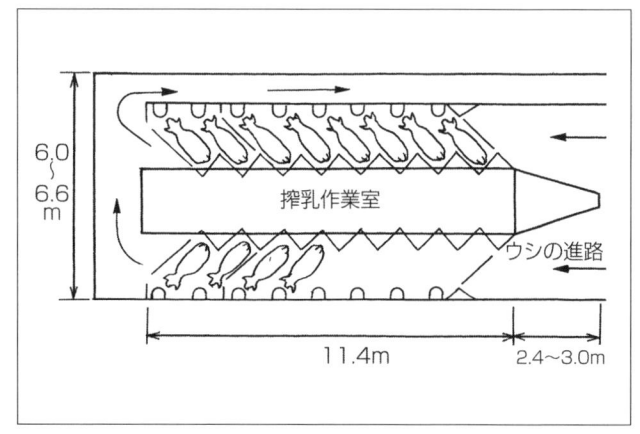

図3 ヘリングボーン式ミルキングパーラ（8頭複列）

3 酪農

2 関連施設

　乳牛の飼育管理には，牛舎のほかにも，ふん尿処理施設，乾草や濃厚飼料の収納場所，サイレージの貯蔵場所（サイロ），育成舎，運動場❶（図5）などの施設が必要になる。

　これらの関連施設は，牛舎を中心にして，能率的な作業や管理がおこなえるように配置することが大切である。また，経営規模に合ったものを導入し，過剰投資にならないように注意する。

❶つなぎ飼い方式では，ウシの健康を維持し，清掃作業を容易にするためにも，1頭当たり10m²以上の運動場を設けることが望ましい。

3 放牧と牛舎・施設

　放牧をおこなう場合の牛舎と関連施設は，放牧地（図5），通路，パドック，搾乳施設のある牛舎などで構成される。

　放牧された搾乳牛は，搾乳のために放牧地と牛舎を移動しなければならないため，管理が容易な牧区の配置が重要である。放牧地は電気牧柵などで囲い，水飲み場を設置する❷。

　ウシがひんぱんに歩行する放牧地から牛舎への通路は，できるだけ短くし，砂利や火山灰などを敷いてぬかるみを防止する。

❷放牧草が不足する場合には，補助飼料が給与できる施設も必要になる。

図5　運動場（上）と放牧地（下，右側にパドック，牛舎がある）の例

3 消化・吸収と飼料給与

1 消化器と生産生理の特性

　乳牛は，飼料を大量に摂取できることと，体内に吸収した栄養素を乳腺で効率よく牛乳に変換できることが大きな特徴である。

消化器の特徴と機能
　ウシには4つの胃があり，なかでも第1胃（ルーメンという）が最も大きく，胃全体の80％に相当し，成牛では100lをこえる容積がある（図1）。第1胃には絨毛が発達し（図2），多数の微生物（細菌と原虫）が生息していて，植物の繊維を分解する。

　第2胃にはハチの巣状，第3胃には葉状のひだがあり，第1胃内容物の反すうや移動のはたらきをする。第4胃は単胃動物の胃とほぼ同じように胃液を分泌し，消化をおこなう（図3）。

繊維の消化・吸収
　ウシの上あごには門歯がなく，長い舌で草を巻き込んで，下あごの門歯と歯ぐきで切り取る。乳牛が摂取した草や穀類は第1胃に移行し，第1胃内で発酵や分解が進むとともに，第1胃から内容物をふたたび口に戻して，かみ砕いたのちにまた飲み込む。この動作が**反すう**である。

　草に含まれる繊維は，エネルギー源になるとともに，第1胃に物理的刺激を与えて，そしゃくや反すうを促進させる役割がある。

図2　第1胃の内部構造

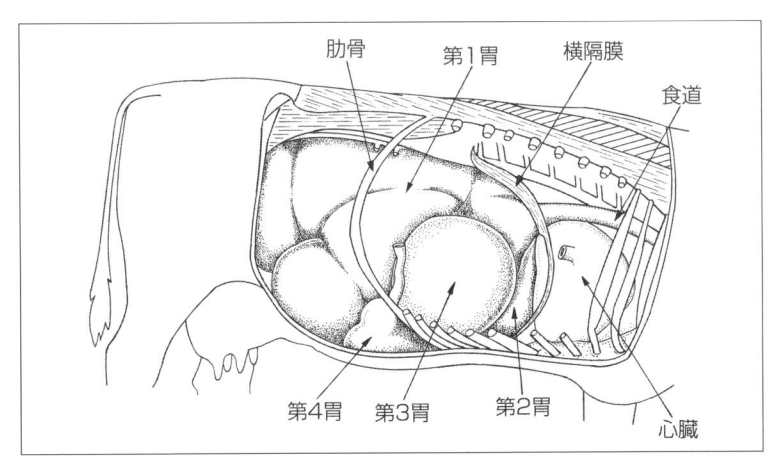

図1　ウシの胃の配置　（星野忠彦『畜産のための形態学』平成元年による）

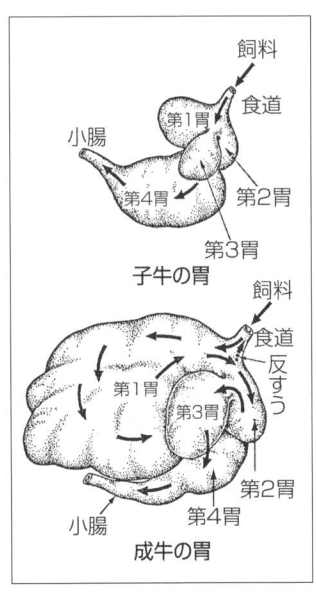

図3　胃と飼料の流れ方
注　成牛の胃の容積比は，第1胃80％，第2胃5％，第3胃7〜8％，第4胃7〜8％である。

乳牛は反すう時に大量の唾液（1日当たり100ℓ以上）を分泌し，その中に含まれる重炭酸ナトリウムのはたらきによって，第1胃内の pH が一定に保たれる。

第1胃内では，微生物が産生するセルラーゼなどの繊維分解酵素によって，セルロース，ヘミセルロース，ペクチンなどが分解され，酢酸，プロピオン酸，酪酸などの揮発性脂肪酸（VFA）が生産される。揮発性脂肪酸は第1胃から吸収され，各組織でエネルギー源として使われたり，乳腺で乳脂肪合成のために利用されたりする（図4）。

乳中の栄養の利用 乳牛は，乳中に多量のタンパク質，ビタミン，ミネラルを分泌するため，これらを効率よく吸収・利用している。

タンパク質は，第1胃内で微生物に分解されたのちに，微生物が**菌体タンパク質**として再合成する。菌体タンパク質は，アミノ酸組成にすぐれた良質のタンパク質であるが，高泌乳牛は菌体タンパク質だけではタンパク質不足になるため，第1胃内で分解されないタンパク質も必要になる（図5）。

ビタミンについては，第1胃内の微生物のはたらきにより，ビタミンB群とビタミンCを合成できるが，ビタミンA・D・Eなどの脂溶性ビタミンは合成できない。乳牛は，乳中にカルシウムなどのミネラルと脂溶性ビタミンを多量分泌するため，ミネラルと脂溶性ビタミンは常に飼料として補給しなければならない。

高泌乳牛の栄養と飼料 高泌乳牛は，乳生産のために大量の栄養素を摂取することが可能で，体重の4％をこえる量（1日当たり乾物で約30kg）の飼料をも摂取できる。しかし，1日40kg以上も泌乳している場合には，飼料を最大限摂取できてもエネルギーやタンパク質が不足するこ

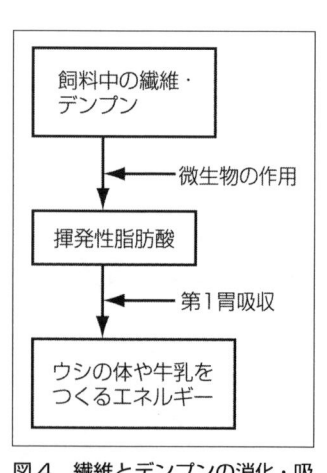

図4　繊維とデンプンの消化・吸収の過程

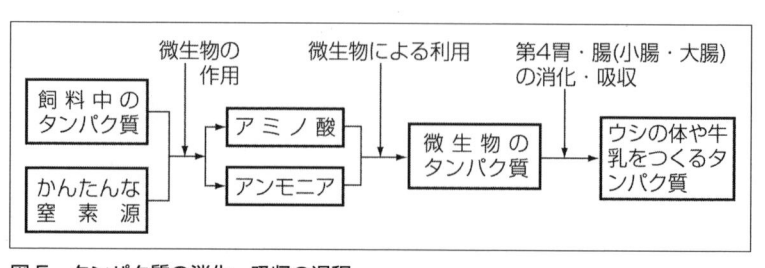

図5　タンパク質の消化・吸収の過程

とが多い。その場合には,乳牛は体内に蓄積した脂質やタンパク質を糖新生❶でグルコースなどに変換し,泌乳のために利用するため,体重が減少することになる。

したがって,乳牛は乳量が増えるにつれてエネルギーの高い濃厚飼料やタンパク質や脂質の豊富な飼料の給与が必要になる。

2 飼料の特性と種類

飼料の特性　ウシの飼料は,牧草などの粗飼料と穀類などの濃厚飼料とに大別され,飼料の特性は繊維,非繊維性炭水化物（→ p.31）,タンパク質❷,ミネラル,ビタミンなどの化学組成（栄養成分）によって評価される。乳牛用飼料のエネルギー含量は可消化養分総量（TDN）で示されていたが,現在では代謝エネルギー（ME）と TDN の両者で表示されている。

飼料の種類　乳牛の粗飼料には,牧草,青刈飼料作物,わら類,根菜類,野草類などがあり,乾草やサイレージあるいは生草（青刈り,放牧）として利用される。イネ科牧草をはじめとする牧草は,乳牛の飼料として養分の組成がよく,ウシの好みにあうものが多い。マメ科牧草はタンパク質含量が高く,トウモロコシのホールクロップサイレージはエネルギー含量が高い粗飼料である。

濃厚飼料には,トウモロコシ,グレインソルガム（マイロ）,オオムギなどのおもにデンプン源として利用されるものと,大豆かすなどのおもにタンパク質源として使われるものがある。米ぬか,

❶糖以外の栄養素を利用して,肝臓や腎臓でグルコースを生成すること。高泌乳牛は泌乳前期のエネルギーが不足する時期には,体内に蓄積している脂質やアミノ酸を使って糖新生をおこない,グルコースをエネルギー源として利用する。

❷飼料中のタンパク質は,その評価のために,第１胃内で分解されやすいタンパク質（分解性タンパク質,CPd）と分解されにくいタンパク質（非分解性タンパク質,CPu）に分け,分解性タンパク質のなかでもすぐに溶解するタンパク質は溶解性タンパク質（CPs）に分類している。

参考　飼料中のエネルギーの評価 — TDN と ME

TDN とは,飼料に含まれているエネルギーからふん中に失われたエネルギーを差し引いたものである。しかし,乳牛は尿や反すう時に第１胃内で生産されるメタンとして損失されるエネルギーも多いことから,飼料からふん,尿,メタンに失われるエネルギーを差し引いた ME（→ p.13 図４）のほうが,エネルギーの評価としてはすぐれており,近年,TDN から ME へ移行しつつある。

なお,アメリカ合衆国では,ME から熱発生量を差し引いた正味エネルギー（NE）がエネルギーの評価に利用されている。

ふすま，ミカンジュースかすなどの副産物や食品製造かす類は，国内で生産され，安価なためによく利用される。飼料添加物としては，ミネラル剤やビタミン剤などがある。

乳牛用の配合飼料❶には，育成用や成牛用配合飼料などがある。これは，育成時期や飼育目的に応じて，十分な栄養素を含むように配合されている。一方，2種混合飼料などは，他の飼料をさらに配合して乳牛の養分要求量を満たす必要がある。

❶ 2種類以上の飼料原料（濃厚飼料）を配合設計に従って一定の割合に混合した飼料。

3 飼料の給与法とその特徴

乳牛の飼料給与では，発育段階に応じて養分要求量を満たすことが重要である。同時に，第1胃内の環境（pHや微生物のはたらきなど）をととのえることにも配慮する必要がある❷。

❷ 飼料の設計・給与の原則は，乳牛の能力を最大限に引き出すことであり，そのなかには乳生産の増加とともに，乳牛の健康維持と繁殖成績改善，供用年数（更新産次）延長による生涯生産性の向上なども含まれる。飼料設計は，ふつう子牛，育成牛，泌乳牛ごとに日本飼養標準などにもとづいて計算し，各種の飼料を組み合わせて養分要求量を満たすようにする（→p.130）。最近では，比較的容易に飼料設計ができる飼料計算ソフトも市販されている。

分離給与の特徴　乳牛の飼料給与の一般的な方法としては，濃厚飼料と粗飼料を分けて給与する分離給与があり，つなぎ飼いのストール牛舎でよく利用されている。

分離給与の利点は，設備投資が少なく，個体管理が可能なことである。しかし，分離給与では乳牛が濃厚飼料を先に食べて第1胃内のpHが低下しやすいため，第1胃内のpH低下を防ぎ，乾物摂取量を増やすことが課題である。そのために，分離給与では品質のよい粗飼料を利用し，給与は粗飼料，濃厚飼料の順にすることが原則である（図6）。

TMR給与の特徴　分離給与に対して，粗飼料と濃厚飼料などの給与飼料をできるだけ均一に混合後，乳牛に自由採食させる方法をTMR（オール混合飼料）給与といい，経営規模の大きいフリーストール牛舎でよく利用されている。

TMRの利点は，選び食いがなくなるため，第1胃の機能が正常に保たれ，乾物摂取量が増加することである。また，TMR給与は，飼料設計の精密化や省力化が図られるため，高泌乳牛に適した給与技術である。しかし，初期投資が大きいことや1種類のTMR❸では乳牛に栄養のアンバランスが生じる危険性のあることが課題として残されている。

❸ 大規模な経営では2種類以上のTMRを作成することもできるが，一般的には1種類のTMRで乳牛を飼育していることが多い。

図6　品質のよい粗飼料の十分な給与と採食

4 放牧での飼料給与の考え方

**放牧牛の
エネルギー要求量**　放牧牛は，自ら草を求めて歩くため，舎飼いのウシに比べて歩行距離が長くなり（2～6kmていど），採食にも多くの時間を要する❶（図7）。そのため，舎飼い時に比べて多くのエネルギーを必要とし，放牧牛の維持エネルギー要求量は，通常の放牧条件で，舎飼い時より15～50％ていど増加する❷（表1）。

放牧牛の飼料給与　放牧牛の飼料給与では，放牧牛の採食量と放牧草の季節変動にあわせて変える必要がある。放牧搾乳牛の採食草量は，乳量（分べん後日数）とともに1頭当たりの放牧割当面積が関係する（表2）。また，放牧草は草種や季節によって栄養価が変動し，春季はタンパク質が高く繊維が少ないが，夏季になると逆の傾向になる。

したがって，放牧搾乳牛の乳量・乳質を安定させるためには，季節ごとに不足する栄養素を把握し，補助飼料（濃厚飼料や穀類，乾草など）を合理的に給与する必要がある。

❶6時間以上（舎飼い時は2～4時間）。

❷放牧開始当初や厳しい気象条件下などでは，エネルギー要求量はさらに増加する。

表1　放牧条件と消費エネルギーの増加割合

放牧条件	良好	やや厳しい	厳しい
放牧草の現存量（乾物 g/m²）	十分（150以上）	やや不足（80～150）	かなり不足（80以下）
草地の平均傾斜度（度）	平たん（5以下）	やや起伏（5～15）	かなり起伏（15以上）
採食時間（時間）	6	6～8	8以上
歩行距離（km）	2～4	4～6	6以上
舎飼い時に対する維持エネルギー要求量の増加割合（％）	15	30	50

（「日本飼養標準1999年版」による）

表2　放牧搾乳牛の標準的な採食草量

分べん後日数（日）	放牧草の乾物消化率（％）							
	50		60		70		80	
	乾物(kg)	ME(Mcal)	乾物(kg)	ME(Mcal)	乾物(kg)	ME(Mcal)	乾物(kg)	ME(Mcal)
0～60	7.8	13.9	10.4	21.8	13.0	31.4	15.6	42.5
60～120	8.6	15.3	11.4	24.0	14.3	34.5	17.2	46.8
120～180	7.8	13.9	10.4	21.8	13.0	31.4	15.6	42.5
180～240	7.7	13.7	10.0	21.0	12.4	29.8	14.7	40.1
240～300	7.5	13.4	9.6	20.2	11.7	28.2	13.8	37.6

注　1頭当たりの放牧地面積が春季25a，夏季50aていどあり，十分な草量が確保された場合の採食草量。　　　（表1と同じ資料による）

図7　放牧牛の採食

4 繁殖生理と交配・分べん

1 乳牛の繁殖生理

繁殖の重要性　乳牛（雌牛）は受胎し分べんすることによって，はじめて乳生産を開始する（図1）。したがって，安定した乳生産のためには，まず確実に受胎させる必要があり，1年1産させることが望ましい❶。

しかし，近年では乳牛の能力が向上する一方で，受胎の遅れが目立つようになり，牛群検定における平均分べん間隔は424日（平成11年）にまで延びている。乳牛の受胎率向上と分べん間隔の短縮は，酪農経営の安定にとって重要な課題である。

発情と排卵　雌牛は生後10か月ころに性成熟に達し，発情がみられるようになる。雌牛の生殖器の構造は図2のとおりである。性成熟に達した雌牛は，卵巣の周期的な変化にともなって発情と排卵を繰り返す。乳牛の発情は約20時間（範囲10〜27時間）続き，妊娠しないと平均21日の周期で発情を繰り返す。排卵は発情終了後から約10時間して起こるが，発情時間と同様に変動が大きい。

卵巣を中心にした発情と排卵のメカニズムは，次のようである（図3）。卵巣内には卵子を含む卵胞が数多く存在し，卵胞は下垂

❶従来は分べん時の難産防止のため，15か月前後で体重が350kgになると人工授精をすることが多かったが，最近では乳牛の大型化により12か月齢で人工授精して，21か月齢で初産分べんする乳牛もみられる。

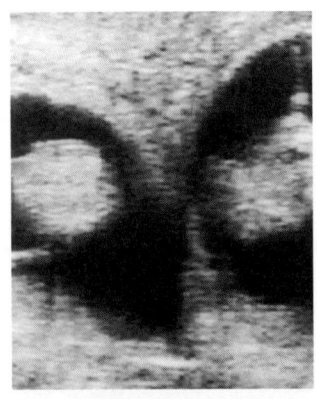

図1　受胎した子宮の超音波断層像（妊娠57日目）
注　双子の胎児がみえる。

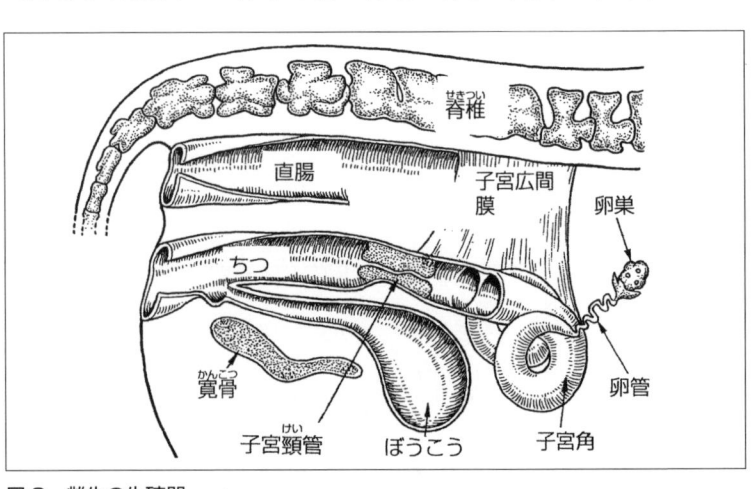

図2　雌牛の生殖器

体前葉で分泌される卵胞刺激ホルモンのはたらきで発育する。卵胞が大きくなると卵胞ホルモン（エストロゲン）が分泌され，発情兆候があらわれる。

成熟した卵胞が破裂すると排卵が起こり，排卵が終わった卵胞のあとには，下垂体前葉で分泌される黄体形成ホルモンのはたらきによって黄体が形成される。

黄体からは黄体ホルモン（プロゲステロン）が分泌され，子宮は妊娠の準備を始め，妊娠すると黄体は妊娠黄体となる。妊娠しなかった場合には黄体はしだいに消失するが，同時に新しい卵胞が発育し，次の発情が始まる（図4）。

2 交配と分べん

発情の観察と交配　乳牛の受精適期は発情終了前9時間から発情終了後6時間の15時間ていどであり，この時間帯に受精させることが要求される❶。

したがって，発情発見は乳牛の受胎率向上にとってきわめて重要であり，日常管理においても発情兆候の観察は欠かせない。

乳牛は発情すると落ち着きがなくなり，食欲や乳量が低下しやすい。発情時には乳牛は互いに乗りあったりするが，発情最盛期には他のウシに乗られても静かに許容する状態（スタンディング

❶排卵された卵子は8～12時間ていど受精能力があり，また精子は雌の生殖器にはいってから3～4時間後に受精能力を獲得し，30～48時間は受精能力がある。

図3　卵巣の変化とホルモンとの関係（模式図）　　　（大森昭一朗による）

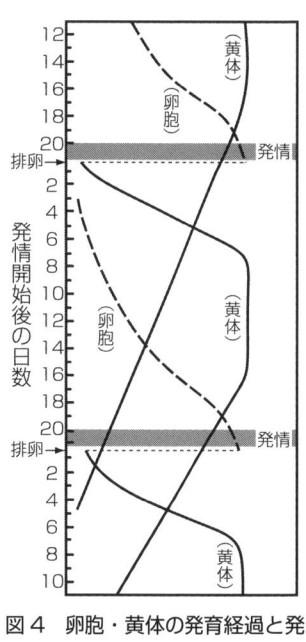

図4　卵胞・黄体の発育経過と発情との関係（妊娠していない場合）

発情）になり，これを一般に発情の判定指標としている。発情時には外陰部は充血・腫脹し，粘液が分泌されるが，発情終了後1〜2日目に出血するウシもいる。

発情の観察は1日に朝夕2回おこない，午前中に発情を発見したら夕方に交配し，午後または夕方に発情を発見したら翌日の午前に交配するのが一般的である。

乳牛の交配は，現在ではほとんどが人工授精で，精液は種雄牛の生殖器（図5）から採取して凍結保存したものが広く用いられている。精液の注入法には，**直腸ちつ法**（直腸から手を入れて子宮頸管をつかみ，ちつから精液注入器を挿入して子宮頸管深部に注入する，一般的な方法）や頸管鉗子法（図6）などがある。

妊娠と妊娠の確認

受精は卵管上部でおこなわれ，受精卵は卵割を進めながら卵管を下降し，子宮にはいる（→P.200）。子宮で着床すると胎盤が形成され，胎児は胎盤をとおして母胎から栄養素や酸素の補給を受けて発育する❶（図7）。

妊娠の確認は，次回の発情予定日がきても発情が起こらないことで兆候がみえるが，直腸に手を入れて卵巣や子宮の状態から判定する**直腸検査法**がよく使われる。それ以外に，最近では超音波を用いる方法や，血中や乳中のプロゲステロン濃度を測定する方法などが妊娠診断に使われている。

分べん

乳牛（ホルスタイン種）の妊娠期間は280日前後であり，分べんが近づくと乳房が大きくなり，外陰部がゆるみ，そこから粘液が排出され，また骨盤

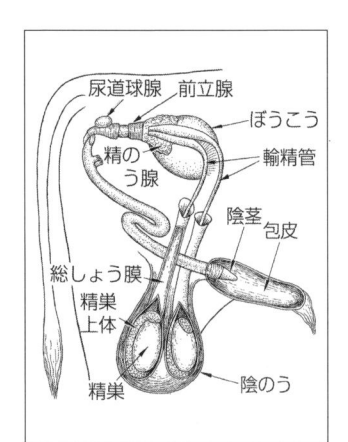

❶妊娠の成立と維持には，黄体から分泌されるプロゲステロンが大きな役割をはたしている。

図5　雄牛の生殖器

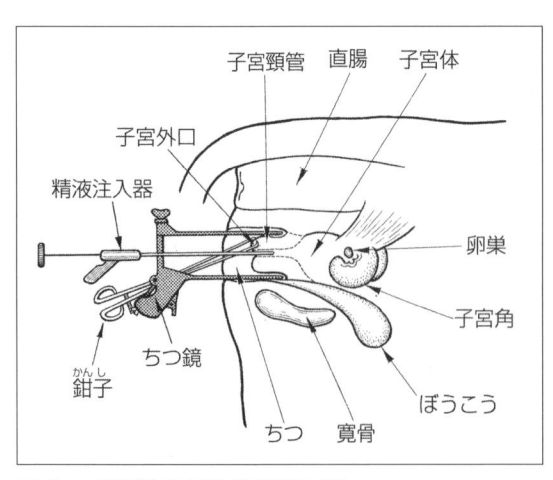

図6　人工授精の方法（頸管鉗子法）

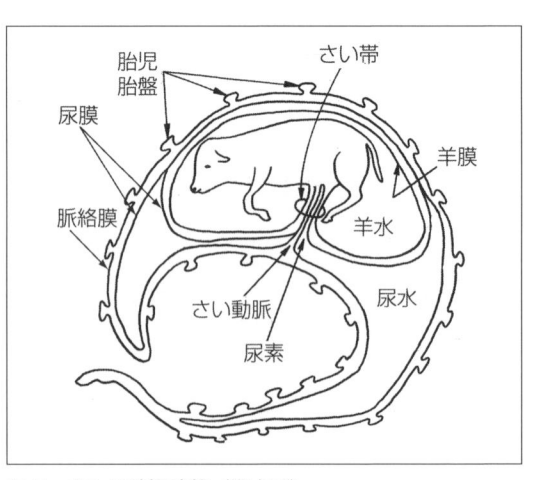

図7　ウシの胎児胎盤（模式図）

のゆるみによる尾根部の両側の落ち込みなどが観察できる。分べん時の難産などの事故防止には，分べん予知と適切な助産❶が必要である。

分べん予知の簡易な方法としては，上記のような分べん兆候の観察と，分べん前の体温の測定がよく使われる❷。

分べん時には陣痛が始まり，胎膜（尿膜）が破れて，第1次破水が起こる。このとき，子牛が逆子などの正常分べんでない場合や，陣痛が弱かったり，産道が狭かったりした場合には，助産が必要になる。さらに，陣痛が強くなると，胎児が押し出されて，羊膜が陰門にあらわれる（図9）。その後，羊膜が破れて（第2次破水），子牛が生まれる（図10）。子牛が生まれたのち，ふつう3〜6時間すると後産（胎盤）がべん出される。後産のべん出に24時間以上かかるものは**後産停滞**という。

分べん後の処置

子牛のさい帯（へそのお）は自然に切れるが，切れないときには，はさみで切り，結さつし，消毒する。子牛には初乳を必ず給与し，乾いた場所に移す。母牛は出産によって疲労しているので，十分休養がとれるようにする。

分べん直後に，急に多量の牛乳をしぼると，乳熱（→ p.139）などの障害の原因となるので，一度にしぼりきらないようにする。陰部からしばらくのあいだ，おりもの（悪露）が出るので，外陰部を消毒液などで洗い，常に清潔に保つ。

❶子牛はなるべく自然分べんさせることが望ましいが，難産の場合は助産することが，子牛の生存率を高め，その後の健康を維持するために重要である。

❷分べん直前（とくに夕方）には体温が0.5℃ていど低下することが知られている（図8）。分べん予定日の10日くらい前から朝と夕の直腸温を測定し，その変化をつかむ。

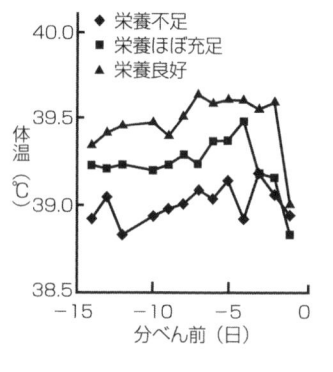

図8 分べん前の乳牛の夕方の体温 （久米）

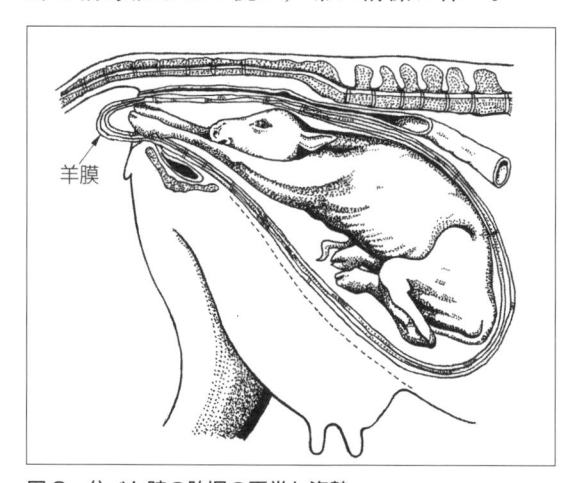

図9 分べん時の胎児の正常な姿勢
注 陣痛時に産道にはいり，子宮頸管がゆるんで羊膜が外部にみえている（正常位）。

図10 分べん直後の子牛
注 母牛は子牛の体が乾くようになめている。

5 泌乳の生理と搾乳

1 泌乳の生理

乳房と泌乳のしくみ

乳牛（雌牛）は性成熟に達すると乳房は大きくなり，分べんが近づくと乳腺組織が発達し，乳房は泌乳開始の準備をする。乳房は，4つの分離した乳腺（分房）で構成され，各分房にはそれぞれ乳頭がある。乳房の構造は図1のとおりで，乳を合成し分泌する組織（乳腺）と，乳をためる組織（乳そう）とからなっている。乳腺の発達は，卵巣から分泌されるホルモン（エストロゲンやプロゲステロン）や下垂体から分泌される催乳ホルモン（プロラクチン）などのはたらきによる。

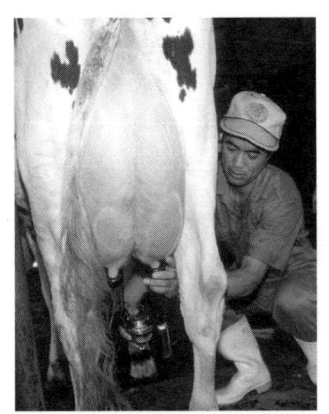

乳腺細胞では血液成分から乳成分が合成され（図2），分泌された乳が乳腺胞，小乳管，大乳管を経由して，乳そうに移行する。搾乳時には，乳頭そうや乳そうに貯蔵された乳がしぼられ，その後乳管や乳腺胞の乳も乳そうに移行し，同時に排出される。

泌乳とホルモンのはたらき

乳牛の泌乳には多くのホルモンが関係している。乳牛の泌乳開始には，プロラクチンの増加とプロゲステロンの減少が関係し，泌乳の持続はプロラクチン，成長ホルモン，副腎皮質ホルモンな

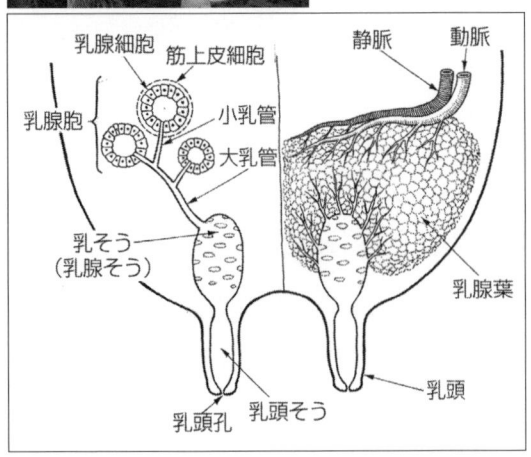

図1　乳房の構造（写真は後方からみた泌乳期の乳房）

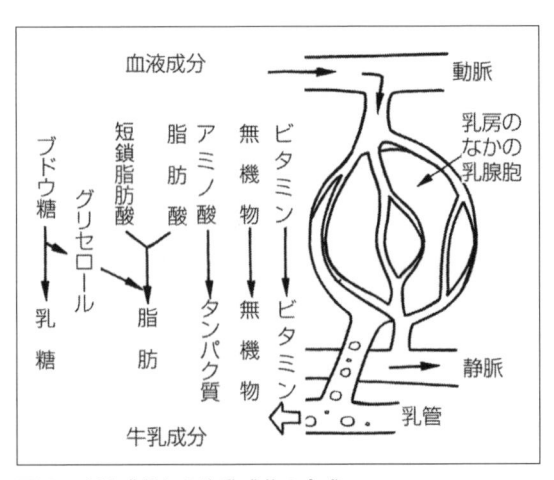

図2　血液成分から牛乳成分の合成

どのはたらきによるものと考えられている。

乳房からの乳の排出には，下垂体後葉から分泌されるオキシトシンが作用する。オキシトシンは子牛の吸入による乳頭刺激や搾乳刺激❶によって反射的に分泌され，乳腺胞の筋上皮細胞の収縮をうながし，乳腺胞や乳管に集められた乳を乳そうに移し，乳の排出を円滑にする。

❶搾乳作業による乳牛の学習によるところもある。

2 搾　乳

乳牛の乳汁合成と排出は，約10か月間に及ぶ泌乳期を通じて絶え間なくおこなわれるため，搾乳は毎日おこなわなければならない。搾乳は，朝夕の2回，等間隔（12時間間隔）が基本だが，搾乳回数を3回にすると乳量は増加する。なお，分べん直後の初乳は，市販される牛乳（常乳）と成分が異なるため，分べん後5日間は出荷することができない。

搾乳の方法には，手しぼり（図3）と機械しぼり（図4）があるが，現在ではミルカ（図5）が用いられことが多い。搾乳作業は，衛生管理に常に注意を払い，基本的な搾乳の手順を守って実施する。とくに，乳房炎の予防には細心の注意を払う（→ p.137）とともに，乳牛にストレスを与えないように注意する❷。

❷搾乳のさいにストレスを与えると，副腎髄質ホルモン（アドレナリン）が分泌されて，乳の排出が妨げられる。

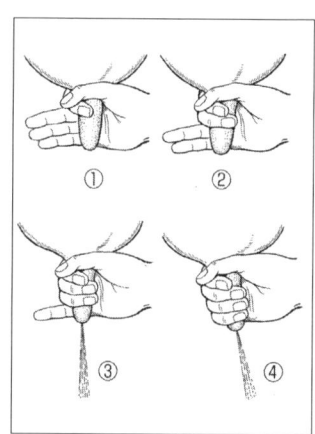

図3　手しぼりの方法

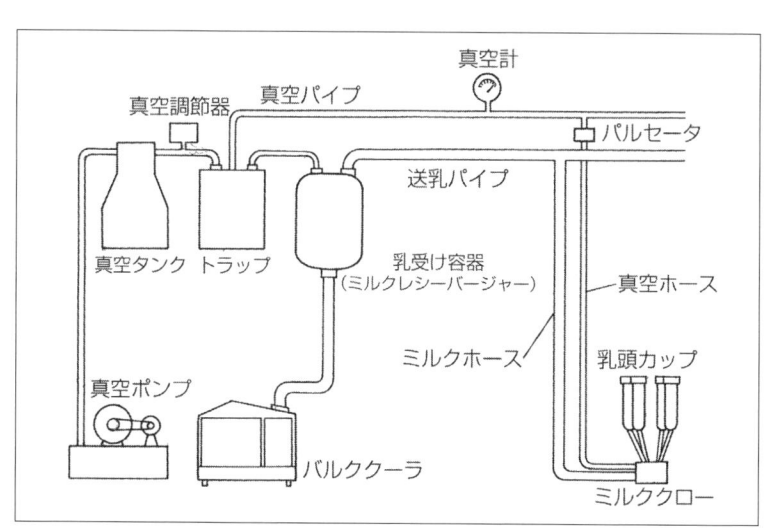

図5　ミルカの全体の構成（パイプラインミルカの模式図）
注　乳頭カップでしぼった牛乳は，送乳パイプを通ってバルククーラにたくわえられる。

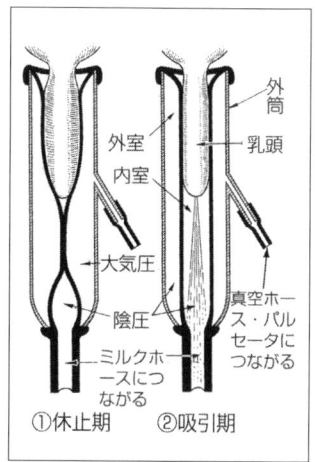

図4　機械搾乳の原理

3 酪農　127

6 搾乳牛の飼育管理

1 飼育管理の基本

搾乳牛の飼育の基本は、日本飼養標準❶を基礎として、泌乳と体の維持に必要な養分を満たすように飼料給与するとともに、乳牛が快適に過ごせる環境をととのえることである。これらが適切でないと、乳牛は能力を発揮できずに、乳量低下、繁殖成績低下、疾病増加など、生産性の低下をまねくことになる。

乳牛の栄養の充足度は、飼料中の栄養素の含量と飼料摂取量で決まるため、その両方を適切にしないと、栄養不足や過剰状態になる。とくに、分べん直後から泌乳最盛期にかけては、乳量の増加に飼料摂取量が追いつけないため、乳牛の体重が減少し、栄養状態を適切に保つことが困難になることが多い（図2）。

飼槽や牛床などの牛舎構造、暑熱ストレスの影響を軽減する防暑対策、群管理の場合には牛群構成など、乳牛を取り巻く環境要因にも十分注意し、快適な状態に維持しなければならない❷（図1）。

❶わが国や欧米において、その国の実状にあわせた家畜の養分要求量や飼育管理法などを示したもの。家畜の合理的・経済的な飼育管理の基礎として利用されている。乳牛の日本飼養標準は、生産能力の向上や飼育管理の進歩にあわせて改訂を重ね（最新版は2006年版）、生産性の向上に貢献している。

❷とくに、高泌乳牛ほど飼育環境による影響が大きく、夏季の暑熱ストレスによる乳量や乳成分の低下がいちじるしい。

2 乾乳期から泌乳最盛期の飼育

乳牛は、改良による乳量の増加がいちじるしく、高泌乳牛では

図1　快適な環境に保たれた牛舎　　図2　分べん前後の乳牛（高泌乳牛）の栄養状態　　　　　（久米）

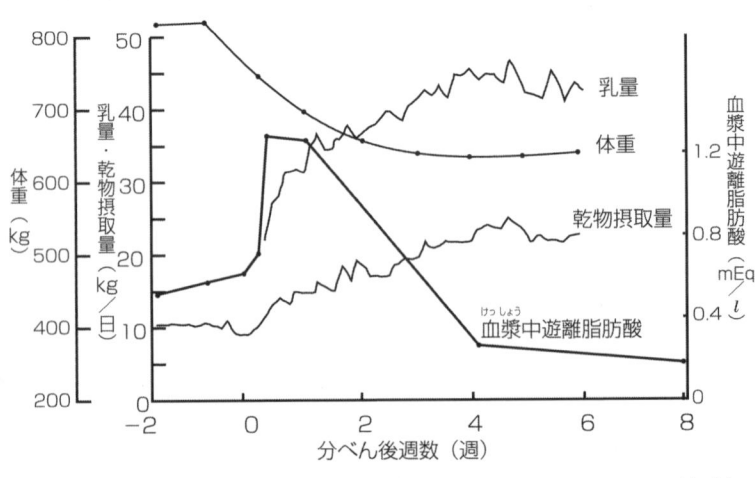

分べん直後に日乳量が30kgをこえるウシも増えている。このようなウシでは，分べん直後に体重が激減し，血液中に遊離脂肪酸が大量に増え（図2），**生産病❶**（→ p.137）の発生する危険性が高まる。これを回避するためには，乾乳期から泌乳最盛期の栄養管理が重要で，乳牛の栄養状態を判定する指標として**ボディコンディションスコア**（BCS）が用いられている（表1）。

BCSは，1から5までで示されるが，大腿骨関節，腰角，座骨がV字型になると3.0以下となり，U字型になると3.25以上と判定され（図3），その後，脂肪蓄積などをみてこまかく判定する。

乾乳期❷の栄養管理は，乳生産していないために不十分になり

❶脂肪肝やケトーシス，乳熱，第4胃変位など。

❷乳生産していない期間で，最低でも60日間は必要である（→ p.109図3）。

表1 ボディコンディションスコア（BCS）の判定指標

スコア	部　位（状　態）
1 （やせた状態）	棘突起・背部（先端肉付き不充分で突出，触感はとがっている），腰部（顕著な突出，外観は棚状を呈す），腰角・座骨（充分な肉がなくとがっている），腰角と座骨の間（顕著なくぼみ），尾根下部（顕著なくぼみ），陰門部（突出）
2 （適度）	棘突起・背部（先端外観上みられる〈スコア1ほど突出せず〉），腰部（明確な棚状あるいは突出を形成せず），背線（ある程度肉付き），椎骨（外観上みられないが，触感で容易に区別），腰角と座骨端（腰角は突出，両者の間はくぼみを形成），尾根の周囲（ある程度くぼみ），陰門部（突出した外観は呈しない）
3 （良好）	棘突起・背部（先端は滑らかな外観を呈し，指圧で触感），腰部（横突起はなだらかで棚状にみえず），椎骨（背線，腰部，臀部の移行が連続している），尾根部（まるい外観），腰角・座骨（滑らかでまるみ），尾根部・座骨間（皮下脂肪沈着の兆候なく滑らか）
4 （肥満）	棘突起・背部（強い指圧のみ区別できる），腰部（横突起は丸く平滑で棚状部位は消失），背線（腰部，臀部で平ら），尾根部（背線の延長として滑らかでまるみ），腰角間（平ら），尾根部・座骨周辺（皮下脂肪沈着）
5 （きわめて肥満）	背線（厚い脂肪層におおわれている），腰角・座骨端（不明瞭），尾根部（脂肪が巻いている）

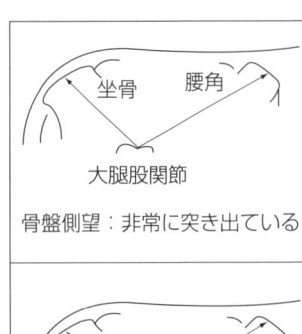

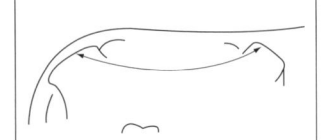

図3 ボディコンディション評価のポイント（上からBCS2〈適度〉，BCS3〈良好〉，BCS4〈肥満〉）　（Fergursonnによる）

注　大腿骨関節と腰角および座骨をつないだ形状をみる。その頂点の形状は三角形（V字形）を基準とするが，肉づきが増すにつれてU字形となり，消滅していく。

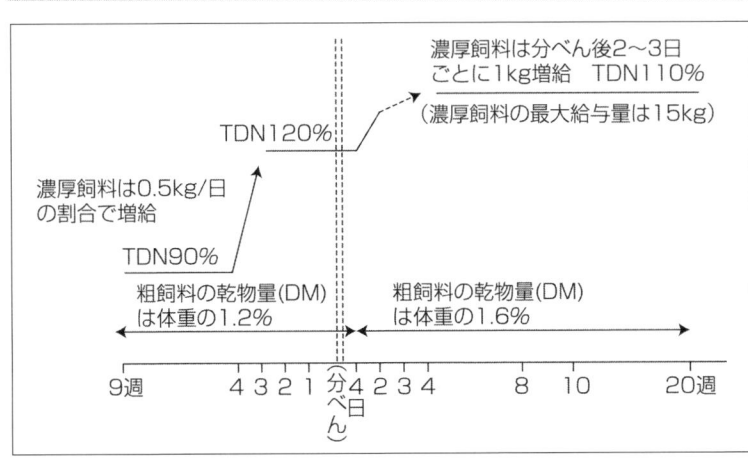

図4 リード飼養法による飼料給与例　　（「日本飼養標準2006年版」による）

❶これは，ルーメン微生物を分べん後の飼料に馴致させて，分べん直後から乾物摂取量をはやく増やそうとするものである。

❷この方式の利点は，乾乳後期の乾物摂取量低下による栄養不足の解消と分べん後の濃厚飼料増給に第1胃内微生物を順応させる点にある。

がちであったが，現在では分べん後の乾物摂取量の早期増加のために，少なくとも分べん3週間前からは飼料給与量を増やし，飼料構成も分べん後のものに近づけることが推奨されている❶。乾乳期の飼料給与法の1つであるリード飼養法を図4に示す❷。

分べん時には太りすぎていても，やせすぎていても，**乾物摂取量（DMI）**が減少し，疾病の発生も多くなるため，分べん時のBCSを3.5ていどに維持する必要がある。

3 泌乳牛の飼料設計

飼料設計は，泌乳牛の養分要求量を日本飼養標準などにもとづいて計算し，各種の飼料を組み合わせてエネルギー，タンパク質，ミネラル，ビタミンなどの養分要求量を満たすようにする。その場合に，泌乳牛では乾物摂取量（DMI）を最大にすることが重要である。分べん後60日の経産牛（3産，体重650kg，乳量35kg，乳脂率3.5%）の養分要求量と飼料設計の例を，表2に示す。

表2 養分要求量と飼料設計シートの例

		DM(乾物量)(kg/日)	ME(Mcal)	CP(g)	DCP(g)	CPd(%DM)	TDN(kg)	Ca(g)	P(g)	ビタミンA(1,000IU)	ビタミンD(1,000IU)
養分要求量	維持	−	14.97	581	349	−	4.14	26	19	27.6	3.9
	泌乳	−	38.80	2,431	1,580	−	10.73	102	58	42.0	2.6
	合計	22.16	58.79	3,294	2,109	9.6	16.26	141	84	69.6	6.5

	飼料名	給与量(kg) 原物量	DM	%DM	ME	CP	CPd	NDF	Ca	P	ビタミンA	ビタミンD
飼料設計	トウモロコシサイレージ（全国・完熟期）	12.00	4.80	21.3	11.52	384	269	2412	10.6	13	−	−
	オーチャードグラス乾草（1番草・出穂期）	4.00	3.35	14.9	7.40	436	305	2156	13.1	7.7	−	−
	アルファルファヘイキューブ（普通品）	2.00	1.78	7.9	3.58	294	191	814	23.7	5.2	−	−
	ビートパルプ	1.50	1.30	5.8	3.66	164	82	650	7.7	1.2	−	0.9
	トウモロコシ	4.50	3.89	17.3	13.91	396	158	342	1.2	12.1	−	−
	オオムギ	3.00	2.65	11.8	8.52	318	239	435	1.9	10.1	−	−
	大豆かす	2.00	1.77	7.9	5.90	922	645	252	5.8	12.4	−	−
	ビールかす（乾）	1.50	1.37	6.1	3.72	372	186	914	3.8	7.4	−	−
	綿実	1.50	1.38	6.1	4.67	297	208	624	2.8	5.6	−	−
	第3リン酸カルシウム	0.12	0.12	0.5	−	−	−	−	38	22.1	−	−
	炭酸カルシウム	0.12	0.12	0.5	−	−	−	−	46.3	0.0	−	−
	ビタミンADE剤(自家配)	0.01	0.01	0.0	−	−	−	−	−	−	100.0	10.0
	給与養分量	32.25	22.53	−	62.9	3583	2283	8598	155	97	100.0	10.9
	成分含量（%DM）	−	69.8	−	2.80	15.9	10.2	38.2	0.69	0.43	4.4	0.5
	充足率（%）	−	101.7	−	106.9	108.8	101	−	110.1	114.9	143.8	167.8

乾物摂取量：体重比3.47%，Ca/P比：1.67，CPd：分解性タンパク質，%DM：乾物中%　　（「日本飼養標準」などによる）

なお，泌乳牛は多くの水分を必要とし，乾物摂取量や乳量が増えると水分要求量も増大する❶ため，十分に飲水できるようにすることも大切である。

❶日乳量20kgのウシで70～103kg/日（飲料水および飼料中水分の合計），日乳量40kgのウシでは98～160kg/日の水分が必要とされる。

4 夏季の防暑対策

　冷涼な気候のオランダやドイツが原産地のホルスタイン種にとって，高温多湿なわが国の夏季は過酷な環境条件となる。とくに，高泌乳牛は体内からの熱発生量が多いため，夏季には体温や呼吸数が急上昇する（→ p.16）。その結果，飼料摂取量が減少し，乳量，乳成分が低下する（図5）。

　体温の上昇を防いで，乾物摂取量の減少を少なくするためには，以下のような防暑対策が有効である。

　①畜舎の換気をよくして，断熱性にすぐれた屋根や日射を避ける庇陰施設などをそなえる（図6）。

　②畜舎内に送風機や噴霧装置をおいて，送風と散水により牛体からの熱放散を促進する。

　③濃厚飼料などのエネルギー含量の高い飼料を利用して，むだな熱の発生を抑制したり，給じを涼しい朝や夜間におこなったりする。

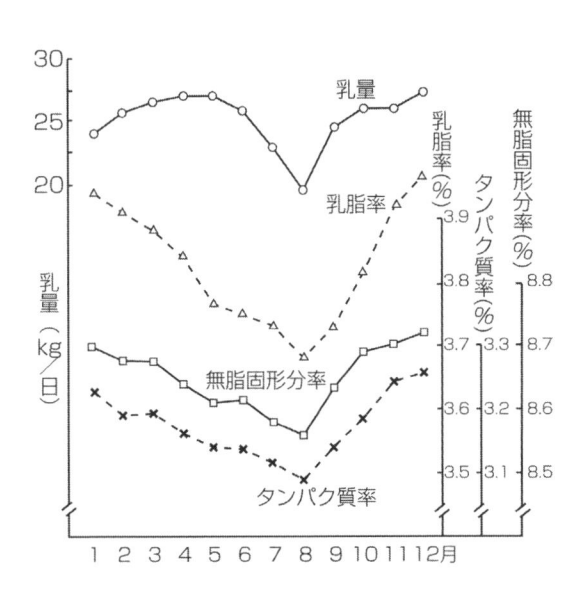

図5　月別の乳量，乳成分の推移（平成7年，都府県の平均）

図6　植物を利用した庇陰施設による防暑対策

3　酪　農

5 乳質の改善

乳質を左右する要因　牛乳の品質（乳質）は，乳牛の品種や個体によるだけでなく，乳期，乳量水準，栄養管理，飼育環境など，さまざまな要因によって変動する。

乳脂肪，乳タンパク質，乳糖，ミネラル，ビタミンなどの乳成分は，乳期による変動が最も大きく，乳量の多い泌乳最盛期には乳脂率と乳タンパク質が低下し，乳量が減少する泌乳後期に上昇する（図7）。

乳量は乳腺で合成される乳糖の量に影響されるため，乳糖率は泌乳前期に高くなる。産次が高くなり，乳量が多くなると，乳脂率と乳タンパク質は低くなる。

また，乳成分は血液から乳腺に取り込まれたブドウ糖，脂肪酸，アミノ酸などの種々の物質（前駆物質）を原料として合成されるため，栄養管理の不備などによる前駆物質の不足は，乳成分の低下につながる。

飼育環境では，暑熱ストレスの影響が大きく，夏季の暑熱ストレスがきびしいと乳量の減少だけではなく，乳脂率，乳タンパク質率も低下する。また，夏季にはカルシウムが低下しやすい。

乳成分の改善　乳成分の改善では，乳脂率と乳タンパク質の増加に関心が高い[1]。乳脂率の改善は，低級脂肪酸と長鎖脂肪酸の増加の両面から取り組まれる[2]。低級脂

[1] わが国の乳牛は乳脂肪の改善を改良目標としてきたため，年々高まっている（表3）。最近では乳タンパク質の改善も改良目標とされ，その改善も進みつつある。

[2] 乳脂率は第1胃で生産された酢酸と酪酸で合成される炭素数16以下の低級脂肪酸と，飼料中の脂肪や体脂肪から合成される炭素数が16以上の長鎖脂肪酸で大部分が構成されるため，それらの改善が必要になる。

表3　全国原料乳の成分の推移

時期	乳脂率(%)	無脂固形分率(%)
昭和55年	3.55	8.40
60	3.64	8.52
平成2年	3.75	8.58
7	3.83	8.65
12	3.90	8.70
16	3.99	8.76

（農林水産省「畜産物生産費調査」，日本乳業技術協会「乳業技術」による）

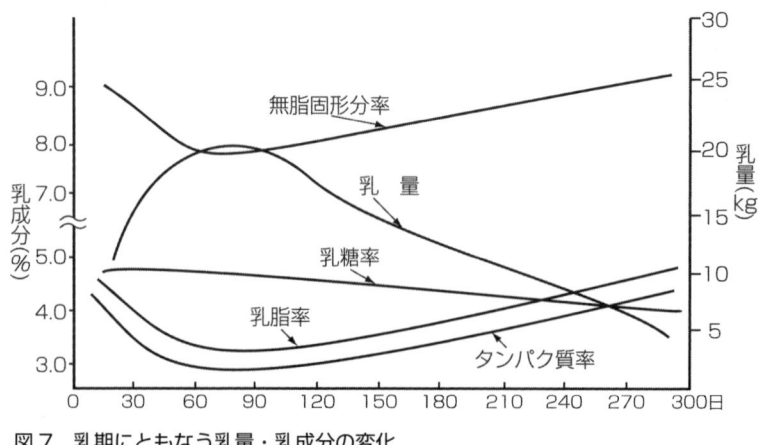

図7　乳期にともなう乳量・乳成分の変化

肪酸は，第1胃内で酢酸や酪酸生産が少ないと低下するが，濃厚飼料を多給するとプロピオン酸生産の増加や第1胃内のpHの低下によって酢酸生産量が減少し，乳脂率が低下する。

低級脂肪酸の改善では，現在の日本飼養標準においてはNDFを指標にして，NDFが乾物中に35%含まれることを推奨している。それ以外にも，混合飼料（TMR）給与，濃厚飼料の多回給与，重曹の給与などが乳脂率の増加につながる。

長鎖脂肪酸の改善では，体脂肪や不飽和脂肪酸に由来しているため，ルーメンで分解されない脂肪酸カルシウム（バイパス脂肪）の投与❶などが乳脂率の向上につながる。

❶1日の投与量は500gていど（配合飼料の5％以下）が望ましい。

乳タンパク質はアミノ酸から合成されるが，その供給源は第1胃の微生物タンパク質と第1胃で分解されなかったタンパク質である。そのため，乳タンパク質の改善は，微生物タンパク質合成量の増加，非分解性タンパク質給与量の増加，最適なアミノ酸組成によって可能となる。

微生物タンパク質合成量の増加には，給与飼料中のタンパク質とともにデンプン含量を充足させることが重要である。非分解性タンパク質とアミノ酸の補給は，加熱大豆などの非分解性タンパク質の多いタンパク質飼料や，バイパスアミノ酸などによっておこなわれる。

体細胞数・細菌数の改善　乳質の改善では，体細胞数❷や細菌数などの改善も重要である。生乳中の体細胞数は10万個/ml以下が望ましく，細菌数は400万個/mlをこえると生乳として販売できない。体細胞数や細菌数は，衛生管理の不備や乳房炎の発生などによって増加するため，これらを低下させる衛生管理や搾乳法の徹底が必要である。

❷生乳中に含まれる乳細胞からはがれた上皮細胞や白血球などの数。

参考　無理をしない経済的な育成法

育成時に増体日量の目標を0.6kgていどとすると，初産種付けは15か月前後になる。この方法では，初産までの期間は長くなるが，2産以降には体重，体格ともに初産月齢をはやめたウシに追いつき，乳生産も同等かそれ以上になることが認められている。さらに，1kg増体に要するエネルギー量も少なくてすむので，この育成法は非常に経済的である。

7 子牛・育成牛の飼育管理

子牛や育成牛の発育のよしあしは，成牛の繁殖能力や泌乳能力に大きく影響するため，ほ育・育成は，酪農の重要な技術である。ほ育・育成にあたっては，①肢蹄の丈夫な耐久力のあるウシ，②飼料の摂取・消化能力のすぐれた食い込みのよいウシ，③繁殖成績がよく乳量の多いウシ，を育てることを目標とする。

1 子牛（ほ育期）の管理

乳・飼料給与

子牛の管理では，従来は3～6か月齢までほ乳を続けることが多かったが，最近では，第1胃の発達を促進するために6週齢で離乳する**早期離乳法**が増えている。以下，早期離乳を前提とした子牛の管理法について紹介する。

子牛は出生後1週間は，母牛の初乳で育てる。初乳は常乳に比べてミネラルやビタミン含量が高く，免疫グロブリンなどの病気に対する抵抗性のある成分が豊富に含まれている（表1）ため，出生後ただちに飲ませる必要がある。生後4時間以内に1～2lで

表1　初乳と常乳の成分比較

牛乳成分	初乳(%)	常乳(%)
脂肪	3.60	3.50
無脂固形分	18.50	8.60
タンパク質	14.30	3.25
カゼイン	5.20	2.60
アルブミン	1.50	0.47
ガンマグロブリン	5.50～6.80	0.09
乳糖（無水）	3.10	4.60
灰分	0.97	0.75

（全国乳質改善協会「牛乳の成分とその栄養価値」昭和52年による）

図1　出産後の初乳の与え方

いど，さらに4～6時間のあいだに2lを与える（図1）。初乳は最低でも3日間は与える。

1週齢を過ぎた子牛は，代用乳や牛乳（母乳），固形飼料（人工乳，カーフスターター）を中心に給与する。良質な乾草も徐々に与えていく。代用乳のみを与える場合は，1日600gを2～3回に分け，40℃の温湯❶で6～7倍に薄めて，清潔なほ乳バケツなどで与える。牛乳のみの場合は1日4.5kg（生時体重の10％）とする。

カーフスターターは，生後1週齢ころから与え始め，給与量を徐々に増やしていくが❷，必ず新鮮で十分な水を一緒に与え，毎日新しいものと交換する。乾草も徐々に与えていくようにするが❸，その給与量は，人工乳の10～20％ていどとする。

離乳は6週齢をめどにする。カーフスターターの採食量が1kgをこえると離乳は可能になる。離乳後は，良質の乾草やサイレージなどの粗飼料の給与比率を高めていく。

日常の管理　出生直後の子牛は，体力がなく下痢などの消化器病と，感冒・肺炎などの呼吸器病にかかりやすい。ふんや鼻汁の状態などの観察を欠かさず，周到な個体管理をおこなう。とくに，冬季のコンクリートの牛床は冷たく，下痢を起こしやすいので，敷わらを十分にするなど保温に努める❹。また，日光浴を十分に取り入れるようにする。

カーフハッチは，牛舎内の病原菌から子牛を隔離でき，通気・換

❶代用乳の温度が変動すると下痢の原因となるので，一定の温度を保つようにする。

❷生後1～2週齢日量100g，2～3週齢200g，3～4週齢500g，4～5週齢800g，5～6週齢1,200gをめやすとする。

❸カーフスターターのみを給与していると鼓脹症（→p.139）になりやすい。

❹保温を優先して密閉状態で飼育することは，子牛にとって良好な環境とはいえず，かえって疾病の原因となるので注意が必要である。

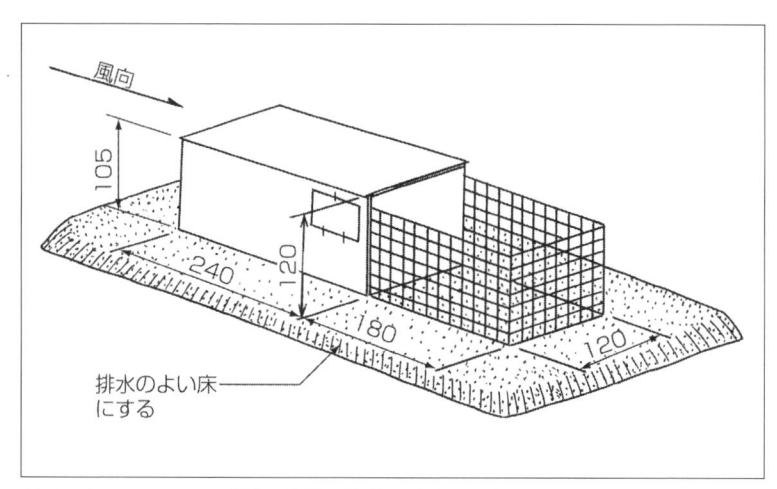

図2　カーフハッチの構造と設置の仕方（単位：cm）
注　排水良好なところに，入り口を南に向けて設置する。

図3　手づくりのカーフハッチの例

気がよく防暑・防寒にもすぐれ，日あたりもよいため，疾病予防に効果的である（図2, 3）。子牛は生後すぐに母牛から隔離し，体をよくふいたのち，カーフハッチに移し，2か月齢ころ❶までそこで管理することで効果が高くなる。子牛は寒さには比較的強いので，冬季や寒冷地でも問題はない。使用後のカーフハッチは，洗浄・消毒し，天日乾燥する。

❶3～5か月齢ころまで群飼するスーパーカーフハッチもある。この場合は2.3～2.8m²/頭のスペースを確保する。

2 育成牛（育成期）の管理

飼料給与

育成期は，受胎率を高め，分べん時の事故率を低下させ，初産以降の生産性を高めるための，体づくりの時期である。育成牛は，養分要求量を満たすように飼料給与し，体高や体重などを発育基準に沿って増加させるのが基本であるが，初産月齢をいつにするかによっても，飼料の種類や給与方法はちがってくる。

最近では，飼料中の粗タンパク質含量の高い飼料を給与して，体高と体重の増加をはやめ，初産月齢をはやめることもおこなわれている。しかし，きょくたんな高栄養は乳牛の乳腺組織の発達を抑制し，乳生産性を低下させる。また，育成後期の高エネルギー給与は，分べん時の過肥をまねき，分べん後の疾病につながりやすい。

そのため，育成期の飼料給与は，良質の粗飼料を主体として，1日当たり増体量（増体日量〈DG〉）0.6～0.9kgていどを目標とすることが多い。飼料の食い込みをよくするためには，十分な水（体重の10～15％がめやす）を与えることも大切である。

❷水酸化カリウムなどの薬品を塗る方法や焼きごて法は生後2週齢から1か月齢に，除角器による方法では10か月齢以内におこなう。

日常の管理

育成牛は群で飼育されることが多く，社会的順位が形成されやすい。社会的順位の低いウシは飼料を食べられないこともあるため，個体ごとの発育に気をつけ，十分なスペースを確保することが必要である（表2）。

舎内の環境は，敷わらを交換したり換気をよくしたりして，湿度を低く保つようにする。ほ育期から育成期には，ウシどうしの事故や飼育者の危険を防ぐために，除角を適期におこなう❷。

表2 若雌牛の収容施設のスペース

月齢	トールフリーストール (m)	通路の幅ふん尿処理用 (m)	休息場所 (m²)	屋外（舗装）運動場 (m²)
5～8か月	0.75×1.5	2.4～3.0	2.3	3.3
9～12か月	0.9×1.65	2.4～3.0	2.6	3.7
13～15か月	1.05×1.95	2.4～3.0	3.0	4.2
16～24か月	1.05×2.1	2.4～3.0	3.7	4.6

8 乳牛の衛生と病気

1 健康維持と疾病予防の基本

　乳牛の健康状態を維持し，疾病の発生を予防するためには，日常の観察がとくに重要である❶。毎日，乳牛の動作，残したえさ，ふんなどの状態を観察し，少しでも異常があれば体温，呼吸数などを測定する❷。その結果，少しでも健康状態に異常が認められたら，獣医師に相談し，診断を依頼する。

　乳牛の疾病は多いが，現在，大きな問題になっているのは，乳房炎，乳生産にともなって生じる生産病，繁殖障害などである❸。これらが発生すると，牛乳の出荷停止，乳生産や繁殖成績の低下，治療費の増加をまねき，最悪の場合は廃用につながるなど，経済的な負担が増大する。とくに高泌乳牛では，乳房炎や生産病の予防を徹底する必要がある。

❶朝夕の発情観察のときに，乳牛の状態に異常がないかを同時に調べると，健康維持に効果が高い。

❷泌乳牛では，それ以外に乳量，乳成分の変動やBCS（→P.129）の変動をみて判断する。

❸ウシで対象となる法定伝染病は15あり，わが国では，2000年に口蹄疫が発生したことにより，防疫の重要性が高くなっている。

2 おもな疾病とその対策

乳房炎　乳房内にぶどう状球菌，連鎖状球菌などが増殖して起こる炎症で，症状がはっきりしている臨床型乳房炎と，外見的にはわからない潜在性乳房炎❹とがある。おもな発生原因は，乳房の損傷，牛舎の衛生不備，空しぼりなどである。

　乳房炎の予防のためには，衛生管理を徹底❺し，無理な搾乳は避けるなど搾乳の基本を守り，日常管理のなかで常に注意を払う必要がある。乳中の体細胞数や細菌数などの変動にも注意し，兆候のみられる場合には早期治療が重要である。

❹乳量減少や乳質低下（細菌数，細胞数の増加など）を起こす。

❺乳房，乳頭，ミルカ，手指などを消毒し，牛体や牛舎内を清潔に保つ。

生産病　泌乳能力の向上にともない，飼料給与や栄養管理の不備による生産病が増えている。乳牛の生産病は，飼料給与や栄養管理の不備によって，第1胃の恒常性が維持されなくなったり，肝臓などの臓器の機能が低下し

3　酪　農　**137**

❶とくに，分べん前後の乳牛は，粗飼料多給から濃厚飼料多給へと飼料給与が変更されるため，体内代謝が急変しやすく生産病の発生が多い。飼育年数の長いウシに多く，おもな生産病にはケトーシス，乳熱，脂肪肝，ルーメンアシドーシス，第４胃変位などがある（➡「参考」）。

❷異性双子の雌は，子宮や卵巣発育がきわめて不良で，大部分が繁殖不能となる。この雌をフリーマーチン（間性）という。

❸分べん前後に，ビタミンＡ（β-カロテン，300mg/日）とビタミンＥ（1,000IU/日）を添加給与すると効果的である。

たりして発生する代謝障害である❶。

　これらの生産病の予防のためには，乳牛の分べん前後の栄養状態を適切に保つことが重要である。分べん直後のエネルギー不足をまず第一に改善し，さらにタンパク質，ミネラル，ビタミンなどの改善を考える。また，乳牛の分べん前後におけるBCSを正常な範囲内（3.5前後）にすることが大切である。

繁殖障害　乳牛には，繁殖供用月齢になっても発情があらわれない卵巣発育不全，分べん後２か月を過ぎても発情しなかったり発情兆候がはっきりしなかったりする卵巣機能減退，発情はあるが長く持続したり不定期になったりする卵巣のう腫，黄体形成不全，生殖器が病原菌におかされる子宮内膜炎，フリーマーチン❷，などがある。

　発情周期は正常で生殖器にも異常がないのに，受胎しないウシもみられる。これは，低受胎牛（リピートブリーダー）といわれる。

　繁殖障害の原因は複雑であるが，飼育管理によることが多く，栄養不足で発育のわるい子牛は卵巣が発育不良となり，経産牛ではエネルギーのほか，ビタミンや無機物が不足すると発情回帰が遅れ発情も弱くなりやすい。逆に，飼料過多や運動不足による過肥（太りすぎ）は，卵巣のう腫や不妊をまねきやすい。

　繁殖障害を防ぐためには，適正な飼料給与や運動の確保によって，栄養状態を適正に保つことが第一である。とくに，分べん前後には，BCSを活用するなどして栄養の過不足が生じないように注意する❸。

👉参考　生産病の発生メカニズム

　生産病の代表的な疾病であるケトーシスや脂肪肝は，次のようなメカニズムによって発生する。高泌乳牛が分べん直後にエネルギー不足になると，体内の脂肪を肝臓でエネルギー源として利用するようになるが，肝臓に急激に脂肪が動員されると血中ケトン体（アセト酢酸，β-ヒドロキシ酪酸，アセトンの総称）が増加してケトーシスが，また肝臓へ脂肪が過剰蓄積されて脂肪肝が発生する。

　また，ルーメンアシドーシスは，分べん直後の泌乳牛に濃厚飼料を急に多給すると，第１胃内でプロピオン酸が急激に産生され，pHが低下して発生する。

　乳熱は，分べん直後に乳中へカルシウムが大量に動員されるため，骨や消化管からのカルシウムの動員が正常におこなわれないと，血中のカルシウム濃度が急激に低下し，起立不能となるものである。

乳牛の疾病には，上記のほかに表1のようなものがある。

表1 乳牛のおもな疾病と予防法

病名	原因と症状	予防と治療
鼓脹症	原因：発酵しやすい生草（たとえばマメ科草）の過食，飼料の急変などで第1胃内にガスが充満する。春の放牧開始時の育成牛に多い 症状：腹部がふくれ，呼吸困難になり，放置すると死亡する	予防：飼料の切りかえに注意し，かたさのある粗飼料が不足しないようにする 治療：急性の場合は，第1胃切開やとうかん針でガスを抜く。また，界面活性剤などを投与する
第1胃食滞	原因：穀類や配合飼料の過食（盗食したときなど），飼料の急変，不消化飼料の給与，運動不足または体が弱っているとき，などに発生する 症状：食欲，反すうがなく，第1胃の運動が止まり，腹部がはってくる。腹痛症状を示し，呼吸や脈拍がはやくなる。乳量も減少し，重症のものは死亡する	予防：飼料の急変を避け，粗飼料が不足しないようにする 治療：下剤の投与，ひき運動，腹部のマッサージ。症状がひどい場合は第1胃を切開する。健康牛の第1胃液を移し与えることも効果がある
食道こうそく	原因：ダイコン，カブ，サツマイモなどが食道に詰まるために起こる 症状：首をのばしてよだれを多く出す	治療：詰まったものを押し込むか，またはもみ砕く
ケトーシス	原因：第1胃発酵が不良，乳量が多い，環境条件がわるい，などのときに体内の糖の代謝が混乱するためで，分べん後に多い 症状：尿にケトンを多く排せつし，元気がなく，食欲，反すうが減退し，乳量も少なくなり，便秘や下痢などの消化障害を起こす	予防：飼料給与方法や飼育環境を改善する。とくに，分べん前の太りすぎを避け，分べん後に飼料を十分に給与する 治療：栄養剤やコーチゾンなどを注射する
第4胃変位	原因：出産後に，濃厚飼料の給与量が多く粗飼料が不足したり，体力が低下したりしているときに起きやすい 症状：第4胃が左方または右方に転位し，食欲がなくなる	予防：粗飼料を十分に与える 治療：変位した第4胃を正常な位置に戻す（おもに手術による）
乳熱	原因：血液中のカルシウムが急に減少するために起こるといわれている。分べん後2〜3日に起きる 症状：出産後順調だったウシが突然倒れ，起立不能となる。全身けいれんを起こし，意識不明となり，体温も下降する	予防：分べん前にカルシウム給与量を減らすか，ビタミンD剤を注射するなどして，体内のカルシウム代謝をさかんにする 治療：カルシウム剤の投与，乳房内への送風が効果的である
創傷性胃炎・創傷性心のう炎	原因：針金やくぎなどの金属片を飲み込み，第2胃に穴が開く。ときには心臓に達する 症状：消化不良，食欲不振などで元気がなく，食後や起立するときに痛がる	治療：かるい場合は，磁石を飲み込ませて取り出したり，第1胃切開で金属片を除いたりすると治るが，心のう炎を起こしたものは廃用にする
牛流行熱	原因：3種類のウイルスによって起こるとされている 症状：8〜11月に発生し，40℃以上の高熱が続き，呼吸がはやくなる。採食，反すうを停止し，飲水もできなくなるものもある	予防：ワクチンの接種
結核（法定）*	原因：牛型結核菌によって起こる 症状：呼吸器，消化器，泌尿器などがおかされる	予防：ツベルクリン検査が義務づけられており，陽性のものはと畜処分する
伝染性流産	原因：伝染病によって起こる。ブルセラ病（ブルセラ菌の感染，法定），トリコモナス病（原虫の感染），ビブリオ病などがおもな原因となる 症状：流産	予防：流産したら，病原微生物を確認し，ブルセラ病と診断されたときはと畜処分する
アカバネ病	原因：アカバネウイルスの感染 症状：死産・流産，奇形子牛の分べんなど異常産を起こす。北海道以外の各地にみられる	予防：ワクチンの接種
カンテツ症	原因：カンテツがたん管に寄生し炎症を起こす 症状：貧血，栄養障害	予防：中間寄主であるヒメモノアラガイの定期的な駆除 治療：駆虫剤の投与
ピロプラズマ症（法定）*	原因：小型ピロプラズマ（原虫）が血液中に寄生して起こる 症状：貧血，発育不良	予防：媒介するダニ類の駆除

注 *家畜伝染病（法定伝染病）。ウシの家畜伝染病には，このほかに牛疫，牛肺疫，口蹄疫，流行性脳炎，狂犬病，水疱性口内炎，リフトバレー熱，炭そ，出血性敗血症，ブルセラ症，結核，ヨーネ病，ピロプラズマ症，アナプラズマ症，伝達性海綿状脳症（➡ p.7）がある。

9 牛乳の品質と利用

1 牛乳の規格と品質

　市販の飲用乳は，乳と乳製品に区別され，乳はさらに牛乳，脱脂乳，加工乳などに分けられている（表1）。

　牛乳の成分的な品質は，乳脂肪と無脂固形分のほか，乳タンパク質，乳糖，カルシウムなどのミネラル，ビタミンAなどのビタミン類などから構成されている[1]。

❶牛乳の衛生的な品質は，乳等省令では細菌数と大腸菌群で示されているが，牛乳の品質管理では体細胞数がよく利用されている。

2 牛乳の処理・加工と成分

　牛乳の処理は乳等省令の基準に従っておこなわれ，飲用乳の製造工程は図1に示したとおりである。搾乳された生乳はバルククーラなどで冷却後，タンクローリーで工場に運ばれ，成分規格

表1　乳および乳製品（乳飲料）の定義と成分規格（抜粋）

区分		乳				乳製品
		生乳	牛乳	脱脂乳	加工乳	乳飲料
定義		搾取したままの牛の乳	直接飲用に供する目的で販売（不特定または多数の者に対する販売以外の授与を含む。以下「授与」と略す）する牛の乳	生乳，牛乳または特別牛乳からほとんどすべての乳脂肪分を除去したもの	生乳，牛乳もしくは特別牛乳またはこれらを原料として製造した食品を加工したものであって，直接飲用に供する目的で販売（授与）するもの（部分脱脂乳，脱脂乳，発酵乳および乳酸菌飲料を除く）	生乳，牛乳もしくは特別牛乳またはこれらを原料として製造した食品を主原料とした飲料であって左までに掲げるもの以外のもの
成分規格	無脂乳固形分		8.0％以上	8.0％以上	8.0％以上	
	乳脂肪分		3.0％以上	0.5％未満		
	比重（15℃）	1.028～1.034	1.028～1.034	1.032～1.038		
	酸度（乳酸％）ジャージ種	0.20％以下	0.20％以下	0.18％以下	0.18％以下	
	他	0.18％以下	0.18％以下			
	細菌数（個/ml）	400万以下	5万以下	5万以下	5万以下	3万以下
	大腸菌群		陰性	陰性	陰性	陰性

注　乳等省令で規定する項目以外に，公正競争規約では乳飲料に「乳固形分3％以上を含むもの」という規定が加わっている。

（乳等省令より）

の検査に合格すれば，製品化される。

検査の済んだ牛乳は，塵埃や体細胞の除去などの清浄化後，冷却・貯乳され，ホモジナイザーにより脂肪球の細分化がおこなわれる。その後，殺菌処理❶（表2）がおこなわれ，製品化される。

加工乳の調製では，生乳，バター，粉乳などを配合して，脂肪や無脂固形分などを定められた量にする。乳飲料では，乳製品など❷が添加される。乳加工品としては，クリーム，バター，チーズ，ヨーグルト，アイスクリームなどが代表的なもので，加工によって，それぞれ固有の乳成分に変化している。

クリームは，生乳などから乳脂肪分以外の成分を除去したもので，乳脂肪分は18%以上含まれている。バターは，生乳から得られた脂肪を練圧したもので，乳脂肪は80%以上含まれている。

チーズは，乳成分をいろいろな方法でかためて発酵させたもので，プロセスチーズ❸は乳固形分40%以上と規定されている。

ヨーグルトは，乳をブルガリア菌などの乳酸菌で培養したもので，無脂固形分が8%以上のものである。

アイスクリーム類は，牛乳または乳製品をおもな原料として，糖質，安定剤，乳化剤，香料などを加えて凍結させたもので，乳固形分は3%以上である❹。

❶ロングライフミルク（LL牛乳）は，超高温短時間殺菌（UHT）し，無菌充てん機で充てんしたものである。

❷コーヒー，果汁，甘味料，ミネラル，ビタミンなど。

❸1種または2種類以上のナチュラルチーズを粉砕し，乳化剤を加えて加熱・かくはんして均質化したのち，成形・包装したもの。

❹アイスクリーム類は乳成分の量によって，アイスクリーム（乳固形分15%以上，乳脂肪分8%以上），アイスミルク（乳固形分10%以上，乳脂肪分3%以上），ラクトアイス（乳固形分3%以上）に区分される。

● 畜産物の加工

バターづくりとその品質比較
少量のバターは，図2のような方法でかんたんにつくることができる。青草主体で飼育したウシの牛乳と濃厚飼料主体で飼育したウシの牛乳からバターをつくって，その品質を比べてみよう。青草主体の牛乳はカロテンが多いため，バターが黄色くなるのがわかる。

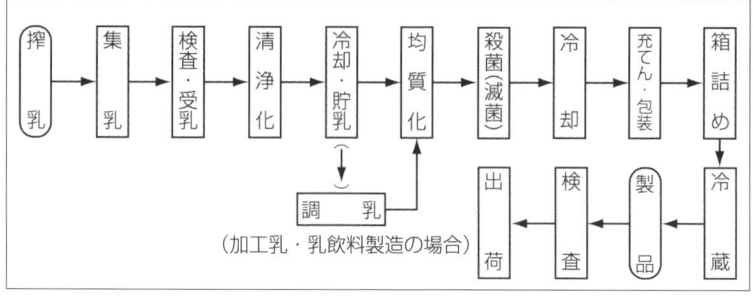

図1　飲用乳の製造工程

表2　代表的な飲用乳の殺菌方法

殺菌方法	温度（℃）	時間
低温長時間（LTLT）	62～65	30分
高温短時間（HTST）	72～85	15秒以上
超高温短時間（UHT）	120～130	2～3秒

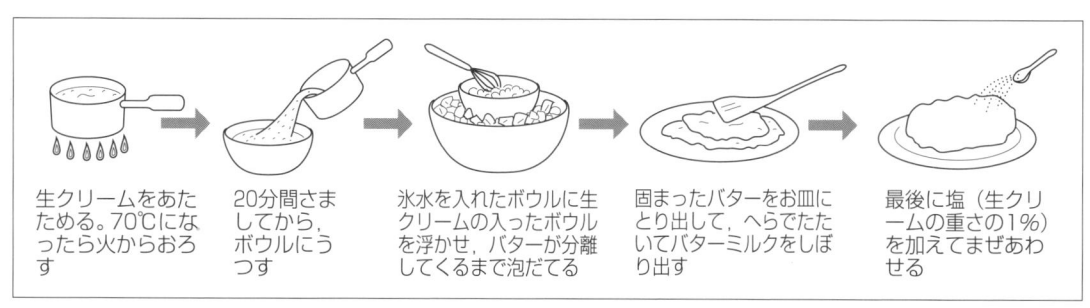

図2　かんたんなバターのつくり方

4 肉牛

肉牛の生理的特性		
心拍数(回/分)	65	(60〜70)
呼吸数(回/分)	30	(15〜40)
直腸温(℃)	38.6	
摂水量(l/日)	15〜50	
ふん量(kg/日)	25	
尿量(l/日)	6〜12	
妊娠期間(日)	285	
産子数	1	

1 肉牛の体の特徴

　肉牛（肉用牛）は，反すう動物特有の消化力をもって，粗繊維を栄養価の高い食品に変えてくれる。これは，同じ肉を生産する家畜でも，ニワトリがその飼料のほとんどを穀類にたより，ブタも多くの場合穀類を飼料とするのと決定的に異なる特徴である。

　肉牛の体の各部位は，図1に示すような名称でよばれている。また，体の大きさは，図2の部位を測定することによって知ることができる。

　肉牛の体の特徴としては，発育が良好で体積がある（→ p.108 図2）とともに，体のつりあいがとれていることも重要である[1]。さらに肉牛（とくに和牛）では，皮膚や角，ひづめの状態などの資質，体全体や顔から受ける品位も重視されている（→ p.149）。

[1]たとえば，体軀に比べて頭が大きく重いようにみえるウシは，発育の途中で病気にかかったことが考えられる。ウシの外ぼうは，現在の状態だけでなく，過去の経歴や将来のすがたを予測する手がかりとなる。

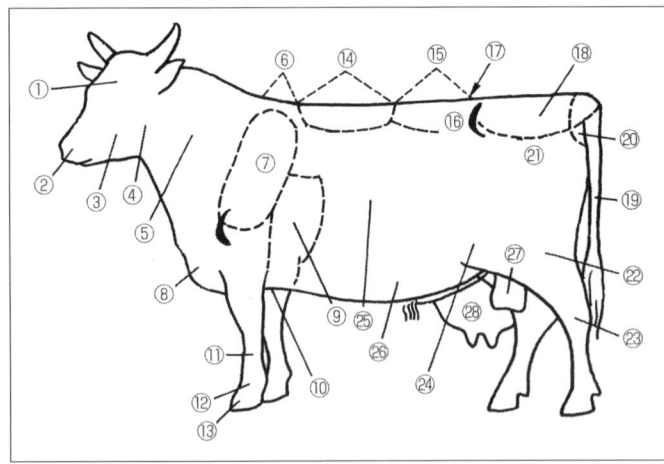

図1　肉牛（和牛）の体と各部のよび方
（上坂章次『和牛大成』昭和54年による）
①額，②鼻鏡，③ほお，④顎（あご），⑤くび（頸），⑥きこう，⑦肩，⑧胸垂，⑨胸，⑩胸底，⑪管，⑫つなぎ（繋），⑬ひづめ（蹄），⑭背，⑮腰，⑯腰角，⑰十字部，⑱しり（尻），⑲尾，⑳寛，㉑もも（腿），㉒飛節，㉓下膊部，㉔肋，㉕腹，㉖こう丸，㉗乳房

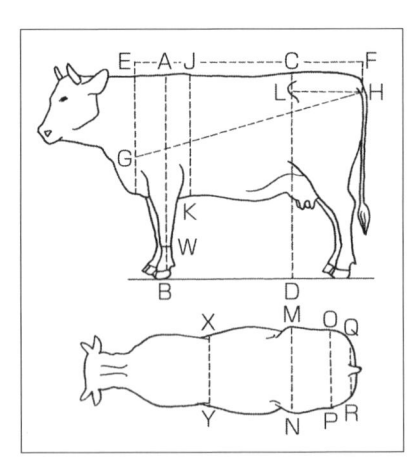

図2　肉牛の体型測定部位
（図1と同じ資料による）
AB：体高，JK：胸深，OP：寛幅，CD：十字部高，LH：尻長，QR：坐骨幅，EF：体長（水平長），XY：胸幅，W：管囲，GH：体長（斜長），MN：腰角幅
注　胸囲は，胸深の測定をしたところを巻尺を巻いてはかる。

2 肉牛の性質

ウシは性質が従順で，人間におそいかかったりすることはめったにない。しかし，力が強いにもかかわらずおく病なところがあり，逃げ回るうちに思わぬ事故を起こすことがある。とくに，つながれているときは，警戒心が鋭くなっている。

またウシは，最も強いリーダーを中心に群れをつくって行動する習性をもっており，群れのなかでは社会的な順位が形成されている❶。人間が近づくと，まっさきに近づいてくるのがリーダーのウシである。新しいメンバーが加わると，順位決定の角の突きあわせをする。一度順位が決まると，牛群は平和に仲よく暮らすよ

❶この順位は飼料を食べるときの優先順位でもあるので，管理上この習性をよく理解しておく必要がある。また，逃げ場のないせまい場所で群飼したり，飼料を制限して与えたりするときには，事故を防止するために除角したほうがよい。

参考 ウシの扱い方と調教

扱い方 ウシに近づくときは，斜め前方からゆっくり声をかけながら進んでいくようにする。体にふれるときは，一部分を突いたり引っぱったりすることは避け，大きくなでながら目的の部分にふれるようにする。

ウシは，下顎部や角のうしろ側のうなじの部分をなでてやると，気持ちよさそうにすり寄ってくるので，この部分からふれていくのもよい方法である。うしろから近づいたり横を通りすぎたりするときに，後肢でけることがあるので，注意しなければならない。

ウシをもつ場合は，図3のようにウシの前に接近して立ち，鼻環を上からかるくもち，ウシの動きを注意深く見守って，動き出す前にかるく鼻環を操作する。

調教 母牛のほ育のもとで育った子牛はかんたんには人になつかないが，人工ほ育した子牛や，出産直後から人とのふれあいの多い子牛は，人によくなつく。

役用牛として使用していたころは，満1歳くらいの若い時期に調教することが一般におこなわれていたが，現在でも，ウシをあるていど調教して人になれさせておくと，飼育管理などが円滑におこなえる。

雌牛や去勢牛に比べて，気性の荒い種雄牛でも，よく調教されたものは，綱さばきだけで碁盤に乗るような芸当をおぼえさせることもできる（図4）。

図3 ウシのもち方

図4 調教された種雄牛の碁盤乗り

うになる。

　なお，子牛をほ育している雌牛（図5）は，母性本能が強くあらわれ，ほかのウシと激しく争うことがある。

3 肉牛の一生

　肉牛の一生は，乳牛と同じように発育段階によって子牛，育成牛，成牛に大別され，4歳くらいで成熟に達する（図6）。しかし，繁殖牛と肥育牛とでは，その一生が異なる。

　繁殖雌牛は，7～8か月齢ころになると発情するようになり，以後だいたい21日の周期で発情が繰り返される。ふつう，1歳過ぎになると交配を開始し，2歳前後で初産の子牛を分べんし，その後，およそ12～13か月の間隔で5～10年くらいにわたって子牛の生産を続ける。なかには，15産以上の記録をもつウシもみられる。

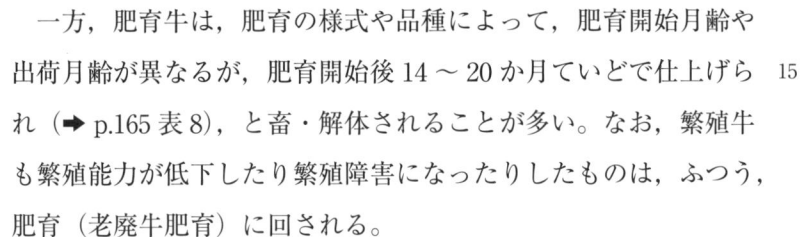

　一方，肥育牛は，肥育の様式や品種によって，肥育開始月齢や出荷月齢が異なるが，肥育開始後14～20か月ていどで仕上げられ（→ p.165 表8），と畜・解体されることが多い。なお，繁殖牛も繁殖能力が低下したり繁殖障害になったりしたものは，ふつう，肥育（老廃牛肥育）に回される。

図5　ほ育中の肉牛（黒毛和種）

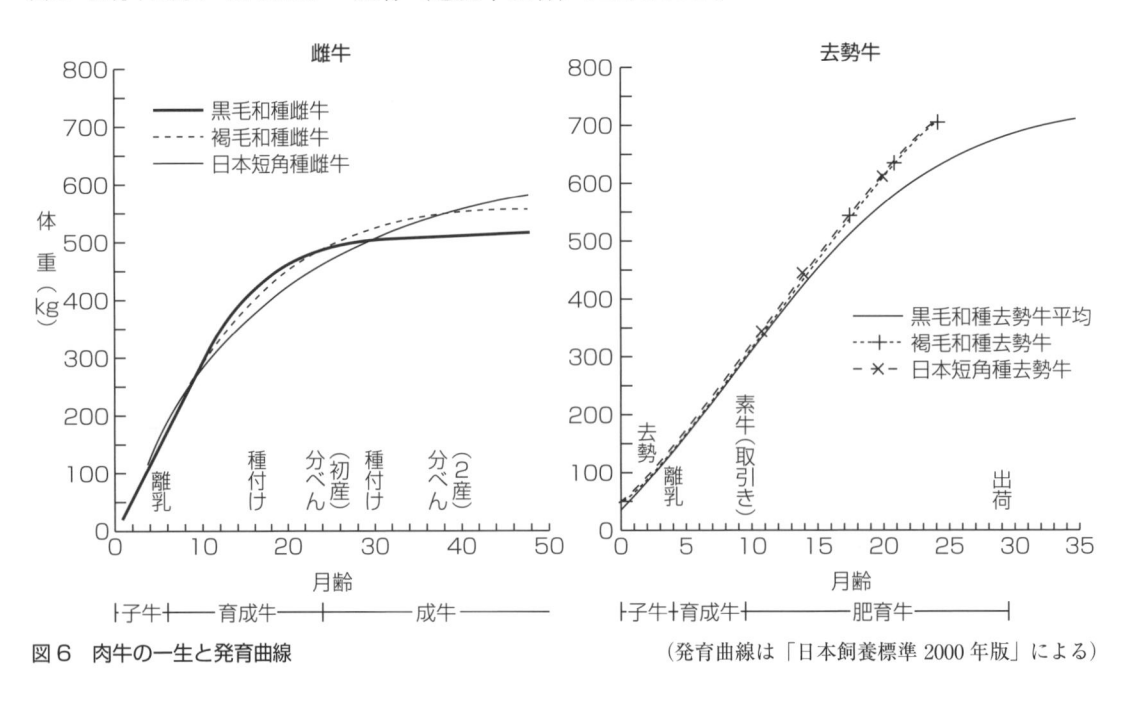

図6　肉牛の一生と発育曲線　　　　　　　　　　　　　　　　（発育曲線は「日本飼養標準2000年版」による）

4 生産物の特徴と利用

　肉牛は，産子数や飼育期間などからみると，同じ肉生産を目的とするブタやニワトリに比べて，能率のわるい家畜であるが，1頭から多量の，しかも非常に美味な肉がとれるという特徴がある。

5　牛肉は，必須アミノ酸をバランスよく含んだタンパク質供給源である。脂質やビタミンB，リン，鉄などは多いが，カルシウムは少ない。牛肉の肉質や成分は，ウシの品種，年齢，栄養状態，体の部位などによって異なる（表1，2）。わが国の和牛肉では，その肉質のよさが大きな特徴となっている❶。

10　牛肉は部位によって肉質が大きく異なるため，調理や加工にあわせて，各種の部分肉（→ p.166）が利用されている❷。

　肉牛のおもな生産物としては，牛肉以外にも牛皮があり，質がち密で強じんなことから，各種の皮加工品に広く利用されている。

❶牛肉の風味がよくなるためには，0℃で2週間，3〜4℃で1週間ていどの熟成期間が必要とされている。

❷たとえば，ヒレやリブロース，サーロインはステーキやローストビーフに，ばら肉はシチューなどの煮込みに，もも肉はカツレツに利用される。

表2　和牛肉の部位による食品成分のちがい　　　　　　　　　　（可食部100g中）

部位	エネルギー(kcal)	水分(g)	タンパク質(g)	脂質(g)	炭水化物(g)	灰分(g)
ばら	517	38.4	11.0	50.0	0.1	0.5
サーロイン	498	40.0	11.7	47.5	0.3	0.5
リブロース	468	42.5	12.7	44.0	0.2	0.6
かたロース	411	47.9	13.8	37.4	0.2	0.7
ランプ	347	53.8	15.1	29.9	0.4	0.8
かた	286	58.8	17.7	22.3	0.3	0.9
そともも	265	60.8	17.8	20.0	0.5	0.9
もも	246	62.2	18.9	17.5	0.5	0.9
ヒレ	223	64.6	19.1	15.0	0.3	1.0

（「五訂増補日本食品標準成分表」より）

注　肉は，すべて脂身つきの生。ただし，ヒレは赤肉の生。1calは4.184J。

表1　牛肉（かたロース）の食品成分　　　　　　　　　　　　　（可食部100g中）

種類		エネルギー(kcal)	水分(g)	タンパク質(g)	脂質(g)	炭水化物(g)	灰分(g)
和牛肉	脂身つき	411	47.9	13.8	37.4	0.2	0.7
	皮下脂肪なし	403	48.6	14.0	36.5	0.2	0.7
	赤肉	316	56.4	16.5	26.1	0.2	0.8
乳用肥育牛肉	脂身つき	318	56.4	16.2	26.4	0.2	0.8
	皮下脂肪なし	308	57.3	16.5	25.2	0.2	0.8
	赤肉	212	65.9	19.1	13.9	0.2	0.9
輸入牛肉	脂身つき	240	63.8	17.9	17.4	0.1	0.8
	皮下脂肪なし	237	64.0	18.0	17.1	0.1	0.8
	赤肉	173	69.8	19.7	9.5	0.1	0.9

注　1calは4.184J。　　　　　　　　　　　　　　　　（「五訂増補日本食品標準成分表」より）

1 肉牛の品種と改良

1 肉牛の起源と肉牛飼育のあゆみ

　家畜としてのウシは，野生のウシ（原牛，図1）を家畜化したもので，その子孫は家畜牛❶（家牛）とよばれている。ウシの家畜化は，メンヨウ（緬羊）やヤギ（山羊）の家畜化よりはおそく，紀元前6000年ころ（新石器時代）に西アジアでおこなわれたと考えられている。

　日本列島にウシがすみつき，飼われるようになったのは，弥生時代で，おもにアジア大陸で家畜化されたものが，移住者によってもち込まれたものと考えられている。

役用牛としての利用　わが国で古くから飼われてきたウシは，和牛と総称されているが，そのおもな飼育目的は，昭和35（1960）年ころまでは農業や林業，鉱業などでの役用であった❷。

役肉牛の普及　明治維新後，肉を食べる習慣が広がるにつれて，和牛の肉が利用されるようになった。しかし，当時の和牛は体格が小さく，また，泌乳量も少なかったので，これを改良するために外国種❸を導入して改良が重ねられ，役用と肉用に兼用されるウシ（役肉牛，役肉兼用種）がつくられ，広く普及した❹（図2）。

肉用牛への転換　昭和30年代後半になると農業の機械化が急

❶ヨーロッパで広く飼われているこぶのないボス タウラスと，おもにアジア地域で飼われているこぶ牛のボス インディカスが含まれる。

❷和牛は，農作業に役立つとともにきゅう肥を生産し，また，農業の副産物を飼料としてむだなく利用できるなど，農業に密接に結びついた家畜という意味で，農用牛ともよばれていた。

❸ブラウン・スイス種，デボン種，シンメンタール種，朝鮮牛など。

❹約40年間に及ぶ地道な改良の積重ねの結果，昭和19（1944）年には黒毛和種，褐毛和種，無角和種の3品種が固定したものと認められ，昭和32年には，日本短角種も固定種に加えられた。

図1　野生のウシの例（ヨーロッパ原牛，オーロックス）
（ジューナー『家畜の歴史』1963年により作成）

図2　水田の耕起に用いられていた役肉牛

速に進み，役用としての需要が減少する一方，牛肉の需要が伸び，牛肉生産を主目的とするウシ（肉用牛，肉用種）が強く求められるようになり，和牛の改良の重点は肉専用に移された。その結果，和牛は，わが国独特の肉用種として高く評価されるようになった。

その他の牛肉生産用品種の導入・増加　昭和40年代にはいると，牛肉の需要の伸びに対して，和牛素牛が不足したため，新しい牛肉生産の資源として乳用種（乳用雄子牛）も牛肉生産に利用されるようになり，その数は急速に増加した❶。

❶平成18年には肉用牛の飼育頭数全体にしめる乳用種（交雑種も含む）の頭数割合は38%に及んでいる。なお，イギリス原産のヘレフォード種やアバディーンアンガス種などの外国種も，草資源のゆたかな新しい肉用牛の生産地に導入された。

2 肉牛の品種と改良

肉牛の種類・品種　世界には多くの肉牛が分布しているが，わが国で現在飼育されているおもな肉牛は，和牛と乳用種のホルスタイン種である。和牛の各品種分布と特徴を表1，2，図3に示した❷。

和牛は，わが国の自然環境のもとで長い年月にわたって役用牛として飼われてきたため，性質が温順である。また，農業の副産物や野草などの飼料もよく摂取・消化する力と，かなり粗放な放

❷黒毛和種の特徴の多くは，在来の和牛がもっていたものとほぼ一致している。褐毛和種は，明治時代以降，交雑に用いられたシンメンタール種や朝鮮牛の特徴を伝えている点が多い。無角和種は，毛色，体型，さらには角のないことなどが，アバディーンアンガス種の影響を受けている。また，日本短角種も，交雑に用いられたショートホーン種の特徴を強く示している。

表1　和牛の各品種の分布とその特性

品　種	分　　布	特　　　性
黒毛和種	全国に分布。とくに九州，東北，中国地方に多い。頭数も多く，和牛の主要品種	黒の単色。毛，角，つめ，粘膜いずれも黒い。毛色は毛先が褐色をおびている 体はよくしまり充実し，肢蹄は強健である 前躯・中躯の充実しているものが多いが，後躯とくにももの充実していないものがあり，改良の重点となっている。 資質と総称される被毛，皮膚，角，つめなどにすぐれた特性を示すものが多い
褐毛和種	熊本県および高知県を主産地とするが，東北，北海道にも飼育されている。黒毛和種についで飼育頭数が多いが，大部分は熊本系	熊本系は黄褐色の単色。高知系は赤褐色で，角，ひづめ，粘膜および一部または全身の皮膚が黒色のいわゆる「毛分け」が好まれる 体積に富み，発育のよいものが多いが，体躯がゆるく，管骨の太いもの，しりの傾斜のめだつものがある
日本短角種	岩手，青森，秋田の各県が主産地で，北海道にも飼育されている	毛色は褐色で，濃淡さまざまのものがある。また，かす毛のものもいる。体下部に白はんのあるものがかなりある。角は白あるいはあめ色で，先端は濃褐色。つめは暗褐色 体積に富み，発育のよいものが多いが，しりの傾斜のめだつものがあり，体躯のしまりもよくない。管骨は太く，皮膚が厚く，被毛は粗い
無角和種	山口県が主産地。少数品種	黒の単色で黒みが強い。角がないことがめだつ特性 体全体が丸みをおび，体の幅があり，ももの厚い肉用牛らしい体型をしている。体の下側の線がまっすぐで，下腰部が充実している。管骨はやや太い。被毛の質は黒毛和種より粗い

（上坂章次『原色家畜家禽図鑑』昭和48年により作成）

牧条件にも耐えて繁殖し，子牛を育てる強さをもっている。つまり，和牛は，わが国の自然環境に完全に順応しているウシということができる。また，近年では外国種にひけをとらない発育能力を発揮するようになってきている。最も大きな強みは，質のすぐれた牛肉を生産し，それが市場で評価を得ていることであろう。

　肉生産の担い手として新しく加わった乳用雄子牛の大部分はホルスタイン種で，その増体速度ははやく，飼料の採食量も多い。しかし，脂肪の蓄積に移行する時期がおそく，肉質の点では和牛におとる。最近では，乳用雄子牛の肉質を改善し，市場価値を高めるために，乳牛に和牛の精液を授精して生まれた交雑種（F_1）も肉生産に利用されている❶。

改良と選抜

改良の方向と方法　肉牛の改良では，産肉能力（枝肉重量や脂肪交雑など），繁殖能力（分べん間隔など），泌乳能力，強健性，飼料の利用性などの形質全体の水準を向上させ（図4），しかもよくそろった子孫をつくり出していくことが大切である。これらの形質は，遺伝による影響と環境による影響を受けているので，改良にあたっては，改良しようとする形質の遺伝率❷を知る必要がある。

　改良の方法には，選抜と交配があり，重要な形質についてすぐれた能力をあらわしている個体を選抜して交配する。交配は，ある形質についてすぐれたものどうしのあいだでおこなったり，複

❶ F_1 では，産肉能力のばらつきの幅が大きく，すべての子牛がねらいどおりの付加価値の高いものとはならない。また，雑種の本来的な利点は，F_1 雌牛に出現する繁殖能力や生存性の面での雑種強勢の利用にある。

❷ ある形質が親から子へどのていど遺伝するかを示す指標。0〜1の値であらわされ，この値が1に近いほど，その形質が遺伝による影響を受けやすく，遺伝的に改良しやすい形質である。親から子へ伝わる遺伝的能力の大きさをあらわす指標として，育種価も用いられている。

表2　和牛の品種の成熟時の目標体高と体重

品種と性別		目標体高(cm)	目標体重(kg)
黒毛和種	雄	145	960
	雌	129	540
褐毛和種（熊本系）	雄	146	1,000
	雌	132	600
日本短角種	雄	147	1,000
	雌	132	640
無角和種	雄	145	980
	雌	128	580

（各品種登録協会審査標準の目標数値により作成）
注　褐毛和種（高知系）の目標数値は黒毛和種と同じ。

黒毛和種（雄）　　褐毛和種（熊本系，雄）

褐毛和種（高知系，雄）　　日本短角種（雄）　　無角和種（雄）

図3　和牛の各品種

数の形質について互いの欠点を補いあうようにおこなったりする。

選抜の方法　一般に，産肉能力のような遺伝率の高い形質については，すぐれた個体を選ぶ**個体選抜**が用いられる。一方，繁殖能力のような遺伝率が低く環境の影響が強くあらわれる形質については，個体選抜では改良の効果があがらないので，兄弟姉妹の平均値がすぐれているものを全部残す，すなわち家系の平均値にもとづく**家系選抜**をおこなう。そのほか，個体と家系を組み合わせた選抜方法が用いられることもある。

能力の判定（外ぼう審査）　ウシの能力を判定する方法として，**外ぼう審査**が広くおこなわれている（図5）。審査では，体積・均称，資質・品位❶，中軀など改良の重点がおかれている部位に大きな配点をし，いろいろな能力を総合した総得点でウシの能力を判定する。黒毛和種の審査標準❷は付録（→ p.221）に示したとおりである。

審査はあくまで現状についておこなうが，子牛の場合は，あるていど将来性を考慮した「子牛の判定方法」が決められており，更新用の子牛の保留や，子牛購入のさいに活用されている❸。

なお，一般に審査というときは種牛の外ぼう審査を指しているが，そのほかに，肥育されたウシに適用する肉牛審査標準や，さらに枝肉に対して適用する枝肉審査基準もあり，これらによって産肉能力を判定できるようになっている。

❶とくに，すぐれた種牛は，高い能力水準と，品種としての斉一性の両面をそなえていることが重要である。資質や品位は，後者の重要な指標と考えられている。

❷審査標準は，全国共通の基準として普遍性をもち，また，できるだけ客観的にウシの能力を判定するために，各品種ごとに作成されている。

❸ウシの外ぼう上の特徴を観察し識別することは，健康状態や発育のていどを判断するのに重要であるばかりでなく，望ましい素牛を選ぶときや，生産したウシを評価し適切な販売価格を予測したり，後継牛として残すものを選んだりする場合にも重要である。

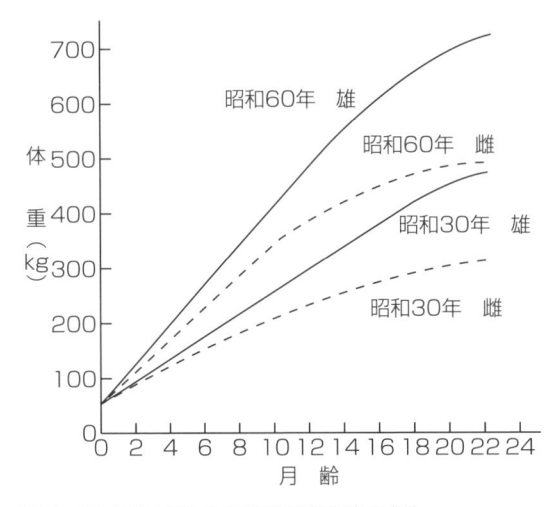

図4　黒毛和種の体重の標準発育曲線の変化
（福原利一『農業技術大系畜産編 肉牛』全国和牛登録協会「黒毛和種正常発育曲線」による）

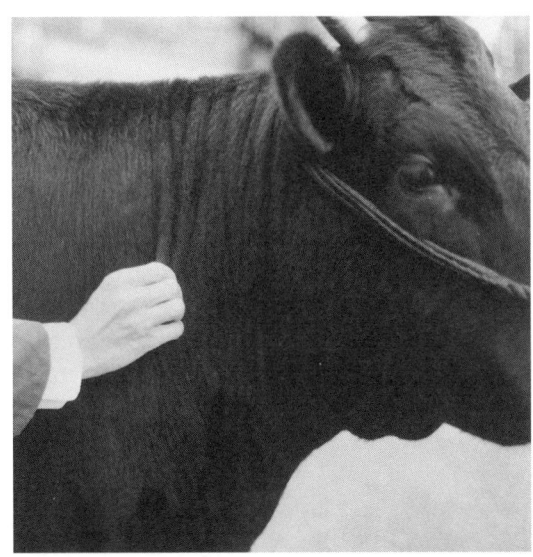

図5　被毛の状態（資質・品位）とその審査

能力検定 能力検定は個体選抜によって改良効果が期待できる形質にかぎって実施されている。

直接法 将来種雄牛となる候補牛（若い雄子牛❶）を，離乳後16週間，同じ飼育管理条件のもとにおいて，肥育に用いるのと同じような飼料で飼い，この期間中の増体量，飼料要求率，粗飼料摂取率，体型測定値，審査得点などから，おもに発育能力の判定をおこなう。候補牛自身の示す能力を直接的に判定するので，**産肉能力検定直接法**とよばれる。

後代検定 経済的に重要な形質であって，直接法による能力検定の実施がむずかしい場合❷には，その雄牛の子牛を用いて能力検定をおこない，その結果から父親である種雄牛の遺伝的能力を推定する方法がとられる。子の能力から間接的に父の能力を推定するところから，後代検定または**産肉能力検定間接法**とよばれ，種雄牛にかわって能力検定を受ける子牛は，**調査牛**という。

現在の黒毛和種の間接検定では，1頭の種雄牛について8～10頭の調査牛❸を52週間にわたって群飼し，濃厚飼料も粗飼料も自由に摂取させて肥育したのちにと畜し，枝肉形質に関する記録が残される。

最近では，胚（受精卵）移植技術（→ p.198）が発達し，両親が同じ全兄弟を同時に多数生産することが可能になってきているので，それらを用いた兄弟検定❹もおこなわれるようになった。

❶この能力検定が雄牛とくに若い雄子牛で実施されているのは，①人工授精技術の普及している現状では，雄のほうが雌よりはるかに多くの子孫を残し，のちの世代に及ぼす影響が大きいため，②種雄牛としてじっさいに使われるまでに早期選抜することによって，能力のおとる雄牛の子を品種のなかに残さないようにするため，である。

❷たとえば，雄牛のと肉性に関する形質について能力検定を実施しようとする場合には，その個体をと畜してしまわなければならない。

❸同じころに生まれて，体重や体高も同じくらいの去勢子牛が無作為に選ばれる。

❹選抜の正確度は後代検定に及ばないが，より早期に選抜ができるので，種雄牛の世代周隔を短縮するのに効果的である。

参考　現場後代検定

おもな和牛生産県でおこなわれている産肉能力検定の成績，とくに後代検定の成績に対しては，非常に関心が高い。それは，優秀な成績を出した種雄牛の産子は購買を希望する人が多く，特定の血統をもつ子牛の値段が高くなる傾向がはっきりとみられるためである。

毎年，全国各地の検定場で後代検定を受ける黒毛和種の種雄牛は約100頭いるが，検定施設に限度があるために，この検定を受けずに使用されている種雄牛もいる。このことは改良上の課題であり，また，後代検定では種雄牛が生まれてから成績が出るまでに6年もの長い年月を要することも問題である。

この検定制度を補完するために，肥育農家が枝肉市場に出荷したときの格付け成績と血統に関する情報を用いて，種雄牛および母牛の枝肉形質に関する遺伝的能力を推定する方法が開発されている。これを**現場後代検定**という。

この方法では，非常に複雑な計算をしなければならないが，コンピュータの利用によって処理できる。また，この方法には繁殖農家と肥育農家の協力が必要であるが，この方法が普及すれば，和牛の改良は急速に加速すると考えられている。

2 飼育形態と施設・設備

1 舎飼い飼育の施設と付帯設備

　雨が少なく，広い放牧地のある諸外国では，ウシは野外で飼うのが原則で，生産になんら支障はない。一方，雨が多く，放牧地の少ないわが国では，畜産公害を避けるなどのために簡便な牛舎に収容するかたちが多い❶（図1）。とくに，肥育牛の場合は，牛舎に閉じ込めて飼うのが一般的である。しかし，繁殖牛の牛舎には，繁殖成績をよくするために日光浴や適度な運動ができる運動場を併設する必要がある。

牛舎の種類　**単房式牛舎**　古くからわが国で用いられてきたもので，この牛舎では1頭ずつのウシの状態がよく観察でき，飼料の量を調節するのに適し，ウシの取扱いにも便利である（図2）。しかし，1頭当たりの面積を広く要する，建設費が高い，日常のふん尿の搬出作業の能率がわるい，などの欠点がある❷。

　けい留式牛舎　同じ面積の牛舎に単房式よりもたくさんのウシを収容することができ，飼料給与やふん尿の搬出作業にも便利である。また，1頭ずつつながれているので，個体ごとの飼料の量の調節や，採食量の記録，ふん尿の状態の観察に適している。し

❶最近では，水田（転作田）や林地などを利用した放牧も試みられるようになっている。

❷現在では，おもに種雄牛，分べん牛，病気になったウシ，理想肥育牛などの牛舎として使われている。

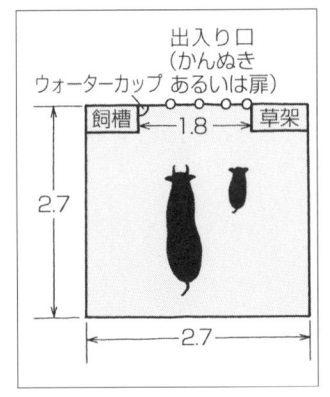

図2　単房式牛舎（単位：m）
注　□部分は屋根つきであることを示す。図3，4，5も同じ。

ビニルハウスを利用した繁殖牛の牛舎
骨組みには電柱や廃材を利用

土盛りのある繁殖牛用の運動場
アスファルト舗装の一部に土盛りを設けたもので，ウシは必ずこの土盛りの上で休息する

図1　いろいろな牛舎と付帯設備の例

4 肉牛　151

かし，運動量が十分でなく，ウシの警戒心も強くなる。

けい留式牛舎には，図3のような対頭式のほかに対尻式（たいきゅうしき）もあり，おもにロープを用いてけい留しているつなぎ式と，スタンチョンあるいは鎖によって前後へのウシの動きを強く制限するスタンチョン式とがある。

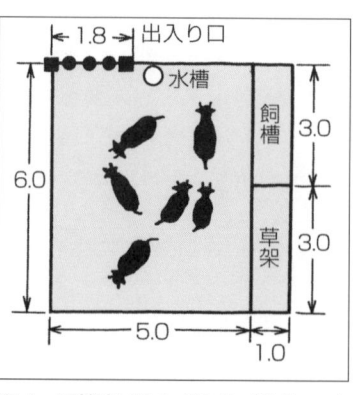

追い込み式牛舎　閉鎖追い込み式牛舎は，ウシの群飼用として広く普及しているものである❶（図4）。これに対し開放追い込み式牛舎は，牛舎に運動場を併設し，ウシが自由に出入りできるようにしたものである（図5）。

追い込み式牛舎は，けい留式牛舎に比べてウシが自由に行動でき，とくに開放追い込み式牛舎では，日光浴もできるので，ウシの健康を保つのにふさわしい条件がととのっている。ただし，肥育牛に広い運動場を与えると，運動量が多くなり増体速度がおそくなる。

牛舎の付帯設備　**給じ・給水設備**　けい留式牛舎では，図6のように連続飼槽（しそう）を設けることが多い❷。給水はウォーターカップを用いる。追い込み式牛舎では，木製や

❶ウシが牛舎の中に閉じ込められている構造であるため，閉鎖式とよぶ。

❷飼槽を前方の通路よりも低くすると，前方に飛んだ飼料を飼槽にはき込んでむだなく食べさせることができる。

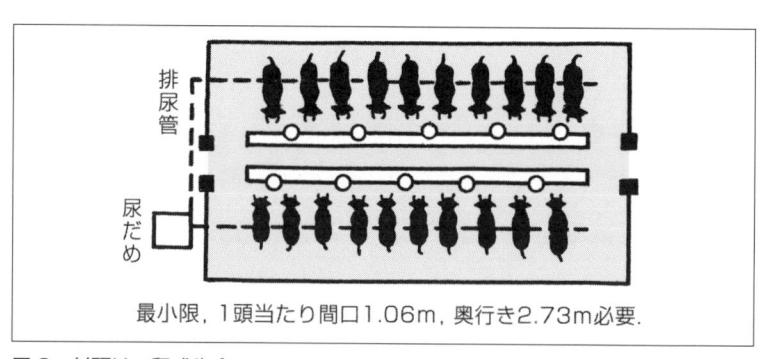

図3　対頭けい留式牛舎
最小限，1頭当たり間口1.06m，奥行き2.73m必要．

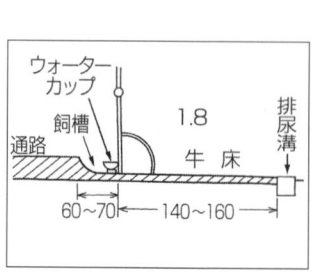

図6　けい留式牛舎の断面と付帯設備（単位：cm）

図4　閉鎖追い込み式牛舎（単位：m）

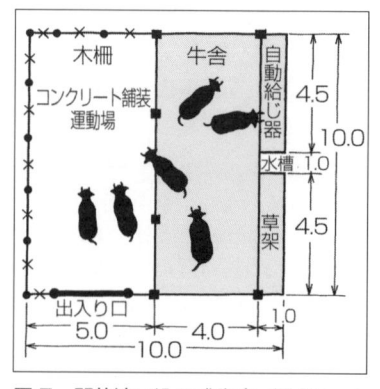

図5　開放追い込み式牛舎（単位：m）

コンクリート製などの飼槽や給水槽が用いられる❶。

敷料入れ，ふん尿の搬出　追い込み式牛舎では，各牛房の仕切りさくを可動さくにしておいて，機械力によってふん尿の搬出と敷料まきができるようにした構造のものがある。また，最近，敷料を全く用いない，すのこ床式の牛舎も用いられている。

2 放牧飼育の付帯設備

放牧に必要な付帯設備としては，牧柵，出入り口扉，水飲み場，給塩箱，避難小屋，庇陰林❷，などがある（図7）。牧柵は，木材や鉄骨，コンクリート製のくいに有刺鉄線を張ったものがふつうであるが，土塁や自然の地形をさくがわりにしている場合もある。出入り口❸の扉は，丈夫なものをつくっておかないと長期間の使用に耐えず，またウシが柵を抜け出すもとになる。

水飲み場は，自然の川や池などが放牧地の中にあれば好都合であるが，配管して各牧区に水を送る場合もある。避難小屋は，補助の濃厚飼料の給与，子牛の別飼い飼料の給与をかねた施設で，放牧の形態や放牧地の草の量などに応じて設ける。ウシは採食後，風通しのよいところで休むため，庇陰林は放牧地の高い場所に設ける。

放牧飼育の導入・確立❹は，わが国の肉牛経営を将来にわたって発展させていくうえで，きわめて重要である。

❶群飼育の場合は，飼槽，給水槽とも，さくの外側に出しておくと，給じや給水の作業能率が高まり，槽の中にふんが落ちたり，それらをこわされたりすることも防げる。

❷夏に直射日光の強いところで，自然の日よけとして放牧場の中に残しておく小さな林。

❸出入り口の広さは，車で出入りできるくらいのものが望ましい。

❹そのためには，次のような取組みや技術開発も重要になる。①肉牛飼育の基盤拡大のため林野や遊休農地などの利用を促進していく，②放牧牛で高い繁殖性が維持できる技術や放牧を取り入れた肥育技術を組み立てる，③放牧地で生産された子牛を適正に評価し経営を安定させるとともに一貫経営によって肥育まで仕上げ，加工・販売まで手がけるような経営を発展させる。

図7　避難小屋を設けた放牧地の例（牧柵は有刺鉄線を利用）

3 肉牛の生理と飼育技術

1 肉牛の生理と飼育のポイント

生理的に重要な3つの時期

肉牛の一生のなかには，3つの生理・生態的な大きな転換期がある（図1）。第1は出生期である。出生によって生存するための環境と，栄養のとり方が大きく変化する。子牛は自分自身の力で行動し，外界の条件に順応していかなければならないが，まだ十分な体力がそなわっていない時期である。

第2は，栄養，生態，管理などの点で大きな変化があらわれる離乳期である。子牛は，母牛の保護のもとから離れ，独力で生きなければならなくなる時期である。また，この時期には，新しい牛舎環境や集団生活（群飼）に移ることも多い。

第3は，自分自身の生存だけでなく，種族を維持するために新しい生命を育てるようになる性成熟期である。

肉牛の飼育にあたっては，とくに，これらの時期の管理には細心の注意を払う必要がある。

発育の進み方と飼育方法

体の各部位の発育には，一定の規則性がある。子牛はすぐに自分の力で立ち上がり，母牛の乳を飲まなければならないので，ま

		出生	離乳	性成熟
発育繁殖	機能分化と器官の発育	骨および筋肉を中心とした運動器官の急速な発育	運動器官，消化器官，生殖器官の急速な発育	
			妊娠による新しい生命の育成	
栄養	胎盤をとおして母体から補給	母乳に依存，自分自身で飼料を食べることにそなえる	自分自身で飼料を食べる	
生態	母牛の保護下		母牛の保護から離れてひとり立ち	
環境管理	母牛の胎内で保護	外界の条件にさらされ，それに順応		
			新しい環境への順応 集団生活，子牛市場出荷	

図1 肉牛の一生における生理・生態的な転換期

ず，頭やあしがはやく発達する。その後，重い消化器を収容する体腔(たいこう)や体の軸になる背や腰などが発育し，充実してくる。

　体重の増加は，出生後，親の保護下にあるあいだは比較的ゆるやかであるが，離乳後から性成熟期にかけて急速に増加し，成熟に近づくとしだいにゆるやかになる（→ p.144 図6）。器官や組織が十分に発育したあとでも，なお体重の増加や体型の変化は起こる。それは，脂肪組織の増加，すなわち肥満によるものである。

　将来繁殖牛として用いる雌牛に，肥育牛のように脂肪を蓄積させると，飼料をむだにするだけでなく，繁殖や肥育の能力を損なう心配もある❶。また，肥育牛でも早期に肥満にすると，その後の体重増加がにぶくなり，目標の体重まで仕上げることができなくなる。したがって，いずれの場合にも，発育の原理をよく理解した飼育方法が必要である。

❶繁殖牛を適正な栄養状態で飼って，繁殖能力を十分に発揮させるために，栄養度を9段階に分けて判定する方法（「栄養度」判定要領）が工夫され，繁殖雌牛の審査に導入されている。

2 子牛の生理と飼育技術

出生直後　生まれたばかりの子牛はぬれているが，母牛は本能的に子牛をなめて体が乾くようにする❷。とくに寒いときには，人が手助けをしてはやく体を乾かしてやる。へそのおは，ヨードチンキなどで消毒しておく。

　子牛の体重は，母牛の産次や子牛の性によって多少異なるが，30kg（雌の平均は29kg）くらいあれば正常である❸。

　生まれて30分ほどたつと，子牛は立ち上がろうとし始め（図

❷母牛がこのことを知らない場合は，子牛の体にふすまをふりかけてなめることを覚えさせる。

❸子牛が乳を飲んだあとは体重が増加するので，生時体重は必ず乳を飲む前にはかる。

図2　立ち上がり始めた出生直後の子牛

4 肉 牛

2)，よろけながらも母牛に寄っていき，乳房をさぐりあてる❶。

　分べん後，1週間くらいのあいだに出る乳（初乳）は，養分を補給するだけでなく，免疫体（免疫グロブリン）を豊富に含み病気に対する抵抗力を強めるので，しっかりと飲ませる必要がある。

　子牛は1日に数回乳を飲むが，同じ乳頭だけから飲んでいると，母牛が乳房炎を起こす心配がある。反対側の乳頭にも誘導してやり，4本の乳頭すべてから飲むことを覚えさせる。

　このような過程が順調に進めば，あとは母牛にまかせておくことができる。

　母牛を群飼育しているときは，1週間くらいたったら子牛の個体標識として耳標をつける。除角する方針であれば，この時期に電気ごてで角根部の小さな突起を焼いておく。

　そのほかの管理上の注意点としては，敷わらを多めに入れ，乾燥した居心地のよい環境にしてやることである❷。

ほ乳期　母牛は，ふつうは分べん予定日の1週間ほど前に分べん室に移し，分べん後1週間くらいたったら子牛と一緒にもとの群れに戻す。

　はじめ，子牛は母牛のそばから離れようとしないが，体力もつき，群れのなかでの生活になれてくると，仲間の子牛と一緒に駆け回ったり活発な運動をしたりするようになる❸。

発育と飼料　生後2週間ころから，母牛の食べている乾草やわらを口に入れるようになる。この時期にはまだ胃は発達していないので，粗飼料を消化することはできないが，良質の乾草やサイレージになれさせるとよい。

❶立ち上がるのに長い時間を要したり，乳房をさぐりあてられなかったりするときは，手助けをしてやる。

❷ふつう，母牛は子牛を自分のよくみえる乾燥した場所に座らせて休息する。

❸好奇心も強くなり，人が近づくと寄ってくるような変化もみられる。

図3　子牛用の別飼い柵の中で乾草を食べる子牛

3か月齢くらいになると，母乳だけでは子牛の発育に必要な養分がとれなくなるので，「別飼い」（クリープフィーディング）を実施して不足する養分を補給する。しかし，このころは，まだ子牛の第1胃は十分に発達していないので，2か月齢ころから消化のよい濃厚飼料❶を与えてしだいになれさせる。

❶市販のペレット飼料も用いられているが，自家配合のものでもよい。

　この時期は骨格や筋肉がさかんに発育する時期であるから，タンパク質の補給を重点とし，エネルギーは活発な新陳代謝に必要な部分を補えばよい。肥満になり脂肪が蓄積されるような飼料給与は避けなければならない。また，生草やサイレージなどを食べすぎて下痢することのないように注意する。粗飼料は良質な乾草を中心にする（図3）。水分は乳からも補給されるが，水を十分に飲ませる。

　去勢　雄子牛は，ほとんどのものが去勢されて肥育素牛として利用される。去勢をすると，性質が温順になって群飼による管理に適するようになり，また肉質がよくなる効果がある。去勢は，

参考　肉牛の泌乳量・ほ乳量とほ育能力

　子牛の良好な発育のためには，母牛の泌乳能力が高く，子牛が飲むのに十分な量の乳が長期間にわたって出てくれることが望ましい。とくに，放牧して飼う場合には，それが重要である。和牛の泌乳能力は，品種間および個体間でかなり差があるが，平均的なほ乳量は図4のようである。黒毛和種のほ乳量は多くの調査結果から，ほ乳量（kg/日）＝ 7.64 － 0.17 ×子牛週齢で示され，6週間で約1kgの割合で減少することが知られている。

　一般にほ育能力という場合は，泌乳量の多少だけでなく，母牛がどれくらい子牛を愛育するかということも含まれている。ほ育能力のすぐれた母牛は，子牛を危険や風雨，群れのほかのウシからしっかり守っており，子牛と一緒でないと連れ出しても落ち着かないものである。

　このようなほ育能力を，総合的にみるためには，離乳時の子牛の大きさから判断するのがよい。ふつう，別飼い飼料を与える前の2か月齢くらいの子牛の発育をみる。それは，この月齢くらいまでの子牛の発育は，遺伝的な発育能力によるよりも，母牛のほ育能力（とくに子牛の母乳摂取量）に左右されるところが大きいからである。

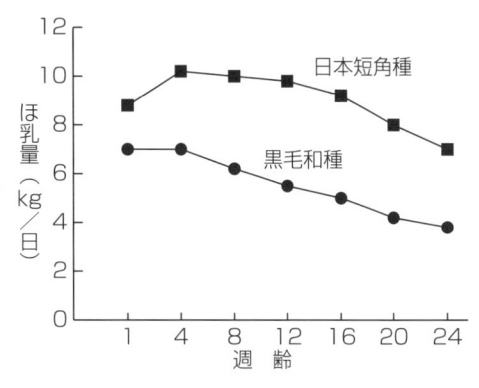

図4　肉牛の平均的なほ乳量
（「日本飼養標準2000年版」による）
注　褐毛和種や無角和種，ヘレフォードなどの肉用種の平均的なほ乳量も，黒毛和種の値とほぼ同ていどである。

❶去勢の方法には，ゴムバンドで陰のうの根もとを強く縛りそのまま放置して精巣が落ちるのを待つ方法，精系をざめつする（おしつぶす）方法（無血去勢），メスで切開手術をする方法（観血去勢）があるが，いずれの方法による場合も，手術部位をよく消毒することが大切である。

離乳後におこなうこともあるが，できればほ乳中（2か月齢ころ）にしておくほうがよい。❶

乳用雄子牛のほ育　乳用雄子牛のほ育は，人工ほ育の技術による場合が多い。図5に示すように，約1週間初乳を与えたあと，代用乳，人工乳（カーフスターター）を順次与え，3か月の終わりころに育成飼料を与えるので，ほ育期間が肉用種の場合より短い。粗飼料は，人工乳になれたのち2週齢ころから与える。

人工ほ育による場合は，子牛の生理を乱さないように細心の注意を払わないと，へい死率が高くなる。子牛は温度変化に敏感なので，保温をよくし，敷わらがいつも乾いている状態にしてやる。また，ほ育期間には湯に溶かした代用乳を与えると同時に，水分も温水を与えるようにする。人工乳はペレットのかたちのものが多いが，第1胃の発達を促進させるため，固形のまま与える。

代用乳を与えている子牛は，1頭ずつ個別に飼うのがよい（図6）。代用乳を打ち切ったあとは群飼にすることが多いが，1群の頭数をあまり多くしないほうがよい。

離乳　子牛を市場に出荷する月齢は，和牛では9〜10か月のものが多い。出荷直前まで母牛と一緒に飼っている例もあるが，離乳は3〜6か月齢でおこない，その後は母牛と別に管理しておくほうがよい。

この時期の母牛は，ふつう，すでに妊娠しているので，ほ乳の負担を除くことが望ましく，また子牛の側からも，なるべく出荷時に離乳，出荷・輸送などのストレスを集中させないようにする

図6　個別飼育のほ乳子牛舎（パネル組立て式）

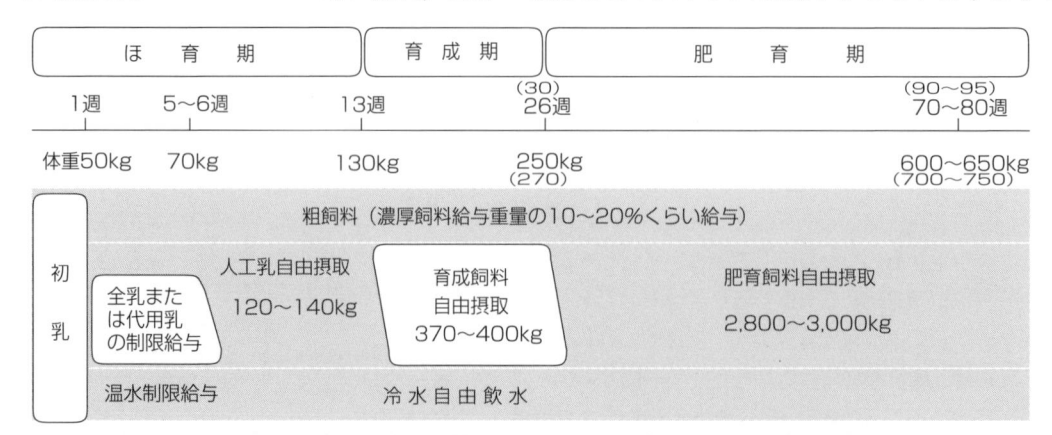

図5　乳用雄子牛のほ育と育成・肥育（中央畜産会「新しい乳用雄牛の肥育技術」昭和47年を修正，（　）内は近年の数値）

ほうがよいからである。最近では，6～10週齢で離乳する早期離乳の技術も開発されている❶（表1，2）。

　離乳するときは，1週間くらい前から母牛に与える濃厚飼料を減らして，乳量を少なくする。離乳した子牛は，母牛の鳴き声の聞こえないところにしばらく隔離する。

| 子牛導入時の注意点 | 市場から導入した子牛は，輸送や環境の変化によるストレスを受けており，また，なれない飼料に変わることも加わって，発育が遅れることがある。 |

　飼いならし　繁殖用の育成牛として導入した雌子牛は，早急に体重を増やす必要はないので，比較的問題は少ない。一方，肥育の素牛として導入した子牛は，はやく新しい環境や飼料になれさせて肥育を始めなければならないので，飼いならしの技術が重要になることが多い。

　導入した子牛は，まず十分に休ませる。すぐ飼料を食べさせようとせずに，水と質のよい乾草を与えておいて，ようすを観察しながら粗飼料を飽食させる。そして，子牛が落ち着けば，採食状態やふんの状態を観察しながら，濃厚飼料を2kgくらいからしだいに増していく。手順よく管理を進めていけば，およそ3週間後には濃厚飼料を飽食させてもよい❷。

❶そのねらいは，①自然ほ乳時の飼料摂取量のばらつきを少なくする，②多頭飼育や放牧飼育において牛群構成を単純にして作業能率を高める，などで，この場合には離乳時期に応じた各種養分の適切な補給がとくに重要である。

❷導入時に陰毛が白く汚れている子牛は，尿石症（→p.171）になる心配があるので，思いきって粗飼料だけで飼いなおしてから肥育にかからないと，途中で発病し，思うような成果をあげることができない。

表1　肉用種の早期離乳方式の飼料給与例

生後日（週）齢	代用乳（風乾物）給与量（g/日）	人工乳（カーフスターター）給与量（g/日）	良質乾草給与量
8-13日	400		
14-17	500		
18-21	500	100	
22-28	500	200	
29-35	500	300	
36-42	500	500	
43-49	250	800	
7-8週	(250)	1,200(1,000)	自由採食
8-9	(250)	1,400(1,200)	
9-10	(250)	1,500(1,300)	
10-11		1,600	
11-12		1,700	
12-13		1,800	
13-14		1,900	
合計	18.7(23.9)kg	90.7(113.1)kg	

（p.157 図4と同じ資料による）
注　（ ）内は7週齢以降もほ乳を続けた場合の給与量。

表2　乳用雄子牛の早期離乳方式の飼料給与例

生後日（週）齢	液状飼料の給与量		人工乳（カーフスターター）給与量（g/日）	良質乾草給与量
	代用乳のみ給与する場合 風乾物（g/日）	牛乳のみ給与する場合 現物（kg/日）		
7-13日	500	4.0	100	
14-20	500	4.0	300	
21-27	500	4.0	600	
28-34	500	4.0	900	
35-41	500	4.0	1,200	
6-7週	—	—	2,000	自由採食
7-8	—	—	2,600	
8-9	—	—	3,200	
9-10	—	—	3,600	
10-11	—	—	3,800	
11-12	—	—	4,000	
12-13	—	—	4,200	
計	17.5kg	140.0kg	185.5kg	

（p.157 図4と同じ資料による）

管理 新しく導入した子牛が下痢やかぜをもち込み，牛舎内のウシ全体がそれに感染することがある。導入直後の子牛は，あらかじめ消毒しておいた隔離牛舎に収容し，経過をみたうえで群飼の牛舎に入れるようにするとよい。また，地域によって発生のおそれのある病気や，季節的に発生しやすい病気で，ワクチン（→p.170）が開発されているものは接種しておく。

新しい環境に慣れたところで，去勢，除角，鼻環および耳標の装着の済んでいないものはそれらを済ませる。また，ダニやシラミなどの外部寄生虫，およびカンテツ❶（→p.139）などの内部寄生虫を駆除する。

❶カンテツは1回の駆虫では除けないことがあり，その後の飼育期間中に稲わらなどから寄生することも考えられる。そのため，少なくとも年1回は定期的に駆虫するほうがよい。

3 若雌牛の育成と繁殖雌牛の飼育

雌牛の育成期❷の飼育の基本的な方針は，発育をはやめて，はやく繁殖に用いることと同時に，将来長年月にわたって子牛の生産を続けていくことができるように，十分に運動をさせて，しっかりした骨組みと肢蹄をつくっておくことである（図7）。

❷離乳した子牛が繁殖に供用できるようになるまでの期間。

育成牛の飼育 若雌牛に対する栄養水準は，発情の出現時期や交配開始時期と密接な関係をもっているので，離乳後十分な発育ができる養分を与える必要がある。

育成雌牛は，第1胃も発達して粗飼料を十分消化できるようになっているので，粗飼料を主体に飼うが，その最高摂取量は乾草にして6〜8kgである。良質の粗飼料を用いれば，それだけで日

図7 運動場で活発な運動をする育成牛

本飼養標準に示されている必要養分量の大半を供給でき，生涯的に子牛生産性の高い繁殖雌牛の育成につながる❶。しかし，粗飼料の内容および給与できる量によっては養分が不足することもあるので，その場合には不足分を濃厚飼料で補う。

育成雌牛の適切な発育速度は，1日当たり増体量600〜800gである（日本飼養標準）。あまりにも大きな増体量を目標に肥育的な育成をすることは，繁殖目的には不適当である。

育成牛の管理

群編成 育成期には強い成牛と一緒にせず，育成雌牛だけで群を編成するほうがよい。

ふつう，初産の子牛を分べんし，2産目の交配を済ませたのち成牛の群に編入する❷。

削蹄 つめが徒長すると肢勢がわるくなるので，育成期の初期に削蹄をおこない，その後も4か月に1回くらいの間隔でおこなう❸。

初回交配から分べん前後の飼育管理

初回交配は，はやい場合は12か月齢前後でおこなわれる。一般には，15か月くらいまで待って交配するほうが，繁殖供用年数を長くできると考えられている。交配後も正常な発育を続けさせるために，粗飼料を十分与えたうえに少量の濃厚飼料を与える。

妊娠6か月を過ぎると胎児は急速に発育し始めるので，妊娠末期2〜3か月は胎児に回る養分を割り増しして与える❹（表3）。

また，授乳中の雌牛には，維持に必要な養分量に加えて，泌乳に必要な養分量を与える（表4）。飼料の給与量は，日本飼養標準

❶ 7.5〜18か月齢まで粗飼料主体の飼料給与あるいは放牧で育成した雌牛は，濃厚飼料と粗飼料で育成した雌牛よりは初産月齢は遅れるものの，3ないし6産分べん月齢では同じになったという報告もある。

❷ 放牧している場合には，群を分けることがむずかしいこともあるが，収牧時だけでも別の群にする。

❸ 放牧や開放追い込み式牛舎で飼われているウシは，つめが自然に摩もうするので，つめの先を切って整形すればよい。

❹ 従来，妊娠末期を高栄養にする増飼が，子牛の生時体重や泌乳性に好結果をもたらすと考えられていたこともあったが，妊娠末期の高栄養は，子牛の生時体重に対する効果はみられず，泌乳性や繁殖機能回復にはマイナス要因となることが明らかにされている。

表3　日本飼養標準による妊娠末期2か月間に要する養分量（体重450kgの場合）

	DM (kg)	CP (g)	DCP (g)	TDN (kg)	Ca (g)	P (g)
維持に要する養分量	6.04	485	231	3.02	14	15
分べん末期に維持に加える養分量	1	179	135	0.83	14	4
分べん末期の増飼割合（%）	117	137	158	127	200	127

（p.157 図4と同じ資料により作成）

表4　日本飼養標準による授乳中に要する養分量

（体重450kg，授乳量5kg/日の場合）

	DM (kg)	CP (g)	DCP (g)	TDN (kg)	Ca (g)	P (g)
維持に要する養分量	6.04	485	231	3.02	14	15
授乳中に維持に加える養分量	2.5	410	265	1.8	12.5	5.5
授乳中の増飼割合（%）	141	185	215	160	189	137

注　授乳量については，➡ p.157 図4。　　（p.157 図4と同じ資料により作成）

にもとづいて計算する。

分べん予定日の10日くらい前までは，放牧や運動場に出すことを続けてもさしつかえない❶。妊娠末期になると雌牛の行動は慎重になり，分べんの時期を推定できるような変化が認められるようになる。

❶舎飼いの場合は，分べん予定日の約1か月前から，かるい引き運動を続けておくと，分べんがらくになる。

成雌牛の飼育管理

成雌牛の飼育の要点は，良質粗飼料を主体にして，肥満したりやせたりしないように飼うことにある。とくに，初産から3産までは，母牛自体も成長途中にあるため，飼料給与などの飼育管理が，分べん後の繁殖機能回復，分べん間隔，生涯生産性などに大きく影響するので，給与する養分量の過不足に十分留意する必要がある❷。

❷日本飼養標準に示されている体の維持に要する養分量は，良質な粗飼料を十分に与えれば満たすことができる。

適当な栄養状態に保つためには，とくに濃厚飼料を制限給与することが必要になるが，群飼では強いウシがほかのウシの分まで1人じめにし，弱いウシは食べられないというようなことが起こる。ときには弱いウシが突かれて，逃げ場がないためにけがをすることもある。この競合を防止するために，飼料給与時だけは連動スタンチョンに保定する方法が用いられる（図8）。全頭が食べ終わればスタンチョンを外し，自由に行動させる。

❸「家畜改良増殖目標」（平成17年3月策定）では，繁殖能力に関する目標数値（27年度，全国平均）を初産月齢24か月，分娩間隔12.5か月と設定している。

繁殖性の向上

肉牛の繁殖性を向上させるためには，①初回交配をはやめる，すなわち初産をはやめる，②分べん間隔を短縮させる❸，③連産させ一生のうちに生産する子牛数を多くする（図9），④供用年数を長くする，ことの4つを実現していくことが大切である。

図8 飼料給与時に連動スタンチョンで保定した群飼の繁殖雌牛

図9 連産をする繁殖雌牛

表5 肉牛（黒毛和種）の繁殖性の実態

繁殖能力をあらわす特性		平均値±標準偏差
初産月齢（月）		23.7±1.8
分べん間隔（日）		373.3±20.6
産子の生時体重（kg）	雄	29.7±4.3
	雌	28.3±9.6

（全国和牛登録協会資料による）
注 高等登録牛8,660頭の記録から算出した数値（平成11年6月現在）。高等登録牛になるためには，繁殖成績が一定水準以上にあることが資格条件になっている。全国の記録がコンピュータに入力されていて，産地別，種雄牛別の成績が即座に出せるしくみになっている。また年別の改良状態も追跡できる。

表5は，黒毛和種高等登録牛の調査で得られた繁殖性の実態を示したものである。2歳前後で初産の子牛を分べんし，その後約12か月の間隔で子牛を産んでいる。先進的な経営では，11か月台の分べん間隔を達成している例もめずらしくない。平均的な雌牛の生涯産子数は約7頭であるが，10産以上のものも少なくない。これらの点には，まだまだ改善の余地があるといえる。

4 肥育牛の生理と飼育技術

肥育牛の成長　ウシの体の組織や器官は一定の順序にしたがって発育していくが，これをさらに，枝肉を構成する組織別にみると，おおまかにいって，骨，筋肉，脂肪の順に発育が進む（図10）。

　したがって，子牛から育成・肥育する場合，肥育過程の前半は骨格と筋肉を発達させる育成的飼育の時期であり，後半は筋肉を充実させて，さらに筋肉と筋肉とのあいだや筋肉の内部へ脂肪を蓄積させ，肉の味をよくする肥育の時期ということができる。

　育成的飼育および肥育の時期の成長の仕方❶は，素牛の素質によって異なるほか，とくに与える飼料の養分量によって大きく変わってくる。高栄養の飼料を多給すれば，1日当たり増体量は高まり，仕上げ月齢ははやくなる。低栄養で飼うと，体重増加はゆる

❶ 1日当たり増体量，仕上げ月齢，仕上げ体重などでみることができる。

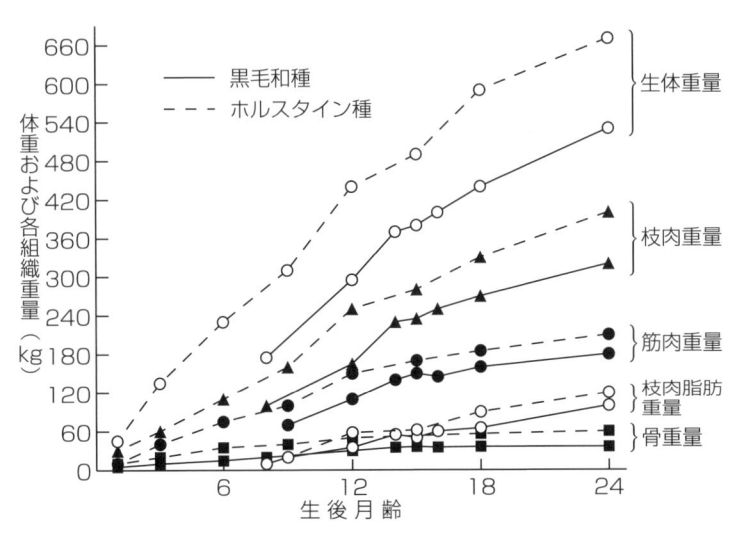

図10　黒毛和種とホルスタイン種の去勢牛の肥育にともなう各組織の増加
注　濃厚飼料を飽食させたもの。　　　　　　　　（p.142図1と同じ資料による）

やかに進み，仕上げ月齢はおそくなるが，一般に大きな仕上げ体重が実現しやすくなる。上質の肉を生産しようとする場合には，後者の方法が採用されることが多い。

■肥育の様式

肥育牛の筋肉や骨，脂肪の増加の仕方は，素牛の素質や飼料の養分量のほか，ウシの種類・品種，性別，発育段階などによっても異なるため，こうした特性にもとづいて，いろいろな肥育の様式が工夫されている。

現在わが国でおこなわれている肥育の様式は多種多様であるが（表6），去勢牛を用いた様式が中心である❶。

若齢肥育は，発育のさかんな離乳子牛を素牛とし，ウシが生まれてから牛肉になるまでの期間が最も短く，肉専用種として最も合理的な肥育様式である❷。

しかし，若齢肥育は，骨組みをつくり，筋肉を発達させる育成的な期間ののちに本来の肥育と同じ脂肪をのせる期間が加えられるので，全体の肥育期間は1年以上になる。最近では，若齢肥育の肥育期間を延長（15～20か月肥育，仕上げ体重700kg以上）することも広くおこなわれている。

これに対し**壮齢肥育**❸は，現在は素牛が得にくいことから減少している。雌牛を用いる肥育のなかでは，普通肥育が多い。

すでに成牛になっている素牛を用いる**普通肥育**や壮齢肥育は，落ちている筋肉をとり戻させ，肉質を高めるために脂肪を蓄積させることが飼い方の基本となり，肥育期間も6か月くらいと短い。

去勢牛および雌牛の**理想肥育**は，血統ならびにその個体の資質や体型が非常にすぐれている素牛を選んで，最高級の牛肉生産を

❶繁殖牛の場合には，繁殖性を最大限に利用してなるべく多数の子牛を産ませ，あとは老廃牛として肉用に回すか，あるいは2～3頭の子牛を得たところで産肉性のほうを利用して，牛肉としての価値が高いうちに肥育の素牛にするか，2つの方向が考えられる。

❷雌の若齢肥育は，繁殖牛として用いるには適していない雌子牛を素牛とする肥育である。しかし，毎年生産される雌子牛の約60％が肥育に回されている実情から，若雌牛で交配・分べんを1回だけおこない，その後肥育する「一産どり肥育」とよばれる肥育方法も試みられている。

❸和牛が役用牛として飼われていたころさかんにおこなわれた肥育様式である。

表6　肉牛の肥育様式の例

区分		肥育開始年齢（歳）	肥育開始体重（kg）	肥育期間（日）	1日当たり増体量（kg）	仕上げ体重（kg）
去勢牛	若齢肥育	離乳子牛	230～280	330～360	0.6～1.0 (0.8)	550～600
	理想肥育	1～2	400～450	300～360	0.5～1.0 (0.8)	650～700
	壮齢肥育	2～3	370～420	150～180	0.7～1.5 (1.1)	550～600
雌牛	若齢肥育	離乳子牛	200～250	360	0.7～0.9 (0.8)	500～530
	理想肥育	2～3	400～450	300～360	0.4～1.0 (0.7)	600～700
	普通肥育	3～6	340～370	150～180	0.7～1.4 (1.0)	550～600
	老廃牛肥育	8～11	350～400	100	0.5～1.5 (1.0)	450～500
雄牛	若齢肥育	離乳子牛	250	360	1.0	600
乳用去勢牛	若齢肥育	離乳子牛	230～280	340～420	0.8～1.2 (1.0)	600～650

注　（　）内は平均増体量。　　　　　　　　　　　　　　　　（p.142図1と同じ資料により作成）

目標におこなう肥育であり，高度の肥育技術を要する。

肥育牛の飼料給与　肥育牛の飼育においても，ウシの生理に適した飼い方をするには，十分な粗飼料の給与が重要である（表7）。

とくに，大きな仕上げ体重と良質の肉生産とを目標にし，長い期間にわたって安全に肥育を続けるためには，育成的飼育の時期は粗飼料を多く与え，骨格や消化器官を十分発達させるような飼い方をする必要がある❶。

肉用種去勢牛の若齢肥育に要する養分量を，日本飼養標準でみると，1日当たり増体量の目標を2〜4段階に分けて，それぞれ必要養分量が示されている（→ p.225）。したがって，素牛の素質，飼料事情および飼料費，牛肉の価格などを検討し，肥育期間，仕上げ体重，1日当たり増体量の目標を決め，それに適した養分量を与えるようにする。

仕上げ時期の決定　肥育牛をどの時点で販売するかの判断は，生産者にとってきわめて重要な問題である。

枝肉脂肪の蓄積がさかんにおこなわれる時期にはいると，増体速度がにぶると同時に，飼料要求率（→ p.90）は比較的高くなってくる。したがって，体重が増加しなくなるところまで肥育を続けることは不利である。

一方，肉質は，肥育期間を長くして，仕上げを高度に進めることによってあるていどまでは向上するが，適正な市場評価が得られる範囲に到達すれば，なるべくはやい時期に肥育を終わることが合理的である。

和牛去勢牛の肥育期間は，20か月前後におよんでいる（表8）❷

❶この時期に濃厚飼料を多給して肥満させると，後半の体重増加と肉質向上は期待できない。

❷素牛は約9.5か月齢で体重290kg（乳用雄では約7.5か月齢270kg）くらいのものが用いられている。

表8　去勢牛の肥育実態（全国平均，（　）内は乳用雄の数値）

年次	肥育期間（か月）	出荷月齢（か月）	出荷体重（kg）	1日平均増体量（kg）
昭和55年	18.9(13.6)	28.5(21.3)	630.3(662.4)	0.60(0.95)
60	19.1(12.7)	29.0(19.7)	641.3(652.7)	0.61(1.03)
平成2年	19.5(14.6)	29.1(21.7)	678.3(738.4)	0.65(1.06)
7	20.2(15.7)	29.9(22.3)	685.7(755.2)	0.64(1.04)
12	20.2(15.3)	29.7(22.1)	685.8(752.1)	0.65(1.03)
16	19.5(14.9)	28.8(21.9)	713.0(761.6)	0.72(1.07)

（農林水産省統計情報部「畜産物生産費調査」による）

表7　肥育における濃厚飼料と粗飼料の給与量の例

	濃厚飼料給与量（体重比%）	えさの配合割合(%)	
		濃厚飼料	粗飼料
前期	1.1〜1.2	50	50
中期	1.3〜1.4	60	40
後期	1.5〜1.6	75	25

（p.157 図4と同じ資料により作成）

❶「家畜改良増殖目標」(平成17年3月策定)では,肥育期間短縮をめざした去勢肥育牛の能力に関する目標数値(27年度,黒毛和種,かっこ内は乳用種の数値)を以下のように設定している。
肥育開始月齢 8.0(6.0)か月
肥育終了月齢 24〜26(20)か月
肥育開始体重 240(270)kg
肥育終了体重 675〜725(800)kg
枝肉重量 430〜460(460)kg
1日平均増体量 0.90(1.25)kg
肉質等級(参考)3〜4(2)

❷品種,肥育ていど,体型,消化器とその内容物の重量などで,こうした肥育効果を判定するには,皮下脂肪の厚さをみるとよく,厚いと不利な肥育をしたことになる。

❸最近では,正肉にする段階で骨ばかりでなく厚くついている過剰な脂肪も削除されるため,肉質の向上をねらって肥育期間を長くしても,その間に与えた飼料が過剰な脂肪づくりに回っているようだと,かえって不利になる。

が,肉質に関しては,必ずしも一般に期待されているような向上が認められていない。肥育期間を短縮していくのか,あるいは肥育前半の飼育を育成的なものとして長くとるのか,技術的な選択が求められる。

全般的な将来の方向としては,去勢牛の肥育は,肉質向上のための能力改良面での努力とあいまって,合理的な肥育期間の短縮の方向に進むことが望ましい❶。

肉量と肉質 肉牛の体のうち,と畜されて肉として利用するのは枝肉(内臓や皮などを除いたもの)とよばれる部分であり,ふつうは枝肉からさらに骨や脂肪の一部を除いた正肉として利用する。

肉量 発育性がすぐれている肉牛は,生産する枝肉の量も多いのがふつうである。しかし,体重に対する枝肉の割合(枝肉歩留まり),正肉の割合(正肉歩留まり)にはかなり個体差があり,多数の要因が関係していることが明らかにされている❷。

枝肉は,肉量が多いだけでなく価値の高い部分肉からとれる正肉量の多いことが望まれる❸。枝肉は図11のように多くの部分肉に分割されるが,価値の高い部分肉は,サーロイン,ヒレ,リブロースなどである。枝肉の段階で全体の肉の厚さを判断するには,

図12 牛枝肉の第6〜7肋骨間切開面

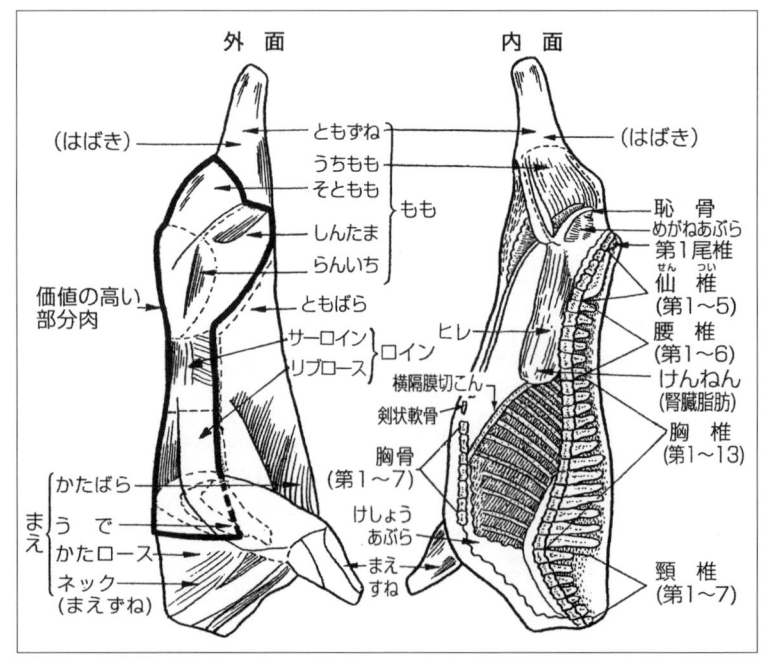

図11 牛部分肉の名称

胸最長筋（ロースしん）の横断面積やばらの厚さなどがよりどころとなる。

肉質　ロースしんおよびその周囲の筋肉の脂肪交雑❶，肉の色沢，肉のしまりおよびきめ，枝肉全体の脂肪の色沢や質などで判定する。判定は冷と体の第6～7肋骨間の切開面（図12）で肉眼でおこなうが，なるべく客観的な判定ができるように，昭和63（1988）年から格付けにさいして，脂肪交雑，肉色，脂肪色についてはプラスチック製の基準が用いられるようになった（図13）。

脂肪交雑基準は，交雑している脂肪の面積割合（交雑量）と周囲長の合計（交雑の粒度）にもとづいて12段階（B. M. S. ナンバー，図13，➡ p.222）が設定されている。肉色と脂肪色の基準は，それぞれ7段階（B. C. S. および B. F. S. ナンバー）が設定されている。

肥育牛の管理　ウシの習性あるいは飼育環境からみて，適切と考えられる肥育牛の管理方式は，図14のような追い込み式牛房に群飼育する方法である❷。この方式は，管理労力の節約，牛舎面積の有効利用などの点でもすぐれており，広く用いられている。

群編成はふつう，月齢および体重のほぼ等しい15頭以内の素牛を1群にしている。異常牛をはやく発見し，早期に処置をとることが技術上の要点であるが，そのためには，群はあまり大きくしないほうがよい。飼育面積は，舎飼いの追い込み方式では，少なくとも，全部のウシが乾いた敷料の上で気持ちよく休息できるような面積を与える必要がある❸。

❶肉質のなかで最も重要視されている脂肪交雑は，遺伝によって支配されるところが大きいため，改良上の重要形質としてとりあげられている。

❷散発的に発情する雌牛の肥育では，群飼育をすると牛群全体が落ち着きをなくすので，単房式かけい留式の管理方法が用いられている例が多い。

❸飼育場が広すぎたり急斜面であったりすると，肥育の効率が低下する。

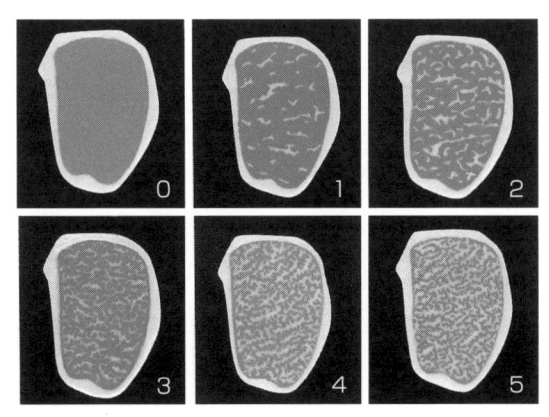

図13　B.M.S. のプラスチック製の基準の例　　　　図14　追い込み式牛房に群飼育されている去勢肥育牛

4 飼料の種類と給与

反すう動物である肉牛に与える飼料およびその配合の原則は，乳牛（→ p.130）との共通点も多いので，ここでは肉牛独特の部分，および今後の課題を中心にして述べる。

飼料の調達と自給飼料の利用

粗飼料　肉牛の飼料の基本は，繁殖，肥育いずれの場合も粗飼料である❶。従来は，春から秋には野草や飼料作物の青刈り，あるいは放牧による生草利用が多く，冬にはサイレージなどの貯蔵粗飼料が利用されてきた❷。

経営規模を拡大した場合には，生草利用は労力面や飼料作物の適期利用などの点で問題が生じるので，周年サイレージ給与方式も取り入れられている。粗飼料の収穫・調製を効率よくおこなうために，ロールベールのかたちで収穫し，それを条件に応じて乾草やサイレージとして給与する方法もある❸（図1）。

濃厚飼料　濃厚飼料は購入にたよっている場合が多いが，できるだけ自給度を高めていくことが望ましい。濃厚飼料の自給の1つとして，水田裏作での飼料用オオムギなどの栽培がみられる。

その場合，脱穀した麦類やトウモロコシなどの穀実を未乾燥の状態でサイロに詰め込み，密封状態を保って貯蔵する技術が実用化されている❹。

穀実類をむだなく飼料として利用する方法としては，ホールクロップサイレージ（→ p.31）が普及している。この利用は，飼料の自給度を高めるうえで有効である。

飼料の配合法

肉用牛では，発育の段階に応じて，粗飼料に別飼い用飼料，育成牛用飼料，繁殖雌牛用飼料などを加えて給与される。それぞれの発育段階で必要な養分を過不足なく与えるための基準となるのは，日本飼養標準（→ p.225）で，表1，2はそれをもとにした育成牛と繁殖雌牛の飼料給与の例である。

肥育牛用の配合飼料は，肉牛独特のものである。現在，去勢牛

❶現在の肉牛飼育は，ニワトリやブタと同様に飼料を穀類にたよる傾向が強いが，それぞれの地域で，反すう動物としての特徴を生かす方向で草資源を生かした牛肉生産を定着させていくことは，わが国食料生産の発展の1つの要点である。

❷イネわらも重要な粗飼料の1つであった。

❸良質な粗飼料が不足する場合には，ヘイキューブやビートパルプを購入して利用することもある。

❹この方法では，収穫時の水分調節によって水分を30%以下にすれば，乳酸発酵がほとんど起こらず，圧ぺんあるいは粉砕して与えることができる（ソフトグイレン）。一方，水分が30〜40%のころ刈り取った穀実を，ただちにビニル袋などに詰めた高水分穀実は貯蔵中に乳酸発酵が起こる。この場合は圧ぺん，粉砕などの処理をせずに，そのまま与える。

図1　草架に入れてそのまま食べさせるロールベール乾草

の肥育期間は，約20か月に及んでいるが，これほどの長期間になると，全期間同じ配合飼料を飽食させる飼い方では，途中で増体がにぶってしまう問題が出てくるので，給与量の増やし方が重要になってくる。表3は，肥育の初期に自給粗飼料を多給し，全期間1種類の配合飼料を用いてしだいに給与量を増加させていく給与設計の例である❶。

❶自給のホールクロップサイレージなどをじょうずに利用するには，肥育段階に応じて適正な給与をするために，サイレージの分析結果を出して，肥育牛用の飼養標準にもとづいた養分計算をして濃厚飼料の配合率を求めることも必要になる。

表1 育成牛（離乳から初産前）の飼料給与の例

月齢	6	7	9	12	16	20
体重（kg）	150~175	175~200	200~250	250~300	300~350	350~400
飼料給与量（kg/日） 乾草	4	4	4	4.3	5.5	4 (4.5)
濃厚飼料	1.5	1.8	1.9	2	2	2 (2.5)
牧草サイレージ	−	−	−	−	−	4 (4.5)
イネわら	−	−	−	−	−	1 (1)

（上田孝道「子とり和牛上手な飼い方育て方」より作成）

注　（　）内は初産分べん前の給与量。乾草1kgは生草5kgていどと同じ。

表2 繁殖雌牛の飼料給与の例　　　　　　　　　　　　　　　　　　（体重500kgの場合）

体の生理		分べん末期 2~3か月	分べん	泌乳（ほ乳）期			離乳	分べん前期・中期
				分べん後1~2か月	分べん後3~4か月	分べん後5~6か月		
飼料給与量（kg/日）	乳量（kg/日）	−		6.7	5.2	3.8		
	増飼分 配合飼料（増飼割合）	1.2 (120~130%)		3.8 (190%)	2.9 (170%)	2.4 (150%)		−
	維持分 牧草生草 イネわら 牧草乾燥			10 5 1				

（表1と同じ資料により作成）

注(1) 配合飼料は，ふすま（30%），オオムギ（20%），米ぬか（39%），大豆かす（10%），食塩（0.5%），カルシウム（0.5%）を配合したもの。増飼割合はTDNの割合。
(2) 妊娠末期の配合飼料は，牧草乾燥1kg＋ビートパルプ1kgでも代替可。
(3) 維持分は，必ず粗飼料とし，体重50kg増減するごとに10%ていど増減するが不足しないようにする。えさの組合せは多様であるが，サイレージ（イタリアンライグラス）25kgでもまかなえる。

表3 去勢牛の18か月の肥育期間用に設計された飼料給与例

月齢	8	9	10	11	12	13	14	15	16	17	18	19	20	21	22	23	24	25
体重（kg）	260	269	290	311	332	353	380	407	434	461	485	509	530	551	572	593	614	632
1日当たり増体量（kg）	0.3	0.7	0.7	0.7	0.7	0.7	0.9	0.9	0.9	0.9	0.8	0.8	0.8	0.7	0.7	0.7	0.6	0.6
粗飼料 牧草サイレージ	3	10	11	11	12	12	6	3										
乾草	1.5																	
イネわら								1	2	2	2	2	2	2	2	2	2	2
濃厚飼料 配合	3.0	3.0	3.0	3.5	3.5	4.0	6.0	7.0	7.0	7.0	7.0	7.0	7.0	7.0	6.5	6.5	6.5	6.5
オオムギ								0.5	1.0	1.0	1.0	1.5	1.5	2.0	2.0	2.0	2.0	2.0
DM	4.6	5.0	5.2	5.7	5.9	6.1	6.6	7.6	8.3	8.7	8.7	8.7	9.2	9.2	9.2	9.2	9.2	9.2
DCP	0.4	0.5	0.5	0.5	0.5	0.6	0.7	0.8	0.8	0.8	0.8	0.8	0.9	0.9	0.9	0.9	0.9	0.9
TDN	3.4	3.7	3.9	4.3	4.4	4.6	5.2	5.9	6.2	6.5	6.5	6.5	6.9	6.9	7.0	7.0	7.0	7.0

（全国肉牛協会『肉用牛飼養技術の手引・肥育編』昭和63年による）

注　配合飼料は，DCP10.5%，TDN72.0%。

5 肉牛の衛生と病気

1 病気の発生と予防

病気の発生と飼育方法

肉牛の病気は，消化器病によるものが最も多く，死廃事故および病傷事故の約35％をしめている。ついで，死廃事故では新生子異常や呼吸器病，循環器病，運動器病，泌尿器病などが多く（図1），病傷事故では呼吸器病，生殖器病，妊娠・分べん期および産後の疾患などが多い。

消化器病のなかでは急性の鼓脹症によるものが多く，また，子牛の異常や下痢，繁殖雌牛の繁殖障害，肥育牛の泌尿器病（とくに尿石症）なども多く，肉牛経営の大きな問題である。これらは，いずれも飼料給与や飼育方法と密接な関連をもっている病気であり，病気の発生を防止するためには，日常の飼育管理がなにより大切である。

運動器病には施設の構造を検討したり，施設面積と収容頭数について配慮したりすることによって，未然に防止できるものが多い。さらに，伝染病や寄生虫病も，ウシを導入した直後の予防措置によってかなり減少させることができる。

予防衛生

新しいウシの導入予定地の伝染病発生状況を調べ，安全な地域から導入する。そして，ウシの選定にあたっては，健康状態を十分にチェックする。

輸送のさいには，ストレスを与えないようにし，あらかじめ消毒しておいた牛舎に収容する（図2）。以前から飼っていたウシとは，一緒にしないようにする。牛舎は，よく乾燥した清潔な状態を保つ。導入牛は3週間くらいよく観察し，異常を認めたものは，早急に隔離する。

牛舎の内部や周囲は定期的に消毒し，ハエ，カ，アブ，シラミなどの発生を防止する。また導入牛には，計画的に入手できるワクチンを接種する❶。

---

❶細菌性疾病である気腫疽，炭疽，破傷風などのワクチンが入手可能であり，ウイルス性疾病の牛伝染性鼻気管炎（IBR），牛ウイルス性下痢症（BVD），パラインフルエンザ，牛流行熱，イバラキ病などのワクチンも利用できる。

図1 肉用牛の死廃事故牛の病名別割合（平成17年度）
（農林水産省経営局「平成17年度家畜共済統計表」平成19年による）

- 消化器病 30.1%
- 新生子異常 21.5%
- 呼吸器病 18.6%
- 循環器病 11.5%
- 運動器病 6.4%
- 泌尿器，生殖器，泌乳器，妊娠，分べんおよび産後の疾患 4.9%
- 外傷不慮その他 4.0%
- その他の病名 3.0%

図2 牛舎を消毒するための蒸気消毒機

2 おもな病気とその対策

鼓脹症，食滞，食道こうそく，ウイルス性呼吸器病，繁殖障害，ピロプラズマ病，カンテツ症は，乳牛と共通する（➡ p.139）。

そのほかに，肉牛に多い病気とその対策は以下のようである。

子牛の下痢 子牛は，ストレスに対する抵抗力が弱い。そのため，長距離の輸送，寒冷，汚れた敷料などが下痢の原因になることもあり，不規則な飼料の与え方をしたり，飼料を急に変えたりしても下痢する。最も恐ろしいのは，細菌あるいはウイルスによる伝染性の下痢である。常在している大腸菌によって白痢になることもある。

予防方法として，初乳を十分に飲ませて抵抗力をつけることはもちろん，異常子牛の早期発見と治療❶が重要である。

尿石症 尿路にリン酸マグネシウムアンモニウムを主成分とする結石ができ，排せつ経路をふさぐもので，肥育牛に発生が多い。尿中のアンモニア濃度が高くなると，結石が生じやすいとされている。肥育牛では，タンパク質含量の多い濃厚飼料を多く与える傾向があり，これによってリンやマグネシウムが過剰になりカルシウムが不足すると，尿石症の発生が多くなる。

予防の基本は，粗飼料の給与量を多くすることである。治療法としては，飲水量を多くすること，塩化アンモニウムの投与，ビタミン A・D_3 の投与，などが効果があるとされている。

❶治療には，抗生物質，サルファ剤，整腸剤が使われる。また，下痢によって脱水症状を示すので，その治療のためにリンゲル液やブドウ糖液の注射がおこなわれる。

図3 各地で取り組まれているウシのお灸

参考 家畜のお灸 ——その効果と施し方

ウシの食欲増進や疲労回復，さらには繁殖障害，消化器障害，泌尿器障害（尿石症）などに対して，お灸の効果が認められている。農家がおこなえる家畜のお灸（もぐさ灸）は，手軽で安価である，施し方も容易である，副作用がない，などの利点があり各地で取り組まれている。もぐさ灸の施し方は，ウシの体にある「ツボ」を確認し，そこにみそを薄く塗り，丸めたもぐさ（約2g）をおいて火をつける（図3）。

家畜用のもぐさは，野原に生えているヨモギを活用して，次のような方法でかんたんにつくることもできる。①5，6月にヨモギの若葉を摘む。②天日でからからに乾燥させる。③乾燥させたヨモギを手で強くもむと，もぐさになる。

なお，家畜のお灸はウシだけでなく，ブタやウマなどでも取り組まれており，最近では電気灸やレーザー光線をツボに照射するといった技術も開発されている。

5 ウ　マ

1 起源と品種，利用

起　源　　ウマ（馬）の家畜化は比較的おそく，いまからおよそ5,000年前に，西アジアから中央アジアの地域で始まったと考えられている。現在のウマ（イエウマ，*Equus caballus*）は，モウコノウマ，アフリカノロバ，アジアノロバ，グレビーシマウマ，ヤマシマウマ，サバンナシマウマとともに，7種のウマ科を構成し，世界に広く分布している[❶]。

ウマの野生種はすでに絶滅しており，現在，北アメリカ南西部に生存するムスタングやフランス南部に生息するカマルグは，人から逃れて野生化したウマ群である。

分類と品種　　ウマは，わが国では体格や用途によって，軽種，重種，中間種，在来種[❷]（図1）に分類する方法が一般的である。軽種に類するウマを温血種や東洋種，重種に類するウマを冷血種や西洋種とする方法もある。また，体格の小さいウマ（イギリスの規定では体高148cm以下のもの）は，**ポニー**とよばれている。現在の日本における行政上の区分は，使用目的別に，軽種馬，農用馬，乗用馬，在来馬，肥育馬となっている。

ウマの品種は，200以上あるとされている。おもな品種を表1

[❶] 世界各地で家畜化されているロバ（驢馬）は，約6,000年前にアフリカノロバから成立したとされている。

[❷] 軽種は，体重が軽く，動きが軽快で乗用に適した種類（サラブレッド〈図1左〉，アラブなど）。重種は，体格が雄大で，労役や肉用に適した種類（シャイアー，ペルシュロンなど）。中間種は，軽種と重種の中間に位置する種類。在来種は，特定の地域で飼育され固定化した種類（図1右）。

図2　ポニーの例

図1　ウマの種類（左：軽種〈雪中で軽快な動きをするサラブレッド〉，右：在来種〈亜熱帯の島に生息する与那国馬〉）

に，ポニーの例を図2に示す。

ウマの利用

ウマは騎乗，駄載❶，輓曳のほか，馬肉としても利用され，近年では療法・教育にも活用されている。

❶ウマの背中に荷物を載せて運搬する駄載は，自動車が登場する以前は，山間地を中心にどこでも利用されていたが，近年はほとんどみられなくなった。

騎乗 日本においても騎乗の歴史は古く，古墳から騎乗姿の埴輪が出土している。ウマを制御するために必要な，はみ，くら，あぶみなどの馬具も，騎乗の歴史とともに発達した。人の移動や戦争などに利用されてきたが，現在は，競走馬やレジャーとしての乗馬がおもな用途となっている（図3）。

表1 ウマのおもな品種とその特徴

品　種	原産地	特　徴
アラブ	中近東	アラビア半島を起源とするウマを2,000年以上かけて改良した品種。軽快かつ持久力に富む乗用馬として，多くのウマの品種改良に用いられた。競走馬としても用いられる。体高142〜150cm
サラブレッド	イギリス	競走能力を改良目標として，イギリス在来種に東洋原産のウマを交配し300年にわたり改良されてきた。血統登録のもとに系統繁殖されている。競走馬，乗用馬として用いられる。体高160〜162cm
アンダルシアン	スペイン	スペイン在来種にアラビア産馬を交配して作出された品種。性質が温和で外観，歩様が美しく，曲馬用あるいは馬術用として用いられる。体高150〜160cm
クリーブランド・ベイ	イギリス	イギリスの鞍用種にスペイン産馬を交配させてつくられた。毛色は鹿毛のみで，馬車をひくウマとして用いられる。体高160〜162cm
クォーターホース	アメリカ合衆国	短距離競走馬として改良された多目的の乗用馬である。ダッシュ力ではサラブレッドにまさり，毛色は栗毛が多い。ウエスタン競技の主役でカウボーイが乗るウマである。体高143〜160cm
シャイアー	イギリス	大型の鞍用種で，かつては重い甲冑をつけた騎士を乗せたり戦車をひいたりした。体重は1,000kgを優にこえる。たてがみが厚く，ゆたかな距毛をもつ。体高162〜172cm
ペルシュロン	フランス	軽快かつ持久力をもった鞍用種として作出された。もとは中ていどの大きさであったが，ブルトンとの交配により大型化した。筋肉はよく発達し性質は温順である。体高152〜170cm
ブルトン	フランス	ペルシュロンとともにフランス重種の代表品種であり，ブルターニュ地方の在来種に多くの品種を交配させつくられた。筋肉はよく発達し強健で持久力に富む。日本では輓曳競馬用や肉用に用いられる。体高150〜160cm
アパルーサ	アメリカ合衆国	18世紀にアメリカインディアンがスペイン馬を改良してつくった。体全体に特徴的な小はんがあり，サーカスやパレードなどでも用いられる。体高142〜152cm
シェトランドポニー	イギリス	シェットランド島を原産とし，現在は世界各地で乗用馬として使用されている。四肢は短く，骨量に富み，抵抗力が強い。体高100〜112cm
日本在来馬	日本	北海道和種，木曽馬，御崎馬，対州馬，トカラ馬，与那国馬，宮古馬，野間馬の8種が日本馬事協会により認定されている。前3種の体高は130〜140cmで中型，ほか5種の体高は110〜125cmで小型である。いずれもへき地や離島に生息していたため，1900年代前半に陸軍主導でおこなわれた産馬改良（ウマの大型化が主目的）を逃れた日本古来のウマたちである。起源はいずれも蒙古系馬で，朝鮮半島を経由して導入されたと考えられている

❶日本で馬車が発達しなかったのは，けん引力の大きい大型のウマがいなかった，坂や峠が多く道路が整備されていなかった，調教技術が未熟であった，などの理由によるものとされている。

❷約60万年前の旧石器時代に，野生馬が食料とされていたことが発掘調査などで明らかにされている。家畜化されたあともウマを食べる習慣は続き，現在でも食されている。

❸日本における馬肉生産は，ブルトン，ペルシュロンなどの品種を生後1年前後から肥育し，2～3歳で出荷（肥育終了時体重900～1,200kg）する方式がとられている。なお，ウマの生理の特性上，肥育には特殊な技術が必要とされる。

❹ウマの胎児は子宮内で感染防御のために必要な免疫グロブリンを得ることができないので，子馬は初乳を通じてこれを獲得する必要がある。

輓曳 農耕具や車をウマにひかせるようになったのは，日本では比較的新しく明治以降である。それまで農耕具や車をひくのはウシ（牛）の役目であった❶。現在では，交通・輸送手段の発達によって輓曳としての利用はあまりみられないが，北海道で重種を使った輓曳競馬がおこなわれている。

馬肉利用 世界全体の馬肉生産量は，年間50万tとされている❷。生産量，消費量ともに多い国は，メキシコ，中国，イタリアなどである。日本でも，熊本県などで5,000tていど生産されている❸が，それを上回る量がアルゼンチン，オーストラリア，カナダなどから毎年輸入され，消費量も増加傾向にある。

療法・教育 近年は，身体障害者の治療を目的とした乗馬療法や，ウマを情操教育の教材として利用する方法が注目されている（図3）。

2 ウマの一生と生理，体のしくみ

一生と生理

出生 出生直後のウマ（体重は成熟時体重の10%ていど）は，1時間以内には自力で起立し初乳を飲む❹。初乳中の免疫グロブリン濃度は急速に低下し，また新生子馬の腸管も時間の経過とともにその吸収が困難となるので，出生後24時間以内に合計1ℓていどの初乳を飲む必要がある。

子馬の成長 子馬は急速に成長し，離乳期の5～6か月齢ころ

図3 ウマの利用（左：騎乗〈品種はクウォーターホース〉，右：教育での利用〈品種はアラブ〉）

には，成熟時体重の半分ていどにまでなる（図4）。ウマに騎乗するための馴致や調教は，生後1年半を過ぎたころからおこなう❶のが一般的で，それまでは放牧を主体とした飼育方法によって基礎体力を養成する。この時期の適度な運動と適切な飼料給与は，ウマの正常な発育と筋肉や腱，骨の発達に必要である。

雌馬の繁殖　雌馬（牝馬）は生後2年で性的に成熟し，交配が可能となる。自然条件下では春から夏にかけて繁殖期をむかえ，この間20～24日周期で発情と排卵を繰り返す。交配適期は排卵の6～12時間前とされており，試情❷時の雌馬の行動や直腸からの卵巣触診（直腸検査）から判断する。サラブレッドの妊娠期間は約11か月であるが，シマウマやロバはこれより長く約12か月である。15歳以上になると生殖機能は低下する。

雄馬の繁殖　雄馬（牡馬）は生後2年前後で性的に成熟する。サラブレッドでは人工授精が認められておらず，人気のある種雄馬は，繁殖期に年間100頭以上の繁殖雌馬と数年間にわたり交配する。種雄馬の性欲維持には，適度な運動と良好な飼育管理が必要である。一般に，雄の生殖機能は，雌に比較し高齢まで維持される。

寿命　ウマの平均寿命は，およそ20～30年とされているが，これをこえる例も少なくない❸。

体のしくみ

ウマの体各部の名称を図5に示す。ウマの骨格は，さまざまな形と大きさをした約210個の骨からなる。

❶馴致，調教には，ウマに対するやさしさと厳しさ，根気が必要であり，これらをとおしてウマとの信頼関係が築かれる。

❷雄馬（試情馬，あて馬ともいう）に雌馬を近づけ，尾の動きや陰部の徴候を観察して発情の有無や状態を確かめること。

❸史上最高齢のウマは，ギネスブックによるとイギリスのオールド・ビリーで，62歳まで生きたとされている。日本で記録に残っている最高齢馬は，競馬史上初の五冠馬となったシンザン（サラブレッド）で，35歳である。

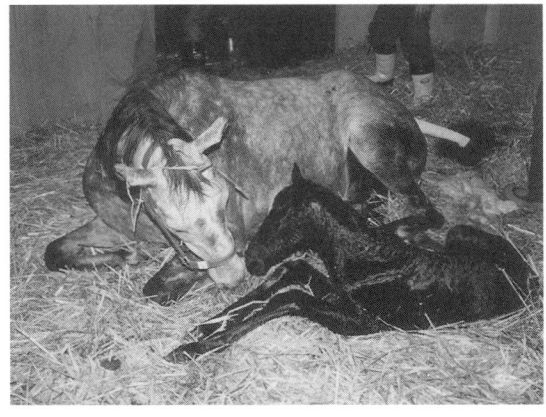

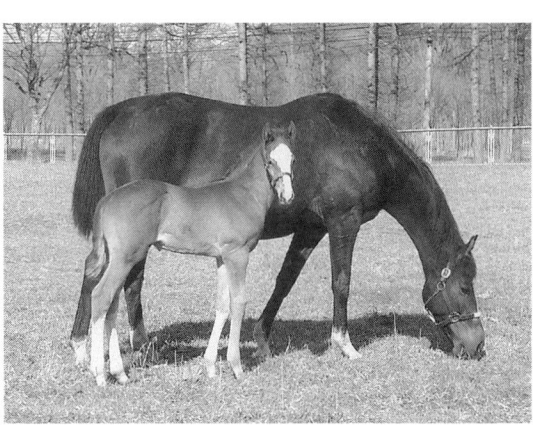

図4　成長する子馬と母馬（左は出生直後の状態）
注　母馬の体形と比較すると，子馬のあしが長いことがわかる。

骨と関節　ウマの前肢には，体重の60%以上の負荷がかかっており，疾走時にはさらに多くの負荷および地面からの衝撃がかかる。ウマの前肢の上部（肩）が骨で連結しているのではなく筋肉や腱でつるされているのは，それらの衝撃力を緩和するためである。一方，後肢は脊椎後部（仙結節）と連結して，推進力をむだなく伝える構造になっている。

ウマが運動を支障なくおこなうためには，丈夫な骨と関節をもつことが重要である。そのためには，骨を造成する細胞の正常な機能と適切な栄養（とくに，ミネラル，タンパク質，ビタミン），適度な刺激（運動）が必要である。

筋肉と腱　全身に200対以上もある骨格筋は，体重の約40%をしめる。大きな筋肉は四肢の上部に集中しており，走能力を最大限に発揮できるような構造になっている。筋肉の強さ（筋力）は

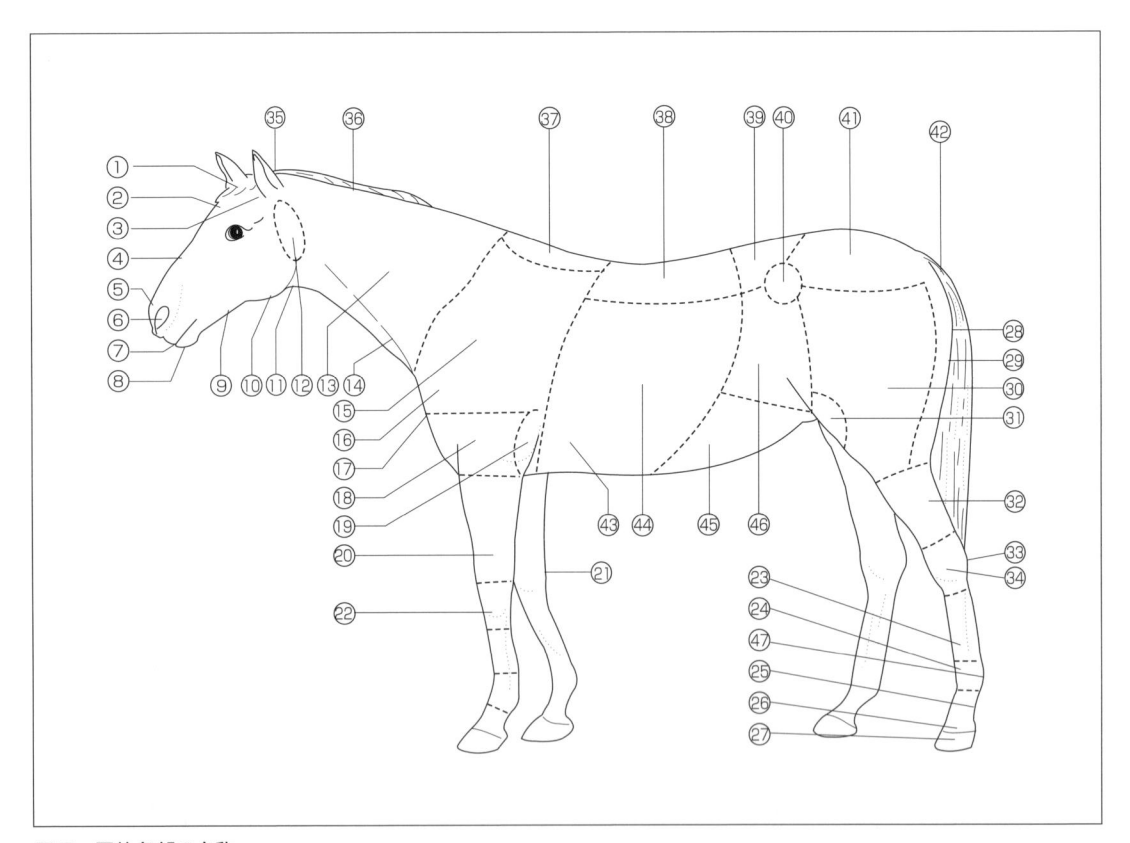

図5　馬体各部の名称
①まえがみ　②額　③眼盂　④鼻りょう　⑤鼻端　⑥鼻孔　⑦上唇　⑧下唇　⑨顎　⑩頬　⑪咽喉　⑫耳下　⑬頸
⑭頸溝　⑮肩　⑯肩端　⑰胸前　⑱上はく　⑲肘　⑳前ぱく　㉑夜目　㉒前膝　㉓管　㉔球節　㉕繋　㉖蹄冠　㉗蹄
㉘臀端　㉙臀　㉚股　㉛後膝　㉜脛　㉝飛端　㉞飛節　㉟うなじ　㊱たてがみ　㊲きこう　㊳背　㊴腰　㊵腰角　㊶尻
㊷尾根　㊸帯経　㊹肋　㊺腹　㊻膁　㊼距毛

筋肉の太さに比例し，運動によって筋繊維が太くなり運動能力が高まる。

腱は，筋肉と骨を連結している柔軟な組織で，筋肉の作用によって伸びちぢみする。激しい運動によって腱繊維が断裂し，炎症（腱炎）を起こすことがある。

蹄（てい，ひづめ）　有蹄類奇蹄目に属するウマは，1本のあしに1つのかたい蹄❶をもつ。蹄の伸長速度は年齢や栄養状態によって異なるが，ふつう，1か月に約1cm伸びる。したがって，伸びた角質を定期的に削り取る（削蹄）必要がある。蹄壁は痛みを感じないが，内部の肉質部分や蹄底の白線内側は痛みを感じる。

激しい運動をおこなうウマには，蹄保護のために蹄鉄を装着（装蹄）する必要があるが，釘は蹄壁の無痛部分を貫通するように打たなければならない。

臓器　ウマは他の動物に比べ，体重にしめる心臓の重量が大きい。たとえば，ヒトでは0.42%，ウシ（牛）では0.35%であるが，サラブレッドでは約1%，ペルシュロンでは約0.6%である。これは，ウマが運動に必要な血液を体に送り込む能力が高いことを示している。

胃は1つで（ブタ〈豚〉と同じ単胃動物），体のわりに小さい。しかし，大きな大腸（盲腸，結腸）をもち，ここで微生物の作用によって繊維成分の消化と吸収をおこなっている。

3 飼育環境ときゅう舎・施設

飼育環境　ウマは，寒さにもよく耐え，周年，野外で野草，牧草を飼料として飼育することも可能である。一方，高温多湿環境下では，飼料摂取量が低下し体重が減少する場合がある。一般に，騎乗を目的とするウマは，調教，運動以外の多くの時間をきゅう舎内で過ごすことが多いが，ウマには，その生理特性の面から適度な運動や放牧が必要である。このことは肉用馬の肥育時においても同様である。

きゅう舎・馬房　きゅう舎や馬房は，運動による疲労を回復させ❷，休息する場である（表2，図6）。

❶ウマは，進化の過程で1本の指で体を支えるようになった。その指を走行時に保護するために，指先が発達し，蹄が完成された。

❷激しい運動をおこなうと，筋肉中には疲労物質である乳酸が蓄積する。この乳酸をできるだけすみやかに除去し，ビタミンやミネラルの適切な補給をすることが疲労回復の決め手である。

そのため，換気や採光をよくし，衛生に心がけることが必要である。とくに，敷料❶から出るほこりや，ふん尿から発生するアンモニアガスは，ウマの呼吸器系疾患の原因になるため，その除去には十分考慮する。同時に，飼育管理が効率的におこなえることが望ましい。

また，子馬の生産と育成を並行しておこなう牧場では，防疫上，繁殖雌馬のきゅう舎と育成馬のきゅう舎を分離することが望ましい。

きゅう舎内には，馬房や飼料庫のほかに，薬剤を保管し調合をおこなう部屋，かんたんな治療や検査をおこなうときにウマを保定できる枠馬，ウマの洗い場，監視室などの設備があると便利である。

馬房❷には1頭ずつ収容するのが一般的であるが，離乳後の子馬や肥育時の肉用馬には，数頭一緒に収容する追込み馬房を利用することもある。

飼料や水は，飼槽や水バケツを前扉付近につるして与えることが多いが，馬房内に固定式飼槽や自動給水設備があると便利である。また，乾草は馬房の内床において与えるが，馬房のすみに固

❶イネわらやムギわらが一般的であるが，これらの採食を防止する目的で木くず（かんなくず，ウッドシェービングなど），裁断された新聞紙（ペーパーベッド）やダンボール，特殊な植物やコケを処理したものなどが利用されている。敷料の選択には，吸水性やウマへの安全性，経済性のほか，作業や使用後の処理のしやすさなどについて考慮しなければならない。

❷馬房の内壁は，ウマがけっても安全なように，板張りが望ましい。

表2　馬房の種類と規模　　　　　　　　　　　　（単位：m）

	馬房		前扉	
	床	高さ（最低）	高さ（最低）	幅（最低）
繁殖雌馬用	3.6×3.6	2.7	2.4	1.2
分べん用	4.8×4.8	2.7	2.4	2.4
種雄馬用	3.6～4.2×4.2	2.7	2.4	1.2
成馬用	3.6×3.6	2.7	2.4	1.2

（日本中央競馬会競走馬総合研究所編「馬の医学書」による）

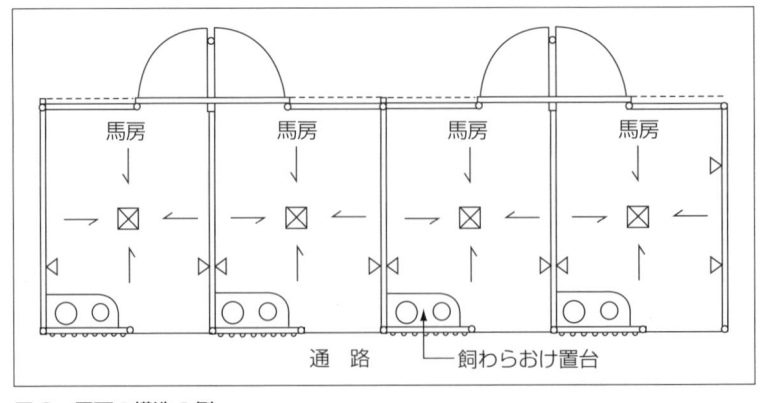

図6　馬房の構造の例

定式草架を設置して与える方法もある。草架の位置が高すぎると，乾草摂取時にウマがほこりを吸い込みやすくなるので，注意する。

放牧地・パドック

放牧地 ウマは短い草を好んで食べるため，ウマがふん尿を排せつした場所は不食過繁地（→ p.44）となり，草丈の高い牧草が繁茂する。繁殖雌馬や育成馬の放牧地は，1頭当たり1ha以上の面積が必要である❶。

放牧は，日中におこなうのが一般的であるが，採食量と運動量を増加させるため，夏季に昼夜放牧を導入する場合もある（図7）。

放牧地の付帯設備として，安全な牧柵，飲水設備，風雨を避ける待避場所（シェルター）などが必要である。

パドック 騎乗に使用される成馬は，放牧の機会はほとんどなくなるが，運動をおこなわない日には，小さなパドックで日光浴をさせると，ストレス解消の効果がある。騎乗運動をおこなうための施設としては，角馬場や森林および山林コース，走路（直線あるいはだ円形）などが必要となる。

❶現状では，その広さを確保するのは困難な場合が多い。

4 飼育の実際

子馬生産と育成

妊娠・ほ乳期 交配，妊娠，分べんを繰り返す繁殖雌馬の飼育では，放牧を中心とし，与える飼料の大半を粗飼料とする。分べん3か月前から各種栄養素の要求量が増加し始めるので，丈夫な子馬生産のためには，とくにミネラルの摂取量が不足しないようにする。分べん1か月前からは，ひき運動をおこなって，難産を防止する❷。

繁殖雌馬は，分べん後，1日当たり体重の2～3%の母乳を分泌するため，授乳期にはタンパク質やミネラルなどの要求量が非常に高まるので，十分に与える。また，新鮮な水を自由に飲めるようにしておくことも重要である。

育成期 離乳後1年半から2年間を育成期という。子馬の離乳は5～6か月齢ころにおこない，その後，約1年間は放牧を主体とした飼育管理で基礎体力を養成する。放牧草の摂取だけでは栄養素が不足するので，濃厚飼料や添加飼料などで補給する。

1歳秋ころから，人が背に乗り自由に操作ができるように，馴

❷放牧は分べん直前までおこなうことができるが，まれに放牧地で分べんすることがあるので注意が必要である。

図7 放牧中のウマ

致を開始する。その後，ウマの体力に応じて，各種の調教を継続しておこなっていく。

| 飼料給与 | 粗飼料と濃厚飼料，ミネラルやビタミンなどの添加飼料を与えるが，その1日当たり総量（乾物当たり）は体重の2〜3％ていどとする。また，消化障害予防のために，濃厚飼料の給与量は総量の半分以下が望ましい。

一般的な粗飼料は，イネ科の牧草の生草や乾草である。マメ科の牧草も，し好性が高く栄養バランスの改善に最適であり，アルファルファヘイキューブの利用率は高い。そのほか，低水分サイレージの給与も普及しつつある。ササやクズなどの栄養価の高い野草を，主飼料として飼育することも可能である。

濃厚飼料としては，エンバク❶，オオムギ，ふすま，トウモロコシのほかに，市販配合飼料などを利用する。なお，ウマに濃厚飼料を給与するさいは，1回当たりの給与量を少なくし，何回かに分けて給与するのが安全である。

| 衛生と病気 | ウマのおもな病気には，ほかの家畜と同じように，消化器，呼吸器，循環器，運動器，皮膚の病気や，栄養障害，伝染病および寄生虫病などがある❷。これらのなかには，日常の健康管理によって予防が可能なものや，発病しても軽度ですむものも少なくない。表3にウマの健康状態の見分け方を示す。

| 導入と販売 | ウマの売買は多くの場合，当歳❸から1歳までのあいだでおこなわれており，現役馬の取引きはきわめてまれである。ウマの市場は北海道から九州にいたる各地区で開催されているが，庭先での取引きも活発におこなわれている。

取引き成立後，育成場を選択して繫養預託契約を結び，ウマを育成場へ移動して育成する。あるいは，ウマの移動が可能となるまで生産牧場にそのまま繫養を預託する❹。

能力のすぐれたウマは，現役引退後，種雄馬や種雌馬として活用する。

❶濃厚飼料のなかで最も利用度が高く，し好性も高い。また，繊維含量が穀類のなかで最も高い。

❷とくに，消化器病が多く，疝痛を起こすことがある。

❸ウマの年齢のよび方は，生まれた年は当歳（出生年の12月末まで），次の年は1歳，以後2歳，3歳となる。この年齢表記方法は，海外で採用されている方法と混乱を避けるために平成13年から採用されている。それ以前は数え年表記方法がとられ，当歳こそ同じであるが以後は明け2歳，明け3歳となっていた。すなわち，以前に明け2歳とよんでいたウマを現在は1歳とよんでいる。

❹この間，品種，血統，特徴などについて登録をおこなう必要があり，軽種馬については財団法人日本軽種馬登録協会へ，その他のウマについては社団法人日本馬事協会へ申請する。

表3 ウマの健康状態の見分け方

注意点	方　　法	健康な場合	異状がある場合
体温 皮膚温	体温計の先を湿らせてから、肛門(こうもん)にさし込み3分ていど測定する。このあいだに馬体の手入れなどをおこない、測定中のウマはなるべく動かさない	37.8℃内外。午後は朝よりもわずかに高くなる。子馬の体温は成馬よりも高く38℃ていどである	37.5℃以下あるいは38.5℃以上。耳のつけ根が熱っぽく、球節や蹄にも熱感がある
脈拍	聴診器がなければ、耳を直接心臓部あたりにあてる。指先を下あごにあてて拍動を感じる	1分間当たり32〜40回ていど	安静時に1分間当たり50回以上。運動や環境によって変化するので注意する
呼吸	鼻から出る息や腹の動く回数を数える	安静時は12〜15回ていど。腹と胸が交互にゆっくりふくれ、鼻孔も大きくしない	安静時でも30回以上。かるい運動でも呼吸があらくなって鼻孔を大きく開き、肋骨を動かして胸で息をする
目つき	注意力があるか、かすんでいるかどうかを観察する	よく澄んで力があり、活発に動き、周囲の変化に敏感に反応する	充血していたり、反応がわるかったりする。目を閉じていたり、涙や目やにが出たりする
耳	ぴんと立って動きがよいかどうかを観察する	力があってひきしまり、物音に敏感に反応して動く	力がなく動きがわるい
口	閉じているかどうか、汚れていないかどうかを観察する	よくひきしまり、飼料やだ液がついていない	力がなく、下唇がやや下がり、飼料やだ液がついている
毛づや	つやや毛並みを観察する	毛に光沢があって、毛並みがよくそろっていて、肌に沿ってねている	毛が立って光沢がない
飼料摂取 飲水	飼料の食べ方や間食するまでの時間、水の飲み方や量を観察する	力強く音をたてながら食べる。残食せずだ液がよく分泌され泡が出る。間食までの時間が平均しており、水は一気に飲む	そしゃくに力がなく、時間がかかる。残食がある。だ液の分泌量が少なく、飲水量が多すぎたり少なすぎたりする。土を食べたりふんを食べたりする。子馬（1〜4か月齢ころ）の食ふんは正常な行動である
ふん	排ふん回数や1回当たりの量、形状、におい、かたさ、色、寄生虫の有無などを観察する	ふんは丸くかたまり、やわらかで異臭がなく、量も平均している。未消化の飼料がはいっていない	やわらかすぎたり、かたくて小さかったり、表面が黒く光っていたりする。異臭がし、未消化飼料や虫がはいっていたりする
尿	排尿回数や量、色、粘性などを観察する	1回当たりの量が多く、淡黄色で異臭がしない	1回当たりの量が少なく回数が多い。色が濃かったり（コーヒー色）、糸をひいたりする。異臭があったり、赤みをおびたりすることがある
歩き方	ふだんの歩き方や上体、首のゆれ方、尾の動きなどを観察する	四肢とも同じていどに力強く、蹄音とともに活発に歩く。上体がふらつくことがない	あしの運びが重かったり、四肢のリズムや音、力のはいり具合が異なったりする。上体がふらついたり、後退するときの動きがわるかったりする
発汗	汗の量や質、発汗場所などを観察する	激しい運動のあとや暑いときに汗をかく。安静時には汗をかかない	安静時に暑くなくても汗をかく。暑いのに汗をかかない。一度乾いたあとにまた汗をかく

6 ヤギ

1 起源と品種，利用

起　源　ヤギ（山羊）が家畜化されたのは1万年以上前といわれ，現在，世界で飼われているヤギの品種は216種とされている。地中海沿岸地方，北東アフリカ，アラビアからアジア中央部までの山地に9種の野生ヤギがいるが，これらのうち，ベゾアール❶と，マルコール❷が家畜ヤギの成立に関わったと考えられている。

ヤギは，山岳地帯に適した動物で，草よりもかん木の葉や樹皮を好む。ヤギの乳，肉，皮，毛は，山間民族や遊牧民族，あるいはヒンズー教徒やイスラム教徒にとってきわめて有用である。中

❶エーゲ海の島々，コーカサス，イラン，インド，パキスタンなどに生息する。

❷ヒマラヤ山脈西端からパキスタン，アフガニスタンまでの標高1,800〜3,000mの岩の多い場所や林のあいだの草地に生息する。

表1　ヤギの品種とその特徴

分類	品　種	特　徴
乳用種	ザーネン種	スイス原産。毛色は白。雌雄とも無角を原則とし，毛ぜん（あごひげ）を有する。成体重は雌50〜60kg，雄70〜90kg。年間産乳量は500〜1,000kg，乳脂率3.5％，泌乳期間は270〜350日である。日本ザーネン種は，ザーネン種と日本在来種との交配によってつくられた
乳用種	ヌビアン種	アフリカ東部のヌビア地方原産。毛色は黒，灰，褐，白などがある。顔面は前頭部が突出し，長く大きな垂れた耳をもつ。一般に無角であるが，ねじれた角をもつ雄もいる。成体重は雌約50kg，雄約60kg。年間産乳量は300〜500kg，乳脂率は8％と高く，泌乳期間は200日ていどである。高温多湿に耐え，粗放管理にもよく適応し，双子率も高い
肉用種	韓国在来ヤギ	黒色の小型ヤギ。有角で肉ぜんはなく，腰麻痺（よう まひ）（→p.187）に対する抗病性をもつ。粗放な管理によく耐え，周年繁殖性をもつ
肉用種	シバヤギ	五島列島や長崎県西海岸一帯に肉用として飼われていた，体高が雌雄とも50cm前後の体質強健な小型ヤギ。成体重は雌20〜25kg，雄25〜30kg。有角で肉ぜんはなく，毛色は白がほとんどである。周年繁殖性をもつ。沖縄在来ヤギやトカラヤギとともに近年いちじるしく減少している
毛用種	アンゴラ種	トルコからコーカサス一帯にかけてが原産地。白い絹のような光沢のある美しい長毛におおわれ，この毛をモヘアという。毛長は20〜30cm，産毛量は2.5kgていどである。クリンプがなくスケールもほとんどみられない（→p.190 図3）。毛を年2回刈り取る。モヘアは平均の太さが25μmで，動物繊維のなかで最も光沢があり，弾力も強くて復元性がよい
毛用種	カシミヤ種	インドのカシミール州がカシミヤ織の集荷地であることから，カシミヤとよばれるようになった。インド北部，イラン高原，中央アジア，モンゴル，チベットなどで広く飼われている。よじれた長大な角をもち，毛色は黒，灰，褐，白と多様。寒暖の激しい地域に適応して長くて粗い外毛とやわらかい下毛を有する。この下毛を春先にすき集めてつくったのが，カシミヤ織である。産毛量は年300g以下と少ない。カシミヤは長さが3.2〜9cm，太さが15〜15.5μmである

注　肉ぜん：あごからぶら下がっている肉塊。肉垂ともいう。

近東，アフリカ，アジアなどでは地域によって，それぞれ特徴のある在来種を飼育している。

おもな品種と利用　ヤギはその用途によって乳用種，肉用種，毛用種に分類されている❶。表1，図1におもな品種とその特徴を示す。

日本で飼育されているヤギ❷は，おもに乳用を目的とした日本ザーネン種であるが，一部には肉用として日本在来種の飼育もおこなわれている。

❶ヤギのふんは固形・粒状で扱いやすく，この堆きゅう肥は重要な肥料資源となる。

❷日本のヤギの飼養頭数は2万8,500頭（1997年）で，飼養戸数は5,280戸である。世界では，約7億頭（1998年，FAO統計）のヤギが飼育されている。

図1　ヤギのおもな品種（左：日本ザーネン種〈上：育成山羊，下：成山羊〉，右上：アンゴラ種，右下：カシミヤ種）

参考　ヤギ乳の加工利用

栄養価が高く消化もよいヤギ乳は，健康食品として見なおされている。牛乳などのタンパク質アレルギーでアトピー性皮膚炎を起こす子どもが飲んでも，安全であるといわれている。

ヤギ乳は，日本では生乳以外の利用はきわめて少ないが，ヨーロッパ諸国では一般家庭用にバター，チーズ，ヨーグルトなどに多様に加工利用されている。

西および中央アジアの遊牧民にとっては，ヤギ乳は主食として必需品である。そこでは，上記の加工品に加えて茶や酒，おかゆ状食品など多彩に利用されている。

2 ヤギの生理・習性

繁　殖　日本ザーネン種は季節繁殖性（→ p.190）をそなえており，育成雌山羊は，生後6〜7か月齢の秋から初冬に，はじめての発情をむかえる。しかし，この時期は体がまだ十分に発育していないので，翌秋の明け2歳で交配（自然交配）するのが無難である（図2）。日本在来種は，季節繁殖性がみられず，周年繁殖が可能である。

雌山羊は，約20日の性周期で発情を繰り返す。発情兆候は明りょうで，①食欲が減退する，②さかんに鳴く，③尾を振って挙動が落ち着かない，④外陰部が腫脹し，ちつ粘液が流出する，⑤喜んで雄に近づき交尾を許容する，などがみられる。

雄山羊は，性欲がきわめておうせいで，しばしば陰茎から精液を霧状に射精するほどである。

交配・受精ののち，約150日の妊娠期間をへて1〜2頭の子山羊を出産する❶。

飼料と採食　ヤギは，ウシと同じく，偶蹄目ウシ科の反すう動物としての消化と飼料利用の特徴をもっている。

ヤギは樹葉を非常に好み，広葉樹の新芽，若芽，樹皮まで食べ

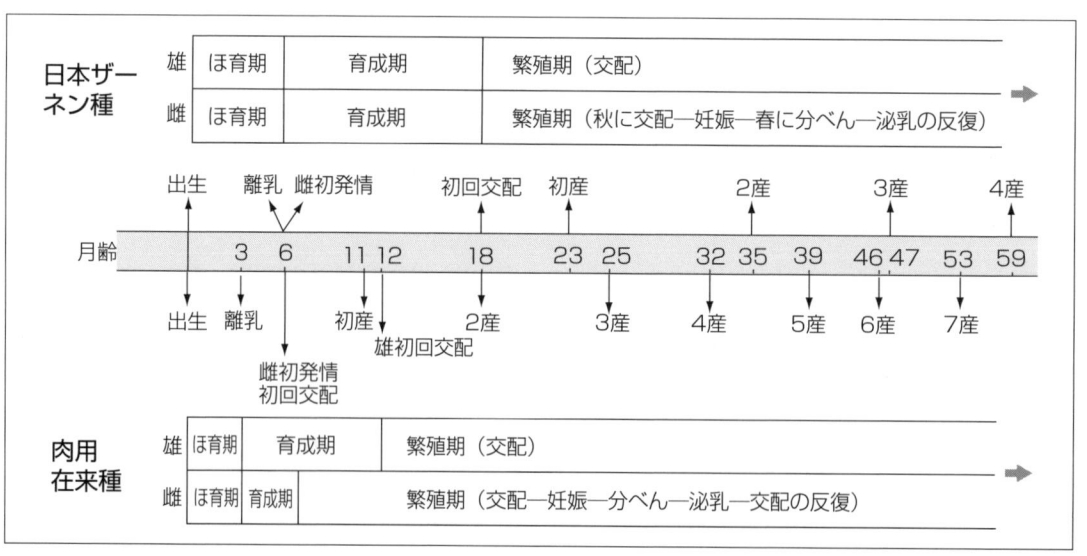

❶日本ザーネン種では，しばしば間性の子山羊が生まれる。間性とは，生殖器の発達が不十分で，雌雄の特性をあわせもつものをいうが，繁殖能力はない。

日本ザーネン種	雄	ほ育期	育成期	繁殖期（交配）
	雌	ほ育期	育成期	繁殖期（秋に交配—妊娠—春に分べん—泌乳の反復）

出生　離乳　雌初発情　初回交配　初産　　2産　　　3産　　　　4産

月齢　　3　6　　11 12　　18　23　25　　32　35　39　46 47　53　59

出生　離乳　　　　　初産　2産　　3産　　4産　　5産　6産　7産
　　　　雌初発情　雄初回交配
　　　　初回交配

肉用在来種	雄	ほ育期	育成期	繁殖期（交配）
	雌	ほ育期	育成期	繁殖期（交配—妊娠—分べん—泌乳—交配の反復）

図2　ヤギの一生　　　　　　　　　　　　　　（萬田正治『新特産シリーズ・ヤギ』2000年をもとに作成）
注　繁殖供用期間の目標は，雌雄とも8〜9歳まで。

る習性がある。高水分の青草類だけを与えると軟便化するので，半乾きか乾燥した草を与え，ときどき樹葉も補給する。

　また，地面に落ちた飼料や汚れたものは食べない習性があり，同一飼料に飽きやすい反面，なじみのない飼料はなかなか採食しない。そのため，飼料が床にこぼれない工夫や，飽きないように数種類の飼料を組み合わせる工夫などが必要である。

行動・習性　ヤギの行動は活発で，挙動も敏速でやや粗暴な面もあり，群居性もメンヨウ（緬羊）より少ない。他の家畜に比べて社会的順位性も強く，個体間の争いが激しいので，採食時には個別につなぐなどの工夫が必要になる。

3 飼育環境と畜舎・施設

　ヤギは，一般に寒さには強いが，暑さと湿気には弱い。乾燥地を好み，低湿地を非常に嫌う。そこで，畜舎内で飼う場合は換気に十分配慮し，床を乾燥した状態に保つようにする。とくに夏は，すのこ床にするなど工夫して，床の風通しをよくする。床面積は成山羊1頭当たり3.3m^2がめやすである。

　ヤギは，乾草を草架から引き出す傾向が強いため，乾草の給与のために草架を用いる場合は，草架の下に受け皿を設けるとよい。水入れは，ふん尿がはいらない位置に設置する。

　また，ヤギは高所を好む習性があるので，畜舎に併設して運動場を設け，その一部を高く盛り土にしたり，ブロックなどを積んで石山を設置したりするとよい。運動場は排水をよくし，土が乾いた状態を保つようにする。

つなぎ飼い　ヤギを1～2頭飼う場合は，つなぎ飼い（繋牧(けいぼく)）もおこなわれてきた。日中，堤防や空き地で2～4mのロープでつなぎ飼いすることで，舎飼いヤギの健康増進と飼料費の節約を図ることができ，きれいに雑草を食べてくれる。つなぎ飼いのさいには，ロープがからまないように注意する。

4 飼育の実際

ヤギの一生と成長・生産の進み方を図2に示す。それぞれの時期の飼育管理のポイントは，以下のとおりである。

ほ育期（子山羊）の管理　子山羊は，生後30分から1時間で自力で立ち上がり，母山羊の乳房を探し，母乳を飲むようになる。初乳は子山羊に十分に飲ませる。生後3週間前後から，しだいに一般の飼料を食べるようになるので，はやめに離乳する。

育成期（育成山羊）の管理　この時期には過不足のないように栄養補給をおこない，十分な発育を図る。良質な粗飼料を十分与えて第1胃の発育を促進させ，濃厚飼料は与えすぎないように留意する。また，十分に運動と日光浴をさせ，骨格の発達を図る。初発情に注意し，適期交配をおこなう。

繁殖期（妊娠山羊）の管理　妊娠中は，母体の健康の維持と胎児の発育に必要な栄養を補給し，さらに分べん後の乳生産に必要な体力をつけることが重要である。

妊娠山羊は，群飼すると角突きによって流産させられるおそれがあるので，個別に飼う。

妊娠山羊の乳をしぼっている場合は，分べん2か月前には搾乳を中止して胎児の発育を図る。分べん前には，はやめにひづめの周囲の伸びすぎている部分を削っておく。

泌乳期（泌乳山羊）の管理　母体の維持と乳生産のために，より多くの栄養分が必要である。泌乳期，泌乳量に見合った栄養の補給が大切である。カルシウ

参考　搾乳時の注意点

ヤギの乳は周辺のにおいを吸収する性質が強い。そのため，ヤギの体臭や畜舎のにおいなどが乳に移らないように，搾乳を終えたらただちに乳を舎外に持ち出すか，ヤギを別の場所に引き出して搾乳する。とくに，雄山羊の体臭は強烈なので，その近くでは搾乳やろ過などの処理はおこなわないようにする。

ムとリンの補給も十分におこなう。濃厚飼料は，与えすぎると種々の生理障害を起こすので注意する。

搾乳は，図3のような要領でおこなうが，搾乳用の枠台を設けるとよい。

肥育山羊の管理
野草などの粗飼料を主体として肥育し，あくまで筋肉量の増加に心がける。ふつう，約12か月齢までに出荷する。一般に去勢はおこなわない。

衛生と病気
ヤギは，病気にかかっても苦痛のようすを表面にあらわさないので，病気の発見がむずかしく，手遅れになり死亡する場合が多い。したがって，常に健康の観察に心がけ，病気の早期発見に努める必要がある[❶]。おもな病気には次のようなものがある。

腰麻痺 ヤギ，メンヨウ独特の病気で，カが媒介して感染する。ウシの腹腔に寄生する指状糸状虫の子虫がヤギに感染すると，脳脊髄神経まで迷い込んだ子虫が神経を刺激し，破壊して，後軀の麻痺などの症状を起こす。肉用在来種や雑種山羊は，この病気に対する抵抗力が強い。

内部寄生虫 ヤギにとって，消化器の寄生虫症は軽視できない。捻転胃虫や条虫などの寄生によって起こる。検診と各寄生虫に応じた駆虫剤の投与を，定期的におこなう必要がある。

このほか，急性・慢性の鼓脹症（➡ p.139），および乳用種では，乳房炎（➡ p.137）にも注意する必要がある。

❶成山羊の平熱は38.5〜40℃である。

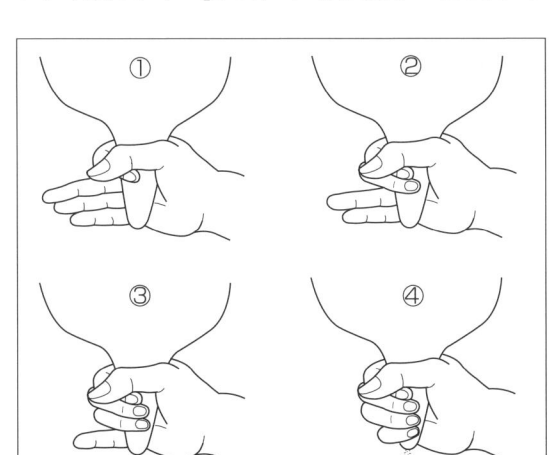

図3 ヤギの乳のしぼり方（左：手しぼりの仕方，右：搾乳用の枠台）

（左：北原名田造『特産シリーズ・ヤギ』1984年による）

7 メンヨウ(ヒツジ)

1 起源と品種, 利用

起源と改良　メンヨウ(緬羊)は,1万年も前に家畜化されたといわれている[1]。家畜化されたメンヨウの毛を刈り取って利用するようになったのは紀元前3000年ころとされ,このころから外側の粗毛をなくし,内側のやわらかい緬毛(ウール)が多く生えるように改良されてきた[2]。

その後も各地の環境にあった品種が,利用目的にあわせて改良されてきた。現在,世界では約1,000品種のメンヨウが飼われているともいわれ,代表的なもので200種ある。

おもな品種と利用　メンヨウは,その用途によって毛用種,肉用種,毛肉兼用種,乳用種,毛皮用種に分類されている[3]。おもな品種とその特徴を図1,表1に示す。

日本で飼われているメンヨウ[4]の品種は,サフォーク種がもっとも多い(ほかにはコリデール種など)。おもな飼育地域は北海道,東北6県,長野県で,ラム肉生産を主目的に飼われている(図2)。

羊肉　生後1年未満の子羊肉をラムといい,羊特有のくさみがなく,独特の香りがある。生後1年以上たった成羊肉がマトンで,廃羊肉に近いものが多くくさみがあるため,たれにつけてにおい

---

[1] 家畜羊の祖先は,中央アジア高原に生息するアルガリ,ヨーロッパ南部地方に生息する山岳種のムーフロン,トルキスタン地方からイラン,アフガニスタン,インド,パキスタンなど広範に生息するウリアルなどと考えられている。

[2] 野生羊の体の外側はごわごわした粗毛(ヘアー)でおおわれ,内側はやわらかい緬毛でおおわれている。

[3] メンヨウのふんは固形・粒状で扱いやすく,これの堆きゅう肥は重要な肥料資源となる。

[4] 日本のメンヨウの飼養頭数は1万6,300頭(1997年)で,飼養戸数は1,010戸である。世界では,約10億6,400万頭(1998年,FAO統計)のメンヨウが飼育されている。

図1　おもなメンヨウの品種 (左:オーストラリアン メリノ種の雄,右:サフォーク種の雌)

を消して食べたり，加工用に回されたりする❶。

ラムは仕上げ月齢によって，スプリング・ラム（ミルク・ラム）❷，放牧仕上げラム❸，舎飼い仕上げラム❹に分けられる。

羊毛　サフォーク種は肉用種であるが，その羊毛は弾力に富み，手紡ぎ用として十分利用できる（図3, 4）。したがって，羊毛が異物の混入によって品質が低下しないように，飼育管理面で十分注意を払う。羊毛を利用した手づくりニット製品を販売する事業などをとおして，地域の振興や産業開発に活用されている。

❶羊肉は脂肪の融点が44～45℃と高くかたいため，冷めた料理では食味を損なう。

❷順調に発育したサフォーク種の子羊は通常の4か月齢での離乳時に40kg以上になる。離乳直後のラムは，とくにミルク・ラムとよばれ，最も美味な肉として珍重される。

❸4か月齢離乳の子羊を，秋まで放牧し，良質で十分な草を採食させて体重45～55kgに仕上げたもの。

❹離乳後の放牧終了時点で出荷体重に達していない子羊を，舎飼いで9～10か月齢まで肥育したもの。離乳後，放牧をおこなわず舎飼いで肥育する方法もある（この場合は，去勢しないことが多いが，1年以上肥育する場合は去勢する）。

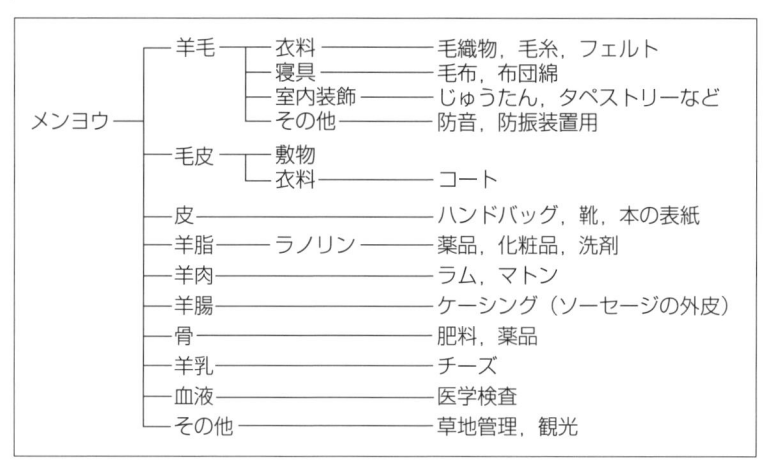

```
                  ┌─ 羊毛 ─┬─ 衣料 ─────── 毛織物，毛糸，フェルト
                  │        ├─ 寝具 ─────── 毛布，布団綿
                  │        ├─ 室内装飾 ─── じゅうたん，タペストリーなど
                  │        └─ その他 ───── 防音，防振装置用
                  ├─ 毛皮 ─┬─ 敷物
                  │        └─ 衣料 ─────── コート
  メンヨウ ───────┼─ 皮 ────────────────── ハンドバッグ，靴，本の表紙
                  ├─ 羊脂 ─── ラノリン ─── 薬品，化粧品，洗剤
                  ├─ 羊肉 ──────────────── ラム，マトン
                  ├─ 羊腸 ──────────────── ケーシング（ソーセージの外皮）
                  ├─ 骨 ────────────────── 肥料，薬品
                  ├─ 羊乳 ──────────────── チーズ
                  ├─ 血液 ──────────────── 医学検査
                  └─ その他 ────────────── 草地管理，観光
```

図2　メンヨウの生産物と用途
（吉本正監修『新しいめん羊飼育法』1998年による）

表1　メンヨウの品種とその特徴

分類	品種	特徴
毛用種	オーストラリアン・メリノ種	スパニッシュ・メリノを基礎とし，ドイツ，フランス，オランダなどでの改良をへてオーストラリアでさらに改良された。雄は巻角をもつが無角のタイプもある。気候に恵まれた地域で最高のウールを生産するためのものから，草が少ない地域で広い範囲を歩くことが求められるものまであり，体格，体型，皮膚のひだの多少，毛質などの特徴から，極細毛型（スーパーファイン・タイプ），細毛型（ファイン・タイプ），中間型（ミディアム・タイプ），強健型（ストロング・タイプ）に分けられている。毛長7～10cm，毛量4～7.5kgで，羊毛1本の直径は18～24μmと細い
肉用種	サウスダウン種	イングランド南東部原産。小型の在来羊であるサセックス種を18世紀後半に選抜育種したもの。成羊の体重は雌55～70kg，雄80～100kg。四肢は短いが，体はよく充実して幅，深さともあり，典型的な肉用タイプ。無角。毛長5～7.5cmで，毛質は中ていど
肉用種	サフォーク種	イングランド南東部のサフォーク州原産。在来種のノーフォーク・ホーンの雌にサウスダウン種を交配してつくられた。無角で頭部およびひざと飛節の下は黒色粗毛でおおわれている。体質は丈夫で早熟・早肥である。肉量が多く肉質もすぐれ，風味はきわめて良好である。成羊の体重は雌70～100kg，雄100～135kg。毛長7.5～10cmで，毛質は中ていど
毛肉兼用種	コリデール種	19世紀の後半にニュージーランドにおいてメリノ種の雌にリンカーン種，レスター種，ロムニー・マーシュ種などの雄を交配して雑種をつくり，さらに改良を重ねてつくられた品種。日本には1914年にはじめて輸入されて一時中心的品種であった。体質は強健で，気候風土，土地条件に対する適応性，飼料の利用性にすぐれている。無角。成羊の体重は雌55～80kg，雄80～110kg。毛長10～15cm，毛量4～8kgで，毛質は中ていど

2 メンヨウの生理・習性

野生羊は，厳しい自然環境で生息しており，冬の飼料不足に対しては体に脂肪をたくわえることで，寒さに対しては体を毛でおおうことでしのぎ，季節の変化にともなう野草の増減にあわせて繁殖する性質（季節繁殖性）をそなえている。

環境と行動　メンヨウは，多様な環境❶によく適応し，世界に広く分布して生息している。他の家畜と比べて群れる習性がきわめて強く群管理に適しており，1頭の先導するメンヨウに従う追随性の強い動物である。

繁　殖　メンヨウは，生後8か月齢で初発情をむかえるが，初回交配はヤギと同じように翌秋の明け2歳とするのがよい❷。季節繁殖性の動物であり，日照時間が短くなる秋から冬にかけて16〜18日の性周期で発情を繰り返す。通常，秋に交配し，春に分べんするという1年1産の繁殖サイクルがとられている。

産子数は1〜2頭がふつうであるが，多産系の品種もある。妊娠期間は145〜150日である。

飼料と採食　メンヨウは，ウシ，ヤギと同じく，偶蹄目ウシ科に属し，反すう動物としての消化と飼料利用の特徴をもつ。

メンヨウは飼料の利用性が高く，草類，樹葉類，穀類はもちろ

❶野生羊の生息する山岳地帯から，海岸地域，砂漠の乾燥地帯，赤道直下の暑熱地帯，寒さの厳しい地域，緑ゆたかな草原などに生息している。

❷雄羊は生後5〜7か月齢で性成熟に達するが，繁殖に供用するのは翌秋の明け2歳からとするのがよい。

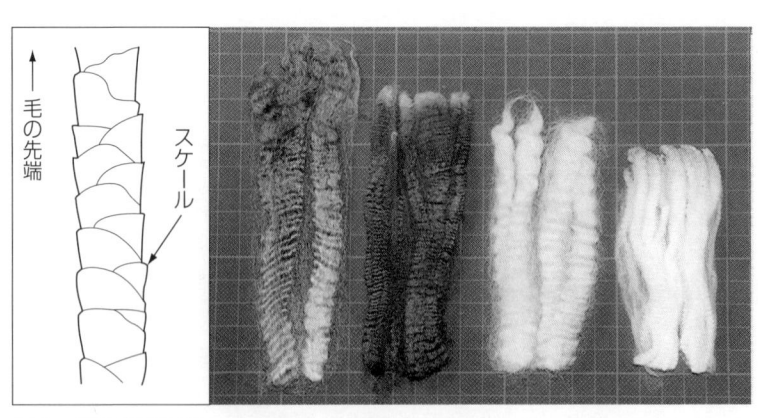

図3　羊毛の構造（左：羊毛繊維の拡大図，右：原毛のクリンプ〈左からイングリッシュレスター・有色，コリデール・有色，ペレンデール，メリノ〉）
注　スケール：羊毛繊維のうろこ状のもの。クリンプ：羊毛繊維に特有な波状のちぢれ。

図4　糸のより合わせ

ん，根菜，海草まで広く採食する。また，長く成長した草より短く生えている草を好む。

3 飼育環境と畜舎・施設

メンヨウは，一般に寒さに強いが暑さと湿気に弱い。畜舎❶内で飼う場合は換気に十分配慮し，床を乾燥した状態に保ち，夏はとくに風通しをよくする。春先にかけての分べんの時期には，寒さに弱い子羊を守るために，すき間風を防ぐことが大切である。

メンヨウは，乾草を草架から引き出す傾向が強いため，乾草の給与に草架を用いる場合は，草架の下に受け皿を設ける。また，常にきれいな水が飲めるようにしておく❷。

❶成羊1頭当たりの床面積は，3.3m²がめやすである。

❷畜舎の周辺には運動場を設け，十分に運動できるようにしておく。かんたんに設置できるメンヨウ用のネットフェンスが市販されている。

4 飼育の実際

メンヨウの一生を図5に示す。それぞれの時期の飼育管理のポイントは，次のとおりである。

子羊の管理　子羊は，生後30分から1時間で自力で立ち上がり，母羊の乳房を探し，母乳を飲むようになる。多産の場合など介助が必要なケースもある。分べん直後に分泌される初乳❸は，できるだけはやく十分に飲ませておく。通常は4か月齢で離乳する❹。

❸初乳は常乳よりも脂肪を多く含み，エネルギー含量が高く，免疫グロブリンが多量に含まれている。

❹ふん尿で後軀が汚れやすくなるので，できるだけはやい時期に，断尾リングなどで断尾をおこなう。

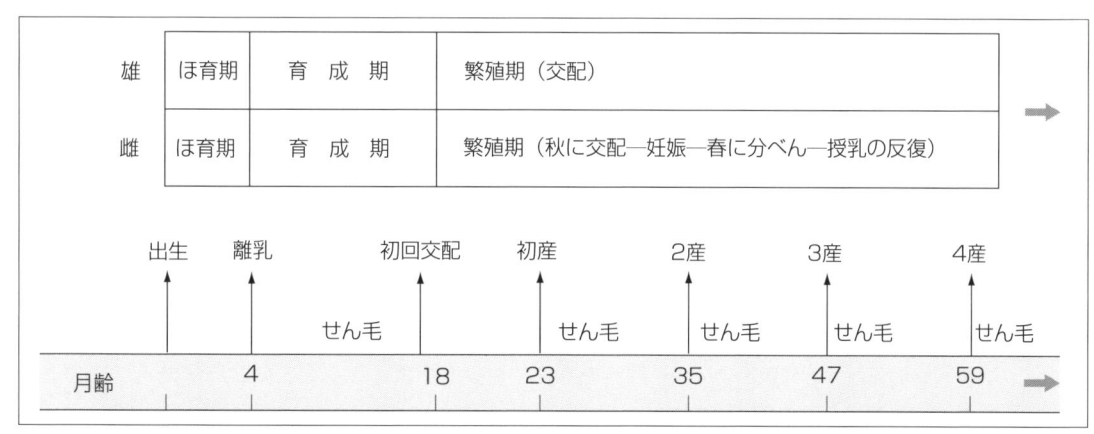

雄	ほ育期	育成期	繁殖期（交配）	
雌	ほ育期	育成期	繁殖期（秋に交配―妊娠―春に分べん―授乳の反復）	

	出生	離乳	初回交配	初産	2産	3産	4産
			せん毛	せん毛	せん毛	せん毛	せん毛
月齢		4	18	23	35	47	59

図5　メンヨウの一生　　　　　　　　　（平山秀介『農業技術大系畜産編第6巻』1980年による）
注　繁殖供用期間の目標は，雌雄とも7〜8歳。

育成羊の管理

離乳時に，更新[1]のために育成する子羊と，肉用として販売する子羊を選別する。離乳後12～14か月間が育成期となる。この時期に過不足のないように栄養を補給し，十分な発育を図る[2]。初発情に注意し，適期交配をおこなう。

妊娠羊の管理

メンヨウの妊娠期間は約5か月間であるが，胎児の発育は妊娠末期の1.5か月間に急速に進む（体重の約70％）。母体の健康維持と胎児の発育に必要な栄養を補給し，分べん後の乳生産に必要な体力をつくるために，十分に飼料を給与することが大切である[3]。

分べんの約2週間前になると腹部が下垂し，分べん2～3日前には陰部は赤みをおびてはれ，乳房もいちじるしく張ってくる。正常な分べんは，1次破水，2次破水，胎児のべん出，後産の排出の順に経過する。分べん後，さい帯を基部から約10cmで切断し，十分に消毒しておく。

授乳羊の管理

授乳期間は通常4か月である。子羊の成長は，授乳前期の2か月間は母羊の乳量に左右され，授乳後期の2か月間は乳量が減少し，子羊の固形飼料の摂取が多くなるため，飼料の採食状況に影響される[4]。

成羊の管理

せん毛（毛刈り）　羊毛は，1年に1度得られる重要な生産物である。せん毛作業は，日本では通常，桜の開花のころにおこなわれ，メンヨウ管理のなかで最も技術と熟練を要する作業であり，正しい指導を受け経験を積む必要がある[5]。

せん蹄　ひづめは体を支える土台である。舎飼いでは，ひづめがすり減らないので予想以上に伸び，ひづめが伸び放題になっていると腐蹄症の原因にもなる[6]。

---

[1] 羊群のとうた・更新のこと。品種の特徴が明りょうで，発育良好な体型や毛質のすぐれたものを更新羊とする。

[2] 良質な粗飼料を十分与えて第1胃の発育をうながし，濃厚飼料は与えすぎないように留意する。また，十分に運動と日光浴をさせ，骨格の発達を図る。

[3] 運動不足は難産の原因になるので，舎飼いでは適度に運動をさせる。また，分べん前後の管理をおこないやすくし，新生子羊が乳頭を探しあてやすくするために，分べんの約1か月前に乳房と陰部周囲の汚毛を除去しておく（掃除刈り）。

[4] 授乳子羊の数（単子か双子か）と泌乳期にあった適切な飼料給与が重要である。

[5] せん毛作業は，晴天の日を選んで，せん毛ばさみか電気バリカンでおこなう。当日はメンヨウを空腹状態にしておく。

[6] せん蹄は，せん毛のときなど年に数回おこなうとよい。

参考　子羊のクリープフィーディング（別飼い）

子羊は生後1週間くらいたつと母羊の飼料を食べ始めるが，ほ育期間中に固形飼料を摂取させ，第1胃を十分に発達させておくと，離乳が容易におこなえ，離乳後の増体成績もよい。母羊が通れない子羊専用の出入り口を設けた囲いを設置し，子羊にえづけ飼料を与える方法をクリープフィーディング（別飼い）といい，ふつう，10～14日齢から開始する。

衛生と病気 メンヨウは病気にかかっても症状があらわれにくいので，ふだんから，食欲，ふんの状態，栄養状態，反すう行動，歩様などをよく観察し❶，健康状態の変化にはやく気づき，迅速に対応することが重要である。

おもな病気には，ヤギと共通する腰麻痺（→ p.187），内部寄生虫症❷，ヤギやウシと共通の急性鼓脹症（→ p.139）があり，ほかに次のような病気がある。

腐蹄症 畜舎の床や運動場，放牧地が湿っていると，ひづめの微細な傷から細菌感染し，ひづめの内部が化膿する。ひづめは熱と痛みをもつ。

ちつ脱・子宮脱 妊娠末期にゆるんだ外陰部からちつが脱出したり，分べん時に無理な力が加わって子宮が脱出したりすることがある。ふだんからよく運動させ，過肥にならないようにする。

❶成羊の平熱は 38.5～39.5℃である。

❷メンヨウの病気のなかでも発生の多いもので，放牧中心の多頭飼育で被害が大きい。成羊では比較的抵抗性があるが，子羊や育成羊では影響が大きく，死亡することもある。

参考 手紡ぎ毛糸とフェルトのつくり方

手紡ぎ毛糸とフェルトは，次の手順でつくることができる。

用意するもの 羊毛（染色したものがあればおもしろい），ビニル袋，石けん水，お湯，トレー

①**手紡ぎ毛糸** くしなどで原毛をほぐして，繊維の方向をととのえる。これを図4（→p.190）のようにZよりして単糸2本をつくり，さらにSよりでよりあわせて双糸にする。

②**フェルト** 原毛を洗うときに，熱，水分，圧力，かくはん（こする）が加わると，羊毛は1本1本のスケール（→ p.190 図3）がからみあい，ちぢんでフェルト化する。小石のまわりに羊毛を巻いてフェルトの文鎮をつくったり，図6のようにしてフェルトシートをつくったりしてみよう。

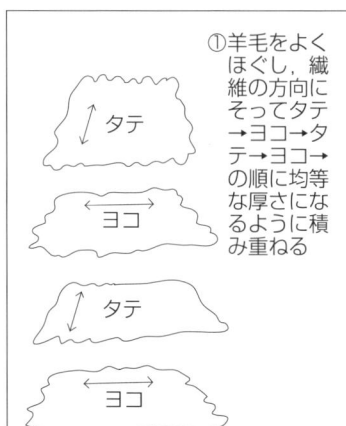

①羊毛をよくほぐし，繊維の方向にそってタテ→ヨコ→タテ→ヨコ→の順に均等な厚さになるように積み重ねる

②染色羊毛があれば①の上に好みの模様を重ねる

③トレーの中に入れ，石けん水を十分にかけ，ビニルをその上に置き，よぶんな石けん水と空気を押し出す

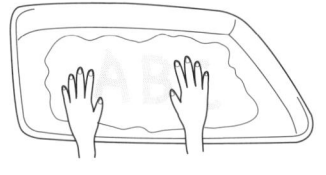

④ビニルの上から指先でこすっていく

⑤ビニルの下の羊毛が動かなくなったら，裏返して，また指先でこすっていく

⑥十分に羊毛がからんで動かなくなったら，水ですすいで石けん分を流し，形を整えて乾かす

図6　フェルトシートのつくり方

8 ダチョウ

1 起源と品種,利用

特性と起源

ダチョウ(駝鳥)は,走鳥類とよばれ,空を飛ぶことのできない世界最大のトリ[1]である。雄は,体の羽根が黒く,風切羽根と尾羽は白くて,わき,ももは裸出し,頭頸部は短いビロード状の毛でおおわれている。雌は,灰褐色をしている(図1)。

ダチョウの飼育は,1700年代の中ごろに,南アフリカの喜望峰地域で開始され,1826年には,羽根採取を目的に,同ケープ地域で商業的な飼育が始まったといわれている[2]。

日本における産業的なダチョウ飼育は,昭和63(1988)年に,110羽のひなをイスラエルから輸入したのが始まりである。平成7(1995)年から日本各地に導入された[3]。

品種と利用

おもに飼育されている品種は,人為的に作出されたアフリカンブラック種である。ダチョウの生産物は多様で,肉,羽根,皮,卵に及ぶ[4]。皮や肉を採取するためには,ふつう12〜14か月齢,体重約100kgでと畜する。肉は脂質やコレステロール含量の少ない赤肉で,多様な料理に向く。皮は軽くて耐久性があり,高級バッグなどに利用される。羽は装飾用に,卵の殻はクラフトの材料に使われる(図2)。

[1] 頭高2.1〜2.5m,体重105〜125kg,胸高98〜109cmである。卵は1.2〜1.8kgもの重さがある。

[2] その中心地がクラインカルーのオーツホーンで,現在でもこの地域は世界のダチョウ飼育の中心地である。

[3] 平成10年には,日本初のダチョウ専用のと畜場が茨城県につくられ,日本産のダチョウ肉が出荷・販売されるようになった。

[4] 1羽から,肉は枝肉で50kg,精肉で約30kgが,皮は1.2m²,羽根はウイングフェザーが240g,ボディフェザーが1kg得られる。卵は年間約40個得られる。

図2 卵殻を利用した装飾品

図1 休憩するダチョウのつがい(左:雌,右:雄)

2 ダチョウの一生と生理・習性

一生と繁殖生理

性成熟 アフリカンブラック種の雌は生後2年で，雄は2年半で性成熟に達する。繁殖期にはいる4〜6週間前につがいをつくる。雄1羽に対し，雌1羽あるいは2羽の組合せが一般的である。

繁殖期・産卵 ダチョウは季節繁殖をおこなう動物で，北半球では春先から秋までが繁殖の季節である。繁殖期の初期と後期は受精率が低いのでふ卵しない。人工ふ化のために，巣から卵を取り去ると年間平均で約40個，多いものは100個をこえる産卵がみられる❶。産卵は多く産む場合でも1日おきである。

寿命は40〜50年で，80年も生きるという説もある。

体の仕組み

空を飛ばないダチョウは，他のトリのように，飛しょう筋が付着する竜骨をもっていないため，胸にはほとんど肉がない。そのかわり，強い脚力を支えるももの筋肉とでん部から腰にかけての筋肉がよく発達しており，この部分の肉が全筋肉の約60％をしめている。食肉になるのはおもにこの部分である。

ダチョウのあしの骨はかたいが，弾力性にかけるため砕けやすく，骨折は2足歩行のダチョウにとって致命的になる。すぐれた視力と聴力をもち，3.5kmも離れているものを識別できる。しかし，味覚やきゅう覚は退化している。

習　性

ダチョウは視覚が発達して敏感なので，驚かさないように，おだやかな気持ちと行動で接することが必要で，服装も一定にするのがよい❷。突然の音や人の動きでびっくりして走りだし，フェンスにあしをぶつけてけがをすることがある。

ダチョウは人におくすることなく近づいてくるが，繁殖期になると，雄はなわばりをもち攻撃的になり，朝晩押し殺したような低音で鳴き，人に対して威嚇行動や，カントリング（求愛行動，図3）など特有の示威行動をする❸。

飼料と食性

ダチョウは雑食性であるが，人と競合しない草をおもな飼料として飼育することがで

❶雄は繁殖期のはじめに，雌の産卵のために巣穴を掘る。巣に20個くらい産卵すると卵を温め始める。抱卵は，昼は雌が，夜は雄がおこなう分業制である。

❷ダチョウは頭を暗くおおうことによって，移動，けがの処置など必要な作業が容易にできる。ダチョウを捕まえ制御するには，頭きんを頭にかぶせる。そのためには，先端を切った黒いソックスに腕を通した手でダチョウのくちばしをつかみ，同時に，このソックスをダチョウの頭にずらして腕を抜くとよい。

❸ダチョウは，成鳥までは集団飼育でき，そのあいだ，体重が不ぞろいであっても弱いものをいじめることはない。砂浴びと水浴びが好きで，とくに砂浴びは欠かすことができない。

図3　雄ダチョウのカントリング

きる。ダチョウは植物の繊維を消化できる仕組みをもっているので，生草，乾草，サイレージなどを飼料として利用できる。

| 消化器と消化 | ダチョウの消化器の仕組みは，基本的にニワトリのものと同じである(→ p.55)。しかし，ダチョウは大腸の部分が非常に長く，そこで微生物のはたらきによって繊維を分解して，利用できる脂肪酸に変える。

3 飼育環境と施設

| 乾燥，転倒防止 | 飼育場所は，小屋も運動場もよく乾燥していることが大切である。とくに梅雨時には地面がぬかるんで，悪臭を発生し病気発生の温床になりやすいので，水はけをよくする工夫が必要である[1]。

ダチョウは2本足のため，滑りやすい地面は苦手で，転ぶとあしを傷め，致命的になる[2]。地面の積雪や凍結時，あるいは雨にぬれた放牧草地では，とくに滑らないような工夫が必要である。

| 飼育場の床材 | 飼育小屋や運動場の床材は，一般的には砂にする[3]。砂浴びは体をきれいにするとともに，体の表面の寄生虫を取り除き，病気にかかりにくくする[4]。ひなの育成場の床材には，コンクリートやもみがらを使う（図4）。

4 飼育の実際

| 導入の考え方 | ダチョウの飼育形態には，種鳥を飼育し採卵，ふ化，育成まで手がけるブリーダータ

[1] 汚れた巣や地面に産み落とされた種卵は，細菌に汚染されて，ふ化途中で腐敗する危険性がある。

[2] あしの指は2本で，大きいほうのつま先でおもに体重を支え，小さいほうで体重のバランスをとっている。

[3] きれいな川砂がいちばん適している。

[4] ただし，ひなは運動場の砂を過度に摂食し胃詰まりを起こすことがあり，繁殖用の鳥は敷いた砂が厚いと交尾がうまくできないことがあるので注意する。

参考　ダチョウの消化器と消化のしくみ

ダチョウは，ニワトリとちがい，そのうをもたない。筋胃には，草に多い繊維を消化できるように約1.2kgの小石を入れている。さらに，ニワトリでは，全腸管のうち小腸が90％，盲腸が7％，結直腸が3％であるが，ダチョウでは，小腸が41％，盲腸が5％，結直腸が54％となっている。

大腸では，微生物のはたらきによって発酵が活発におこなわれ，繊維が分解され，酢酸，プロピオン酸，酪酸などの脂肪酸が生成される。脂肪酸からのエネルギーは，毎日の代謝エネルギー摂取量の76％にもなるといわれる。

イプ，3〜4か月齢のひなを購入して12〜14か月齢（体重約100kg）まで育成して肉や皮用として販売するタイプがある❶。

| ふ　卵 | ダチョウの受精卵は，温度36.4℃，相対湿度約30％の条件のふ卵器に入れて42日後にふ化する。ふ卵開始1週間後から1週間ごとに検卵をし，無精卵を除く。ふ化したひなは，床温32〜33℃，相対湿度60〜70％の育すう室で飼い，卵黄を消費する4〜5日後にえづけを始める。室温は徐々に下げて3か月後には22℃にし，加温をやめる。

| ひなの育成 | ひなは3か月齢までの死亡率が高いので，細心の注意を払って標準的な成長❷に達するように管理する。とくに，ストレスに弱いので，その要因❸を取り除く。消化器系の異常が多く，なかでも食滞になりやすく，砂の過食，ビニルなどの不消化物の摂取がその原因になる。

| 飼料給与 | ダチョウは，牧草，野草，乾草，青刈り麦，サイレージなどを主体とし，穀物を補完的に給与することによって飼育できる。

ひなは，1か月齢までは繊維と脂肪の消化率が低いため，これらの含量の低い飼料を与える。3か月たつとこれらの消化率はほぼ成鳥なみになる。ダチョウの飼養標準はまだできていないので，ニワトリの飼養標準を準用する。しかし，ダチョウは，飼料タンパク質（アミノ酸）やエネルギーの利用性がニワトリより高いため，ニワトリの飼養標準にもとづいて調製した配合飼料ではタンパク質やエネルギーが過剰になる。この点に注意が必要である。

❶前者は高度な技術と資本の集積が必要であるのに対し，後者は比較的かんたんな技術と少ない資本で手がけることができ，飼料原料が安く入手できる場合には有利な形態である。

❷標準的な成長は，ふ化時0.95kg，ふ化後1か月3kg，2か月11.5kg，3か月24kg，8か月75kgである。

❸飼料の急変，管理者の交代，温度変化，衛生管理の不備によるアンモニアガスの発生や細菌・寄生虫感染などがある。

図4　ダチョウの育すう舎（奥のハウス，3か月齢まで加温，手前は運動場）

9 バイオテクノロジーの活用

1 胚移植の効果と留意点

胚移植の効果　胚移植を畜産に取り入れる効果としては、次のような点があげられる。

①育種・改良面での効果　種雄牛の能力を調べるための後代検定では、子牛を同時に多数得なければならないが、胚移植によって、父母が同一の兄弟牛を同時に多数得ることが可能となる❶。

②繁殖効率の改善　優良な雌親の子を能率的に増やせるとともに、優良な雄親の精液の有効活用にもつながる（図1）。

③清浄家畜の生産　胚は初期には透明帯に包まれていて病原体から守られている。それを無菌的に回収し、無菌飼育された他の雌親に移植すると病原体フリーの子を得ることが可能になる。

④不妊雌親の診断・治療　採取のために投与するホルモンへの反応や回収した胚の品質の評価などから、雌親の繁殖機能を診断し、治療対策が立てられる。

⑤死亡した雌親の卵子の有効活用　優良な雌親の事故死などにさいし、その卵子に体外受精して、子を残すことができる❷。

以上のほか、胚移植には、野生動物も含めた貴重な動物の増殖、胚の発生や分化、母体効果（胚発生に対する養母の効果）など、

❶そのことによって、検定のスピードをはやめることができる。さらに、一卵生双子生産や雌雄産み分けを胚移植と組み合わせておこなうことにより、遺伝的に同質の個体を多数得ることができる。このことは、家畜の改良にとって有効である。

❷食肉処理場でと畜したウシの卵巣から卵子をとり、これに体外受精した胚を受胚牛に移植する方法も、低コスト生産技術として普及している。

胚移植によって別々の養母から誕生した5頭の兄弟子牛　　和牛の凍結胚を乳牛に移植して生まれた和牛子牛（右が供胚牛、奥の乳牛が受胚牛）

図1　胚移植で誕生した子牛

生物学の進歩への貢献などが期待されている。

■ 胚移植の留意点　　生産者が胚移植を取り入れるためには、きめこまかな繁殖管理が必要であり、また、供胚牛・受胚牛❶と種雄牛の定期的な健康検査が法的に義務づけられている。また、経費は人工授精より多くかかる。したがって、家畜の繁殖生理をよく理解し、繁殖技術に習熟し、経営者能力をみがくなかで取り入れることが大切である。

❶供胚牛は、胚を回収する雌牛で、ドナーともいう。受胚牛は、養母牛で、レシピエントともいう。

2 胚移植の基礎技術

（1）胚移植のしくみと生理

ウシの胚移植では、図2に示すように、供胚牛から採取した胚を別の受胚牛に移植して、子牛を誕生させる。

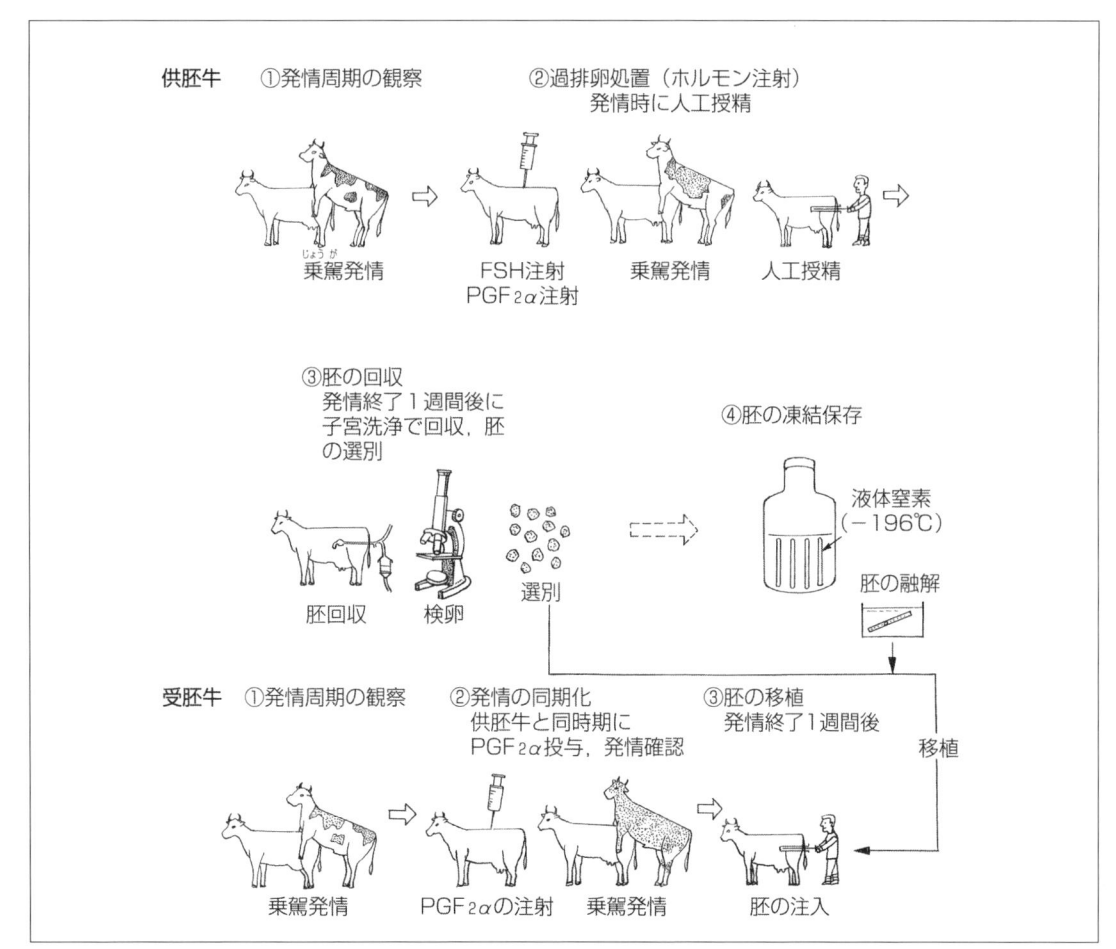

図2　胚移植のあらまし
注　FSHおよびPGF$_{2\alpha}$については➡ p.201。受胚牛は、上記のほか自然発情牛を用いる場合がある（➡ p.204）。

| 供胚牛と受胚牛との関係 | 供胚牛，受胚牛とも，発情が21日周期で正常に繰り返されているウシを選ぶことが大切である。

供胚牛 ①発情周期を観察し，②前の発情期（乗駕発情）から9〜11日目に過排卵を誘起させるホルモン注射を始め，乗駕発情をみたら人工授精をおこなう。③発情終了から1週間後に胚を回収・選別し，すぐ移植する（新鮮胚の移植）か，④凍結保存する。

受胚牛 ①発情周期を観察し，②供胚牛と発情を同期化（➡p.204）するためのホルモン注射をおこなう。③発情終了から1週間後に胚を移植する❶。

| 胚発生の生理 | 胚移植の技術を学ぶためには，排卵→受精→胚の発育と子宮への着床，といった胚発生の流れを理解する必要がある（図3）。

卵子の成熟と排卵 卵巣にはたくさんの卵胞があるが，ウシの場合，21日の発情周期のあいだに，いくつかの卵胞のうちの1つが大卵胞に発育し，発情期に成熟した卵子が排卵される。

卵胞の発育・発情・排卵には，いくつかのホルモンが関係している（➡p.123）が，胚移植では，人為的なホルモン投与で，発情・排卵を調節する。排卵したあとの卵巣には黄体ができ（排卵黄体，図4），妊娠維持のためのホルモンを分泌する。

受精 排卵された卵子は卵管内にはいり，子宮からのぼってきた精子と会合し，受精がおこなわれる❷。

❶凍結保存した胚は，発情終了後1週間後の受胚牛に対して，そのつど解凍して移植する。

❷卵子と精子の会合から5時間くらいで受精が完了する。

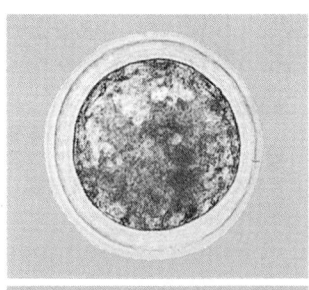

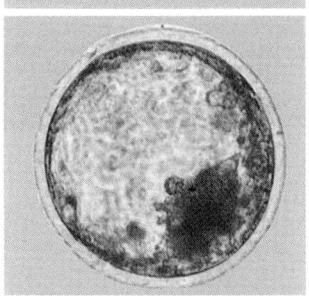

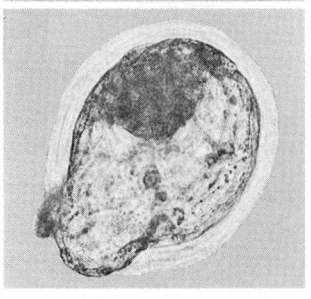

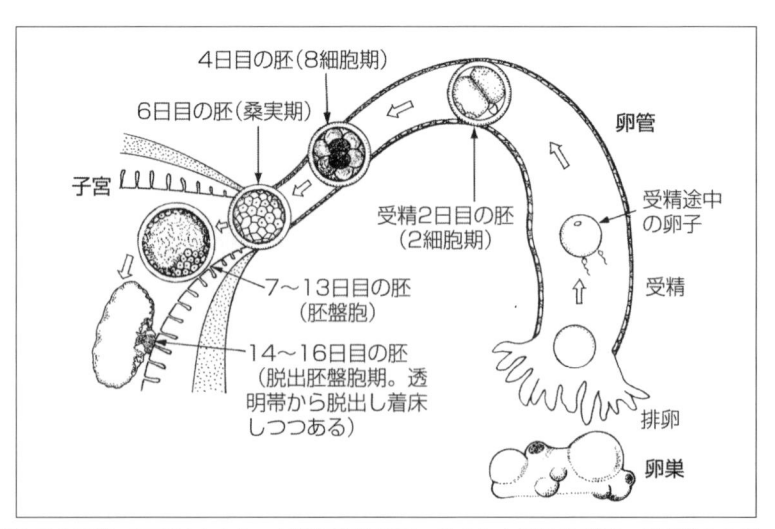

図3　ウシの受精と胚の卵管・子宮内での発育（写真は上から，初期胚盤胞期胚，拡大した胚盤胞期胚，透明帯から脱出しはじめた胚）

第4章　家畜飼育の実際

着床前の発育 受精卵（胚）は，卵分割を繰り返しながら，卵管から子宮へと移動していく（図3）。受精後7日には初期胚盤胞（細胞数60〜80）とよぶ状態となる。胚移植では，初期胚盤胞期から胚盤胞期までの胚を回収し，移植する。

着床とその後の発育 やがて胚盤胞は透明帯とよぶ膜から抜け出して，子宮の内膜と接触し着床の準備が始まる❶。受精後1か月目ころには，胚と子宮をつなぐ胎盤が形成される。

❶受精後14〜16日。

❷栄養状態（ボディコンディション，→ p.129）も卵胞の発育に影響を与えるので，太りすぎ，やせすぎを避ける。

(2) 供胚牛に対する処置

供胚牛の飼育管理と選択　供胚牛からは，一定の期間にできるだけ多くの胚をとることが，改良・増殖の成果を高めることにつながる。そのためには，まず供胚牛の卵巣の状態が良好でなければならない。飼料や環境を急に変えるなどしてウシにストレスがかかると，卵巣の状態が悪化して，多数の排卵が起こりにくい❷（図4）。

未経産牛はホルモンに対する反応が不安定であり，一方，12〜14歳以上のウシは移植に適した胚の数が少ない。そこで，供胚牛には，2〜3産した3〜8歳のウシが望ましい。

過排卵のための処置　過排卵を起こさせるために用いるホルモンは，卵胞刺激ホルモン（FSH），または妊馬血清性腺刺激ホルモン（PMSG）である。一般には，FSHを，発情後9〜11日目から筋肉または皮下に注射する。図5のように，1日2回の12時間間隔で，日ごとに量を

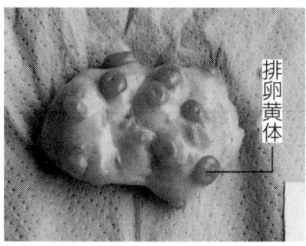

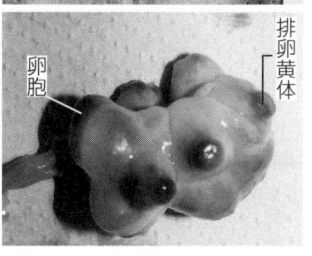

図4　ウシの体の状態と過排卵誘起の効果（上：体の状態がよく，多数の排卵が起こり，排卵黄体ができている卵巣。下：体の状態がわるく，排卵黄体のほかに排卵されなかった卵胞が残っている卵巣）

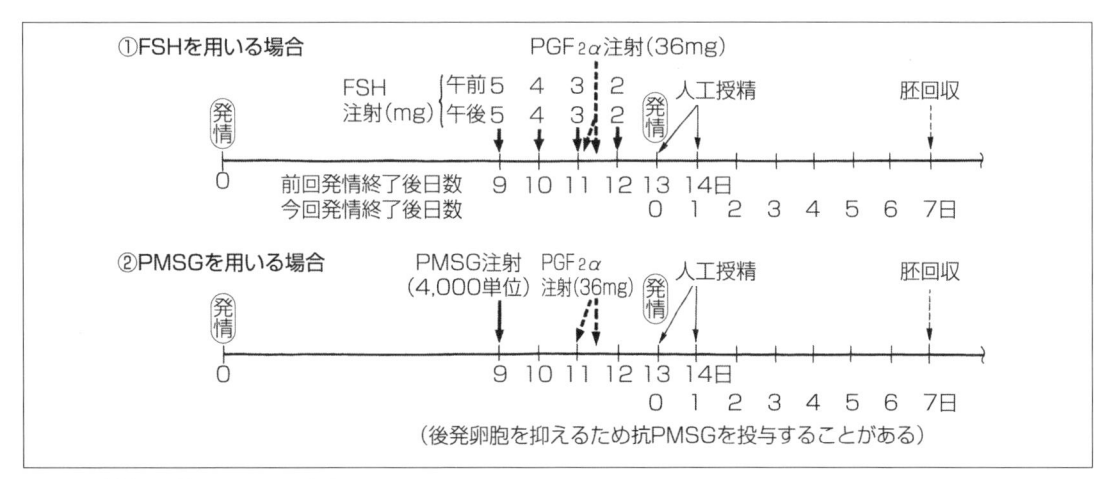

図5　過排卵を誘起するための処置

減らしながら，4日間投与する。FSHの注射開始後48時間目および60時間目の2回，プロスタグラジンF_{2a}❶（PGF_{2a}）を注射して発情を待つ。PMSGを用いる場合は，効果が長続きするので，1回の注射でよい。

発情をむかえたら，人工授精を，乗駕発情の最盛期と末期の2回おこなう。

胚の回収

発情終了後7～8日後に，子宮内の胚（初期胚盤胞期から胚盤胞期）を回収する。回収にはバルンカテーテル法を用いる。これは，図6, 7に示すように，子宮内にかん流液❷を送り込んで子宮角内腔を洗い，液とともに胚を回収する方法である。

胚の回収にあたっては，事前に直腸検査❸によって卵巣を調べ，

❶黄体を退行させる物質で，その結果として卵胞の発育をうながし，発情を起こさせる。子宮でつくられる。

❷5～10%の血清を含んだ生理食塩水か組織培養液。37～38℃で用いる。

❸直腸に手を入れて，卵巣や子宮の状態を触診すること。この場合は，卵巣の排卵黄体数を調べ，その数を排卵数とする。

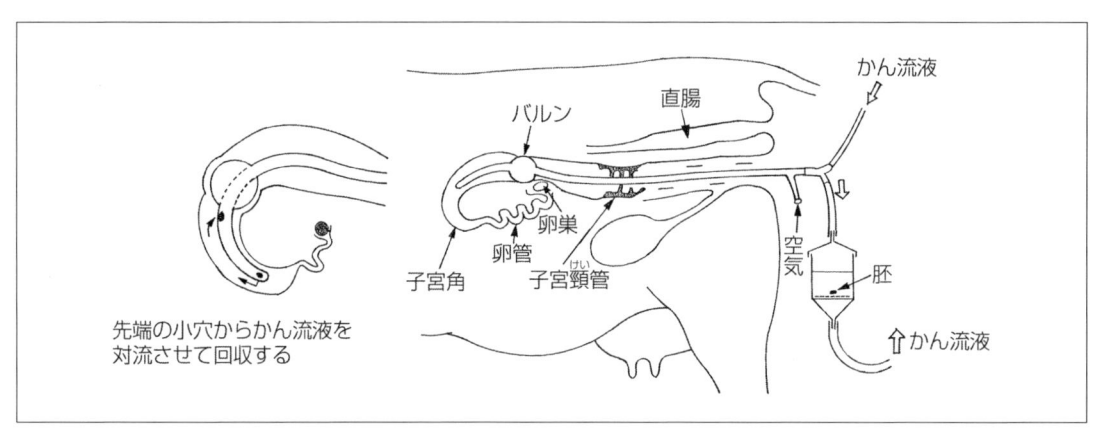

図6　バルンカテーテル法による子宮内の胚の回収
注　バルンカテーテルを子宮角まで差し入れ，バルンに空気を送り込んでふくらませて子宮角の基部をふさぐ。
　　この状態で，かん流液を送る。液はバルンカテーテルの先にある小穴から子宮角内腔にはいり，洗浄後回収される。
　　液の送り込みと回収を5～6回おこない，ろ過器のついた装置で胚を捕集する。

参考　着床前の体外受精胚の培養

生きている動物の卵管は，種類の異なる動物の胚でも発育させる。たとえば，ウシの受精卵や分割胚は，ヒツジやウサギの卵管内で胚盤胞にまで発育する。

一方，培養液中での胚の人工培養法は，マウスやウサギではほぼ確立されており，ウサギは1細胞期の胚を胚盤胞期まで発育させることができる。ウシでは卵管上皮細胞などと一緒に培養する（共培養という）と，低率ではあるが，1細胞期から8細胞期あるいは胚盤胞期までの培養ができる。

と畜したウシの1つの卵巣からは，5～20個の卵子が得られる。これを成熟させ，体外受精・培養すると1～数個の胚が得られる。体外受精後の培養には，上のような体外培養が用いられる。受精卵をウサギやヒツジの卵管，または人工培養液の中で胚盤胞期まで発育させてから，受胚牛の子宮へ移植する。

排卵黄体数（→図4）を数えて排卵数を推定しておく。また，ウシのでん部をよく洗い，子宮部を麻酔してから回収をおこなう。

胚の選別と保存

評価と選別 回収した胚は，顕微鏡で検査し（50倍），品質を評価し選別する。品質のよい胚とは，①移植に適した発育段階のもの，②輪郭が明りょうで立体感があるもの，③変性したり退行したりしている部分がないものである（図8）。これらの観点から6段階に分類し，上位3段階の胚を移植に用いる❶。選別した胚は，できるだけはやく移植するか，一定の条件のもとで培養するか，凍結保存する。

凍結保存 胚を凍結保存しておくと，胚と受胚牛との同期化が容易になるだけでなく，胚の広域流通や優良遺伝子の保存が可能となり，胚の利用効率がいちじるしく向上する❷。

(3) 受胚牛に対する処置

回収した胚の品質がよくても，受胎率は受胚牛の状態によって大きな影響を受ける。受胎率を左右するのは，受胚牛の年齢，発

❶優・良・可・不良・退行・未受精に分類し，優・良・可の胚を移植に用いる。

❷凍結保存は，胚の凍害を防ぐ物質を加えた媒液の中に胚を入れ，これを専用のストローに封入して冷却していく。冷却の過程で胚の水分を凍らせてしまうと，生命が失われる。そこで，水分を胚外に出して氷結させる冷却法が取り入れられている。

①バルンカテーテル（上）とその内しん（下）

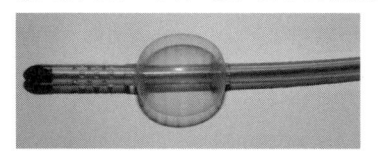

②空気でふくらませたバルンとかん流液が出入りする先端の小穴（①の左の破線部の拡大）

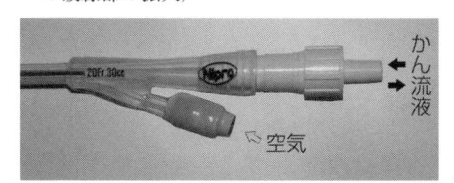

③バルンをふくらませるための空気注入孔と，かん流液の注入・回収水管（①の右の破線部の拡大）

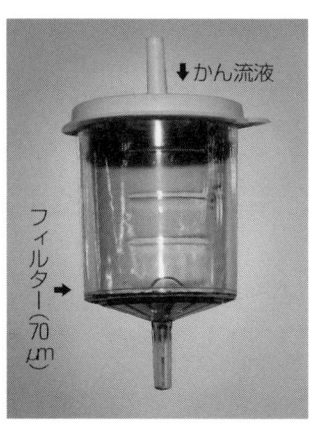

④かん流液をろ過して胚を回収するための装置（フィルターで胚を補集）

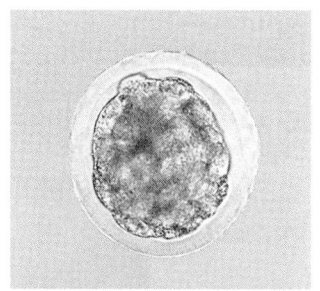

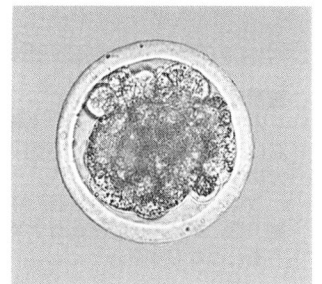

図7 胚回収のための器具（バルンカテーテルと付属器具）

図8 胚の品質（上：品質のよいもの〈優〉は，輪郭が明瞭で立体感がある。下：品質のわるいもの〈不良〉は，変性している）

9 バイオテクノロジーの活用 **203**

情周期，卵巣と子宮の状態のよしあし，移植胚の発育ステージと受胚牛の発情周期との同期化のていど，などである❶。

受胚牛の観察と発情の同期化　供胚牛の場合と同様に発情周期をよく観察し，発情周期が規則正しく繰り返されているウシを選ぶ。移植は，①自然の発情周期の受胚牛におこなう場合と，②受胚牛にPGF$_{2a}$を注射して人為的に発情を誘起しておこなう場合（→ p.201 図5）とがある。

いずれも，胚の受精後の日齢（発情終了から胚回収までの日数は7〜8日）と受胚牛の発情終了後の日齢とがそろっていないと受胎しない。両者をそろえるのが「同期化」である❷。

自然発情での同期化　排卵のともなう発情❸を2周期観察して，発情終了後，胚と同じ日齢か，1日はやい日齢で胚を移植する。

発情誘起による同期化　発情・排卵後黄体期にあるウシにPGF$_{2a}$を注射する。2〜3日後に良好な発情がみられたら，発情終了後7日目に胚を移植する。

新鮮胚を用いる場合，PGF$_{2a}$の注射を，供胚牛・受胚牛同時におこなうことで同期化ができる❹。

胚の注入　図9のように，専用の注入器で受胚牛の子宮角の中へ注入する。注入器には，胚を含んだ培養液を充てんしたプラスチックストローをセットする。また，注入器には，外陰部にふれて病原菌で汚染されないように，

❶これらの条件が良好ならば，新鮮胚の移植では50〜60％の受胎率，凍結胚の移植では30〜50％の受胎率が得られる。

❷同期化のずれは前後1日までは受胎可能とされているが，どちらかといえば受胚牛の日齢が1日若いほうがよい。

❸発情終了後，直腸検査によって，卵巣の排卵黄体（→ p.201, 図4）を確認する。

❹PGF$_{2a}$投与で同期化するウシには，14〜16か月齢の育成牛か，分べん後発情を1〜2周期繰り返したウシが望ましい。

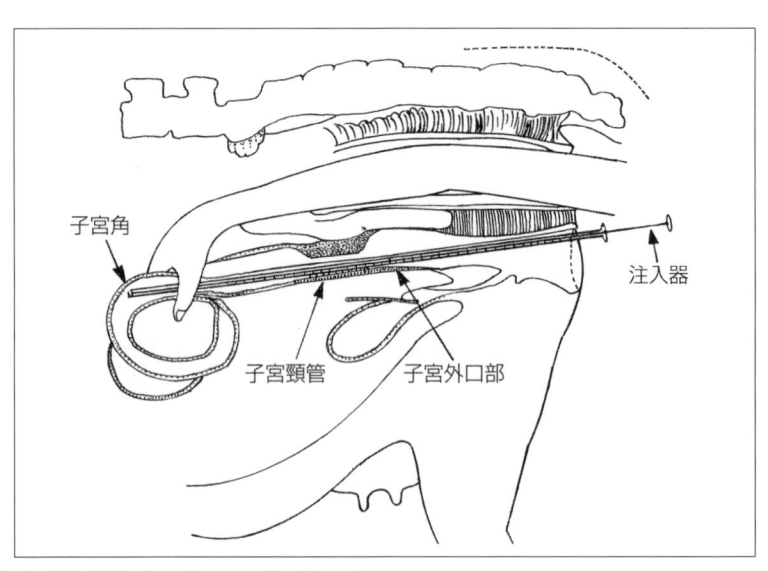

図9　牛胚の子宮頸管経由による移植

あらかじめビニルチューブをかぶせておく。

　注入器を入れるときは，人工授精のときと同じように，直腸に手を入れて触診しながら注入器を誘導していく。注入器の先端が子宮外口部まできたら，ビニルチューブを手前に引いて破り，注入器だけを子宮頸管に通し，子宮角❶まで誘導する。

　先端が子宮角の屈曲部をこえた位置で，注入器の内しんを押して，培養液とともに胚を押し出す。

　注入にあたっては，事前に外陰部など尻部をよく洗浄し，また注入器の先端で子宮の内壁をこすらないように注意する。

▍妊娠の確認　　移植された胚は，約1か月で着床の態勢にはいる。なんらかの原因で着床できなかった場合は，胚は死滅するので，やがて発情が起こる。ただし，不着床でも1回目の発情はみられず，2回目（移植後35日ころ）からあらわれる。

　順調に着床し発育している場合は，発情はあらわれず，血中黄体ホルモン値が高く維持されて，超音波診断をおこなうと，移植後35日目には心臓の鼓動が，45日目ころから胎児の四肢の動作が観察できる。60日を過ぎるころには胎盤も完全になって，出産を待つばかりになる。妊娠期間は胚の側の遺伝的要因で決まる。

❶子宮角は，左右の卵巣に対応して2つあるが，胚の注入は排卵した卵巣側の子宮角におこなうのが原則である。

（4）移植で生まれた子牛の管理

分べん管理　乳牛に和牛の胚を移植した場合，母体効果で通常より大きな子牛になるが，それでも和牛の子牛は小さいため，分べん時に胎膜をかぶったまま生まれ，そのまま窒息することがある。このような事故を防ぐために，分べん前日にみられる体温の急激な低下などから分べん日を予知し，看護分べんをおこなう❷。

ほ育・育成　できるだけはやく初乳を与えて，隔離飼育する。その後のほ乳は，できるだけ牛乳でおこなうことが望ましい。和牛子牛の場合，生後1週から固形飼料と乾草を与え，2.5か月齢で離乳し，3か月齢で群飼する。

登録　胚移植で生まれた子牛は，血液型で親子関係を明示して登録している。

❷双子の出産が予測されている場合は，第1子のべん出後，ただちに第2子を引き出してやる必要がある。

10 動物遺伝資源（在来種）の活用

近年，世界的に，畜産の近代化にともなって家畜の飼育品種が，能力のすぐれた一部の品種に集中する傾向にある。そのため，地域的に飼われていた在来種の頭羽数が減少し，絶滅の危機にひんしているものもある。こうした現象は，貴重な遺伝資源を失い，遺伝的多様性を損なうものである。そのため近年，在来種の保護が強く望まれるようになっている。

在来種保存の状況と活動

現存しているわが国の家畜の在来種には表1のようなものがあり，最も種類の多いものは日本鶏[1]で，ついで在来馬である。

わが国の在来種は，日本鶏，在来馬，見島牛などにみられるように，国の天然記念物に指定されているものを中心に，民間の保存団体（愛好家）や一部の大学機関によって保存されてきたものが多い。そして，在来種は，愛玩的用途が主体となり，展示用に飼育されているものも多い。

農林水産省の実施している農林水産ジーンバンク事業では，在来種を保護するため，それらの収集と保存をおこなっている[2]。

注目される遺伝資源としての活用

在来種は，近年の畜産の近代化のなかで，その産業的な価値が失われつつあるとはいえ，なんらかの利用価値をもっている場合も多い[3]。

[1] 尾長鶏，東天紅（図1），ちゃぼ，小国などのように，美しいすがたや鳴き声などを楽しむものが多く，17種が天然記念物に指定されている。

[2] とくに，日本鶏や在来山羊を生体または精子，在来馬や見島牛を精子で保存している。

[3] 在来種は一般に，環境に対する適応力や病気に対する抵抗性がすぐれている場合が多い。また，小型ではあるが，肉質がすぐれていたり，美しいすがたをしていたりするものも多い。

図1 在来種の例（日本鶏の東天紅）

図2 中国豚の例

在来種などの遺伝資源の保護を進めるとき，それらの資源を利用しながら保存できれば最も効率的である．具体的な利用法として考えられるのは，新たな食材の開発，実験動物や育種素材の開発，研究的利用などである❶．

　新たな食材の開発では，肉質のすぐれた品種の存在する日本鶏がとくに注目される．現在，日本鶏のうち，しゃも（軍鶏），地鶏

❶実験動物としては，在来の小型山羊がすでに実験用に飼育され利用されてきた．研究的利用の例としては，遺伝的に欧米品種と大きく異なっていることを利用して，ゲノム解析の研究に，中国豚（図2）や日本鶏などが利用されている．

表1　わが国のおもな動物遺伝資源（在来種）

在来品種	特性	飼育地域（県名など）	頭羽数	飼育のポイント	利用の現状と可能性
（日本鶏）				・平飼いが多い（地域特産鶏） ・屋外放飼，ケージ飼育もある ・育成は市販飼料で，仕上げは指定交配飼料を混合給与（特産鶏） ・一般に発育速度がおそい ・一般に繁殖率，育成率が低い ・軍鶏は闘争性が強い ・就巣性のある鶏種がいるので注意	・愛玩・観賞・展示用として保存利用
尾長鶏	長い尾羽	高知	500以下		
小国	男性的優美さ	三重・京都・滋賀	1,000～2,000		
ちゃぼ	小型で内種多い	関東地方ほか	5,000以上		
鶉尾	尾羽なし	高知	1,000～2,000		
尾曳	小型の尾長鶏	高知	1,000～2,000		
蓑曳	女性的優美さ	愛知・静岡	500～1,000		
河内奴	小型で三枚冠	三重	500以下		
黒柏	黒色で優美	島根・山口	500以下		
東天紅	長鳴鶏	高知	1,000～2,000		
声良	低音鳴鶏	北東北地方	500～1,000		
唐丸	長鳴鶏	新潟	1,000～2,000		
しゃも	良肉質で内種多い	北東北・東京・東関東・高知	5,000以上		・地域特産鶏開発用として保存利用 ・愛玩・観賞用としても価値がある
地鶏	最も古く鶏種多い	三重・高知・岐阜	500～1,000		
比内鶏	良肉質	秋田	2,000～5,000		
薩摩鶏	良肉質	鹿児島	2,000～5,000		
地頭鶏	短脚で良肉質	鹿児島	500以下		
烏骨鶏	皮膚と骨が黒色	日本各地	2,000～5,000		・卵を薬用利用
（在来馬）	・小型（ポニー）で温和 ・粗食に耐え，強健で蹄が丈夫			・放牧または舎飼で，通常馬の飼料に準じて給与 ・粗食に耐え，御崎馬は野生状態 ・小集団であるので繁殖率に留意	・観光用放牧，乗用荷物運搬に適す ・観光用やアニマルセラピー用に利用 ・小型で肉用には適さない
北海道和種馬		北海道	2,000以上		
木曽馬		長野	100以下		
野間馬		愛媛	50以下		
御崎馬		宮崎	100以下		
対馬馬		長崎	100以下		
トカラ馬		鹿児島	100以下		
宮古馬		沖縄	50以下		
与那国馬		沖縄	100以下		
（在来牛）	・小型 ・脂肪交雑多い ・野生状態			・粗食に耐えるが，見島牛は小集団で繁殖性に留意	・見島牛は肉質を期待して交雑利用
見島牛		山口	100以下		
口之島牛		鹿児島	100以下		
（在来山羊）	・小型で性成熟はやい ・トカラヤギは耐暑性有			・粗放な飼養管理に耐え，周年繁殖が可能	・小型で乳肉利用に不適 ・実験用
シバヤギ		長崎	100～200		
トカラヤギ		鹿児島大学など	100～200		
（イノシシ） ニホンイノシシ	・リュウキュウイノシシは小型	東・西日本	野生で多数生息	・神経質で跳躍力有 ・産子数はブタの半分くらい　・植物食	・狩猟または飼育し肉利用 ・観光用も可能
リュウキュウイノシシ		沖縄			
（シカ） ニホンシカ	・体格は30～100kgの範囲 ・季節繁殖	北海道，東北，九州，沖縄など	野生で多数生息	・粗放的から集約的飼育まで可 ・野生シカの狩猟利用可	・肉，鹿たけ（幼角），毛皮利用 ・観光用
（ミツバチ） ニホンミツバチ	・病害虫などに抵抗性 ・西洋種より小型	北海道以外の日本全土	野生で多数生息するが減少傾向	・自家消費中心の伝統的飼育 ・群巣飼育が必要	・はちみつ，みつろう，ローヤルゼリー，はちの子などの利用

などと欧米品種を交配した特産鶏肉生産用の多数の鶏種が開発されている（図3）。

| 導入・利用の留意点 | 食肉用在来種を新たな食材の開発などに利用する場合の留意点を，日本鶏を例に示すと次のとおりである。 |

①飼育されている羽数が，全国的にきわめて少なくなっている鶏種も多く，一般に近親交配により繁殖性が低下しているため，血統的な情報も考慮して導入する必要がある❶。

②まとまった飼育や産業的利用には不向きな，野生状態のときの性質を残しているものがあるので，その性質をよく理解して利用を進める❷。

③肉質のよいものが多いが，発育速度はおそいため，さらに改良を加えたり❸，飼料給与を工夫したりする。

新たな食材開発用の資源としては，イノシシやダチョウ，シカ❹などが注目されているが，これらは野生状態にあったものが多く，飼育にあたっては上記のような点に十分配慮する必要がある。

愛玩用や観光用，アニマルセラピー用として新たに利用可能なものもある。たとえば，在来山羊は，小型のため産業利用には向かないが，飼いやすく，ペット的利用には適している。在来馬も観光用やアニマルセラピーに適しているが，飼育場所が限られる（図4）。イノシシやシカも観光用に利用可能である。

これらの特用畜産的な動物遺伝資源は，地域起こし的な役割や教育的な役割も果たすため，町村の役場，公園，学校などで導入・飼育されている場合も少なくない。

❶在来山羊や在来馬（→ p.173 表1），見島牛なども，すべてその集団規模が小さいので，繁殖率の維持が課題である。

❷ニワトリの場合は闘争性があり，東京しゃもなどではその除去のために数世代にわたる選抜とうたが実施された。卵を利用する烏骨鶏（→ p.52 図4）などでは，就巣性がある。

❸じっさいの産業利用においては，大型で発育のはやい白色プリマスロック種やロードアイランドレッド種などの欧米品種と交配して利用するのが一般的である。

❹食用肉のほか，シカは角，皮，ダチョウは羽根，皮，卵殻など用途は広い（→ p.194）。

図4 観光・乗馬用としても活躍する在来馬（木曽馬）

図3 地鶏の平飼い飼育

第5章

畜産経営と情報利用

1 畜産における情報の役割と種類

1 情報の重要性とパソコン活用

情報の役割

　畜産経営は，経営規模の拡大・多角化にともない，多岐にわたる複雑で高度な技術と，多額の投資が必要となっている。そのため，経営管理には多種多用な情報が必要とされるとともに，経営活動から発生するぼう大な情報の適切な管理・処理が求められる（図1）。

　各種の情報は，経営活動における意思決定の確実性を高める重要な根拠であり，経営の効率化を図り，省力化，合理化などを進めていくために必要不可欠となっている。

図1　パソコンによる情報処理

参考　農業でのコンピュータ活用の始まり──草分けは採卵養鶏経営

　農業分野での経営情報の電算処理化は，畜産部門，なかでも大規模な採卵養鶏経営の一部で，昭和50年代初期〜中期には取り組まれていた。

　その当時は，現在のように実用的なパーソナルコンピュータ（以下，パソコン）もアプリケーションソフト（以下，ソフト）もなく，各経営が高価なオフィスコンピュータを導入し，各自が独自のオーダーメイドソフトの開発に多額の費用をかけていた。

　このような状況を生み出したのは，近い将来，養鶏経営の環境が非常に厳しくなると予想されたため，先駆的な経営者が，コンピュータを利用した迅速で的確な経営判断が求められると認識し，生き残りをかけて取り入れたからである。

　今日では，酪農，養豚，肉牛経営においてもパソコンを用いた経営管理がおこなわれている。経営環境の悪化にともなう経営体質の改善と強化が強く求められていることにほかならない。

| 新しい意思決定の手段 | 畜産経営における情報活用は，即時即応性が求められることが多い。この点において，今日，普及がいちじるしいパソコンなどの情報処理機は，その特徴である大量性，迅速性，正確性などの機能が非常に有効にはたらき，畜産経営における新しい意思決定の手段として位置づけられる（図2）。

パソコンを導入・活用することによって生まれた時間的なゆとりを生かし，新たな経営戦略の構築や改善などを検討することができる。経営情報の管理・活用の面からみると，情報を収集する能力と集めた情報を処理する能力が問われることになり，情報処理能力の高さが経営者能力の高さにつながるのである。

2 情報の種類と活用

経営管理に必要な情報は，外部から提供される**外部情報**と，経営活動にともなって自らが発生させる**内部情報**とからなる（図3）。

外部情報には，気象，市況，消費者ニーズ，防疫，生産技術情報，為替レート，穀物相場，輸送コストなどがある。これらの情報には，国内のみならず海外からのものも含まれるが，自らの経営実態にあわせて取捨選択し活用することになる。

内部情報は，資材投入量，生産量，販売量，生産効率などの物的情報と，それらを生産費，売上高，財産の増減としてとらえ貨幣額であらわした会計情報とからなる。

物的情報は，単位面積や時間当たりに計算するなどして，累年比較や他の経営と比較できる指標値として示されると，技術や経営の改善に有効である。

会計情報は，物的な成果を貨幣額であらわしたものであるから，会計情報の内容を検討するにあたっては物的情報をも含めた検討が必要になる。

内部情報は，ぼう大で広範囲にわたるうえ，自らが一定の精度で収集し，適切に管理することが求められる。また，内部情報の価値をよりいっそう高めて経営活動に生かしていくには，適切な外部情報と組み合わせて利用していくことが重要である。

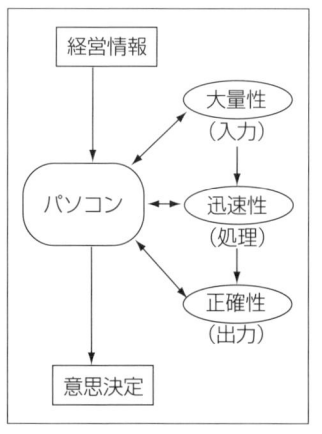

図2 情報処理と意思決定

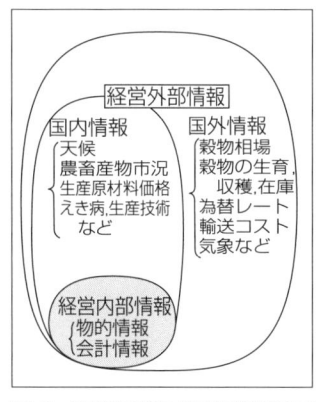

図3 畜産経営に必要な情報の区分

2 生産管理での利用と多面的な情報活用

1 個体情報の収集と活用

ブタの個体管理　養豚一貫経営では，繁殖部門の成績が経営全体の成果を大きく左右するため，繁殖技術の改善，とくに分べん回数の向上による分べん間隔の短縮が求められる。そのため，繁殖雌豚の発情発見，種付けなどの繁殖管理が重要になる。

表計算ソフトの活用　こうした管理を的確におこなうために，個体の管理台帳を表計算ソフトによって作成し，活用する。繁殖雌豚個体管理フォーム（表1）の網点欄（セル）には予定日などの予測値が記入されているが，これは，コンピュータが自動計算・表示したもので，それぞれのセルにはブタの繁殖生理にもとづく数値を用いた計算式（表1注）が組み込まれている。

このような繁殖雌豚管理台帳を作成し，繁殖雌豚1頭1頭の状態が明確になれば，管理が徹底されて種付けの見落しなどがなく

表1　繁殖雌豚の個体管理フォームの例

母豚番号	生年月日	初産種付け予定日	種雄豚番号	前回分べん日	種付け予定日	実際種付け日	再発情予定日	妊娠確認日
1	1999/5/18	2000/1/18	D24			2000/1/18	2000/2/8	2000/2/8
1			D21	2000/5/12	2000/6/18	2000/7/9	2000/7/30	2000/8/1
2			D21	2000/1/5	2000/2/11	2000/2/12	2000/3/4	2000/3/6
3			D24	2000/3/1	2000/4/7	2000/4/10	2000/5/1	2000/5/1
4			w12	2000/11/2	2000/12/9	2000/2/10	2000/3/3	
5			w12	2000/5/22	2000/6/28	2000/7/25	2000/8/15	2000/8/20
6			D21	2000/2/11	2000/3/19	2000/3/25	2000/4/15	2000/4/20
7			w22	2000/5/2	2000/6/8	2000/6/29	2000/7/20	2000/7/22
8			w32	2000/1/10	2000/2/16	2000/3/24	2000/4/14	2000/4/15
9			h55	2000/7/9	2000/8/15	2000/9/10	2000/10/1	2000/10/2
10			h55	2000/2/20	2000/3/28	2000/5/11	2000/6/1	2000/6/5
11			D21	2000/1/26	2000/3/3	2000/3/6	2000/3/27	2000/3/30
12			h55	2000/10/30	2000/12/6	2001/1/23	2001/2/13	
13			w12	2000/6/30	2000/8/6	2000/9/1	2000/9/22	2000/9/25
14			h55	2000/4/15	2000/5/22	2000/5/25	2000/6/15	2000/6/15
15			h55	2000/8/4	2000/9/10	2000/10/5	2000/10/26	2000/10/28

注　□欄には日付などを自動計算するための計算式が組み込まれている。初産種付け予定日：生年月日＋245日，種付け予定日：実際分べん日＋30日，育成率：（離乳頭数÷産子数）×100，次回種付け予定日：実際分べん日＋37日，分べ

なり，生産管理が容易になる。

作業計画，個体成績の把握 並べかえ機能をもったソフトなどを活用すると，いっそう高度な利用が可能となる。「分べん予定日」に注目し，分べん日のはやいもの順に並べかえると分べん予定日表が作成でき，作業日程が立てやすくなり作業効率が高まる。また，分べん間隔順に繁殖雌豚を並べかえると，種付け回数が多く空胎期間の長い（繁殖成績がおとる）繁殖雌豚の確認がかんたんにでき，的確なとうたが可能となる。この結果，繁殖成績の改善速度が向上し，経営改善の促進に貢献する。

▌乳牛の群管理 酪農経営では，飼育頭数の増加につれて乳牛の個体管理が困難となるため，大規模な酪農経営においては，牛群管理のために（社）家畜改良事業団が実施している乳用牛群能力検定（牛群検定，➡ p.113，以下，乳検）を受け，その検定結果を利用している。

牛群検定の検定情報の情報量はぼう大であるが，複数の情報を相互に関連づけて成績を把握したり，重要度を順位づけたりするなどの作業は，パソコンで処理すれば容易にできる。

データベースソフトの活用 データベースソフトに検定情報を入力して得られた数字情報によって，漠然とした複雑な原情報の

種付け回数	分べん予定日	実際分べん日	分べん回数	産子数	ほ乳終了予定日	離乳頭数	育成率（％）	次回種付け予定日	分べん間隔	年間分べん回数
1	2000/5/11	2000/5/12	1	10	2000/6/11	9	90.0	2000/6/18		
2	2000/10/31	2000/11/2	2	11	2000/12/2	8	72.7	2000/12/9	174	2.10
1	2000/6/5	2000/6/8	2	12	2000/7/8	10	83.3	2000/7/15	155	2.35
1	2000/8/2	2000/8/7	3	8	2000/9/6	6	75.0	2000/9/13	159	2.30
3	2000/6/4								0	
2	2000/11/16	2000/11/18	2	12	2000/12/18	11	91.7	2000/12/25	180	2.03
1	2000/7/17	2000/7/20	3	12	2000/8/19	10	83.3	2000/8/26	160	2.28
2	2000/10/21	2000/10/24	4	11	2000/11/23	11	100.0	2000/11/30	175	2.09
3	2000/7/16	2000/7/19	2	10	2000/8/18	9	90.0	2000/8/25	191	1.91
1	2001/1/2	2001/1/2	3	7	2001/2/1	7	100.0	2001/2/8	177	2.06
2	2000/9/2	2000/9/1	2	9	2000/10/1	8	88.9	2000/10/8	194	1.88
1	2000/6/28	2000/6/30	2	11	2000/7/30	11	100.0	2000/8/6	156	2.34
3	2001/5/17								0	
2	2000/12/24	2000/12/28	4	8	2001/1/27	8	100.0	2001/2/3	181	2.02
1	2000/9/16	2000/9/20	3	5	2000/10/20	5	100.0	2000/10/27	158	2.31
2	2001/1/27	2001/1/28	3	11	2001/2/27	7	63.6	2001/3/6	177	2.06

定日：前回分べん日＋37日，再発情予定日：実際種付け日＋21日，分べん予定日：実際種付け日＋114日，ほ乳終了ん間隔：実際分べん日－前回分べん日，年間分べん回数：分べん間隔÷365日．

なかからある一定の傾向を見きわめることができる。

データベースソフトを活用すると，数百頭の乳牛から，乳量や乳質（乳脂率，無脂固形分，体細胞数など）について一定条件をすべて満たしている個体を選出したり，どれか1つでも条件を満たしていない個体を選出したりすることなども容易にできる❶。

図形表示による成績把握　さらに，データベースソフトの図形処理機能によって数字情報を図形情報化することができるので，その意味がいっそう明確になり，理解が深まる。たとえば，図1は，乳牛飼育頭数200頭規模の酪農経営における群全体の能力を把握するために，305日補正乳量と累計乳脂率の散布状況およびそれらの平均値をグラフ化したものである。

牛群の改良が進むと，305日補正乳量の平均値はより右側へ，累積脂肪率の平均値はより上方に移動するので，交点は右斜め上にシフトする。したがって，平均値の線および交点の位置の変化を観察するだけでも，牛群の状態を把握でき，生産性の動向が一目りょう然となる。

また，今後の経営改善のためには，平均値の線の交点の右上に属する牛群は経営の基礎となる優良牛群とし，右下に属する牛群には乳脂率を向上させるような系統の種付けを，左上に属する牛群には乳量を増加させるような系統の種付けを心がけ，左下に属する牛群はとうた対象牛として検討すべきことが明りょうに判断できる❷。

❶そのため，単一の項目だけに注目した場合よりも，いっそうきめこまかな生産管理がスムーズにおこなえる。

❷正確で見やすく，かつ説得力のあるパソコンによる情報処理の結果は，経営者自身の経営改善の根拠となるのはもちろん，経営の他のメンバーの理解を深めたり，マーケティングや資金導入などのさいの交渉相手に経営の実力を示したりするのにも有効である。

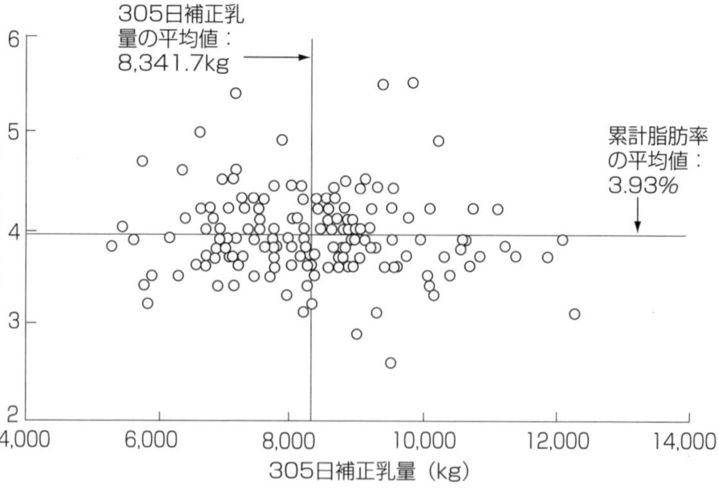

図1　乳量と累計乳脂率の散布図

2 地域での情報支援システムの利用

**情報の
ネットワーク**　個別経営での情報処理・活用は今後ますます重要性が増していくが，それにともない，経営内では処理しきれない情報や，地域で共有したほうがよい情報などが出てくる。その場合，コンピュータをそなえた地域農業情報支援センターを中心とし，各種の支援業務を担う機関が有機的に結びついた，地域農業を支えるための**情報ネットワークシステム**が構築されていることが望ましい。

　図2は，その一例であるが，この情報ネットワークでは，各支援業務機関が農家から集めた情報を地域農業情報支援センターに送り，支援センターは総合的な分析・集計結果を支援業務機関および農家にフィードバックすることにより，経営改善のための情報を提供する。

支援業務の内容　図2のシステムにおける支援業務の内容は，次のとおりである。

　①牛群検定業務：牛群検定を受けている酪農家の個々の乳牛の乳量や乳成分などを測定する。

　②人工授精業務：酪農家の依頼により，乳牛に凍結精液などを用いて人工授精をおこなうが，牛群検定，飼料分析情報なども参考にする。

　③生乳出荷・分析業務：酪農家が生産した牛乳を集荷すると同

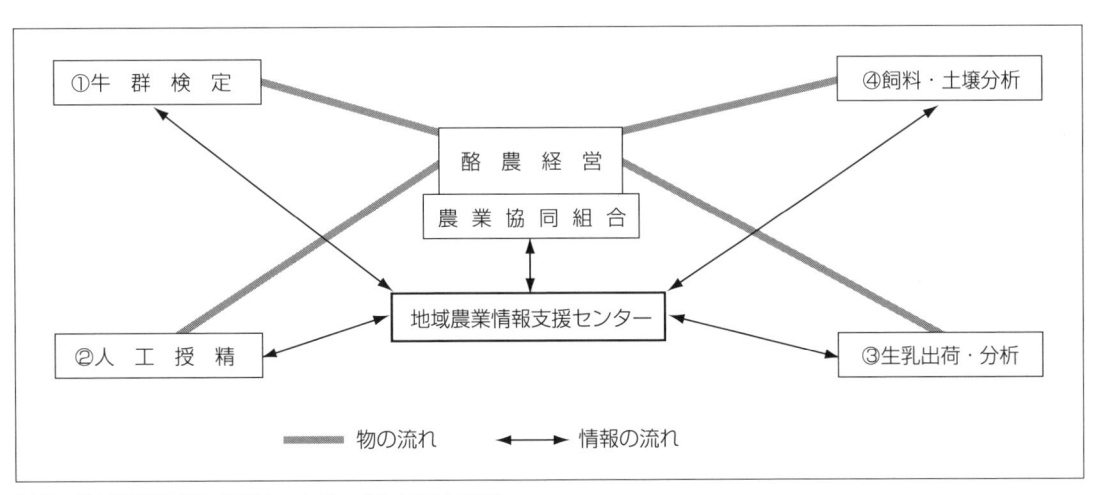

図2　地域農業支援の情報ネットワークシステムの例
注　各支援業務機関は上部団体をもつ場合があり，情報転送により全国情報としての処理がおこなわれる。

時に，個体別の生乳サンプルの品質検査をおこない，乳量と乳質から酪農家に支払われる乳代を計算する。

④飼料・土壌分析業務：酪農家の依頼により粗飼料の成分分析，土壌分析をおこなう。

酪農経営者は，支援センターをとおして集計・分析された総合的な情報を，インターネットなどの通信システムを経由して各自のパソコンで受け取り，経営改善に役立てることができる。

3 コンピュータによる自動システムの利用

畜産経営での情報処理は，パソコンだけでおこなわれているのではなく，多くの農業機械や畜産機械にはワンチップマイコン❶が搭載・利用されている。これによって機械を制御することにより，各種の作業を無人化，自動化することが可能となる。

酪農経営での搾乳牛の直接労働時間は 109.7 時間（通年換算 1 頭当たり，平成 11 年生乳生産費調査，全国平均）であるが，このうち飼料の調理・給与および給水時間 26％，搾乳および牛乳処理，運搬時間 47.7％と，この 2 つで 70％以上をしめている。最近では，これらの作業の自動化が進み，労働力，労働時間の省力化ばかりでなく産乳量の増加にもつながっている。

❶コンピュータの CPU（中央演算装置）の機能を 1 個の LSI（大規模集積回路）の中に搭載したものをマイクロプロセッサとよぶが，周辺 LSI などの機能を 1 つの LSI に収めたもので，家電製品などで制御用コントローラとして利用されている。

| 濃厚飼料自動給じシステム | 濃厚飼料自動給じシステムは，つなぎ式牛舎で濃厚飼料を毎日設定した時間ごとに給じするための農業機械で，自動給じロボットともいえるシステムである（図3）。

搾乳ロボット（参考）

搾乳ロボットは，センサや制御コンピュータのはたらきによって，搾乳作業を自動化した装置である。乳牛が搾乳室にはいると，センサで自動的に乳頭の位置を感知してティートカップを乳頭に装着し搾乳作業をおこなう。同時に，濃厚飼料を給与する作業を無人で処理することもできる。

搾乳ロボットはミルキングパーラの普及とともに導入され始めているが，この機械の導入によって，労働力，労働時間のおおはばな削減が可能となる。また，搾乳間隔，搾乳回数を任意に設定でき，乳牛の産乳生理にマッチした搾乳が可能となるため，産乳量の増加につながるものと期待されている。

給じ時間と牛房ごとの給じ量をあらかじめコントロールパネルから入力しておくと，自走式飼料槽が走行用レールを走りながら，牛房ごとに所定の給与量を給じする[1]。

採卵養鶏場での自動化システム

経営規模の大きな養鶏場[2]では，人力で給じや集卵作業などをおこなうことは困難で，自動化システムが導入されている。

たとえば，飼料給じは，ニワトリを多段ケージに収容し，自走式の給じ槽が一定時間に，一定速度で走行用レールを移動しながら給じしていく（図4）。集卵についてもベルトコンベアで選卵場まで移送し，選卵機で規格別にパッキングしている。

このような一連の作業工程は，オフィスのパソコンから各種データを入力しておくと，設定にしたがって作業を自動的におこなうとともに，規格別鶏卵重量の計算など，作業結果の集計処理もできる。

[1] 搾乳牛1頭1頭の飼料要求にあわせたきめこまかな濃厚飼料の多給が，経営の合理化，産乳量の増加につながっている。

[2] わが国の採卵養鶏では，飼養羽数10万羽以上の戸数は全体の7.5％にすぎないが，飼養羽数は全羽数の49.6％をしめている（平成11年畜産統計，成鶏雌羽数）。

図3　濃厚飼料自動給じ機の例

図4　養鶏場での自動給じ機の例　　　　　（写真提供：木香書房）

4 生産から販売までの多面的な情報活用

自ら販売する経営　これまでの畜産経営は，生産活動に専念し，生産物の販売については農協，卸売業者などに依存していた傾向がある。したがって，経営情報の管理や処理も比較的少なく単純であった。しかし，最近では自らの生産物を自らの販売努力によって消費者に提供するために，生産活動だけでなく，加工，卸売，小売まで営む経営が生まれてきている。その結果，経営情報の種類および量は飛躍的に増大し，処理方法も多面的になってきている。

たとえば，わが国の採卵養鶏経営は，大規模化によってコスト削減をめざす経営と，比較的小規模であるが特殊卵など，独自の特色ある生産活動を消費者にアピールして商品の差別化を図り，高付加価値生産をめざす経営とがある（図5）。

大規模経営では鶏卵販売の多くを卸売業者などの流通業者に依存しているが，高付加価値生産をめざす経営では自らの流通チャンネルで販売している（図6）。鶏卵生産だけでなく販売部門を経営内に包含することにより，従来，卸・小売業者が得ていた利益をも経営内に取り込むことができ，安定した高収益をあげることが可能となる。

多様な経営情報の活用　このような経営の鶏卵販売は，図7に示すような多種多様な流通チャンネルを活用しておこなわれている。その場合の販売価格

図6　鶏卵直売店の風景

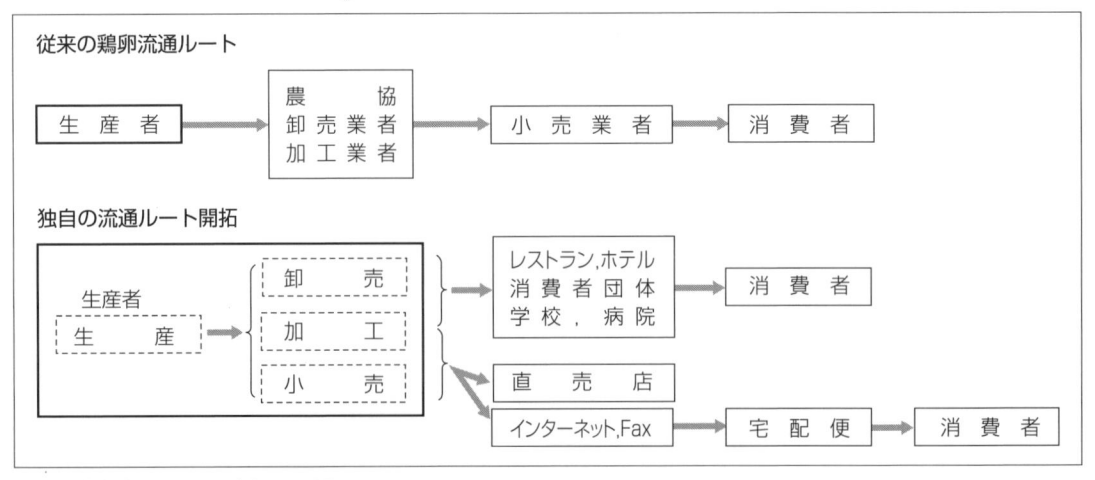

図5　鶏卵流通ルートの新しい展開

の決定にあたっては，常に市況情報を参考にすると同時に，会計情報にもとづいて経営にとっての適正価格を設定し，その価格を消費者に納得してもらうための正確な生産情報の提供が必要となる。

さらに，消費者が求める安全性などを含めた品質を確保しながら安定的供給を図っていくためには，生産から販売市場，さらには飼料など資材購入市場まで，多くの部門の情報を総合的に管理して活用することが必要である。

このように，経営の外部にあった販売部門を経営内部に取り込んで自らの経営活動の一部とした結果，経営情報についても，販売と顧客に関わる情報が内部情報となり，自ら収集・処理することが必要になる（図7）。その場合，パソコンは大きな威力を発揮する。

情報の発信　また，販売活動を重要部門として展開していくためには，生産技術や品質の情報，生産者や地域の情報を消費者に積極的に公開し，独自性と魅力をアピールしていくことが求められる。インターネットのホームページは，そのような魅力的な情報発信と交流のために，有効な窓口として活用される。

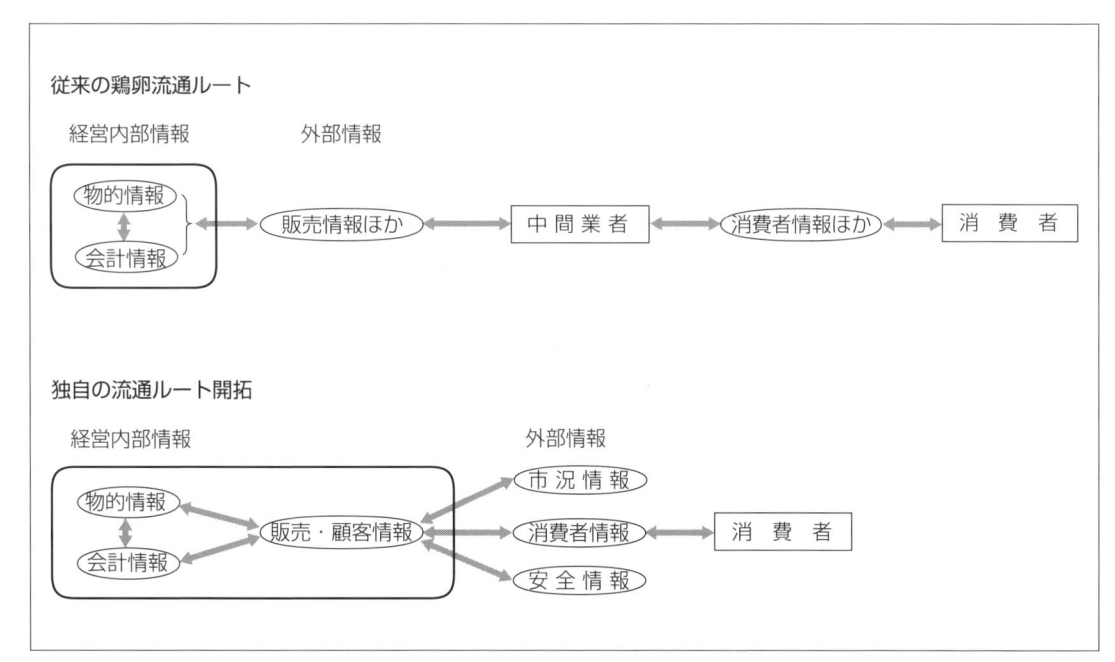

図7　鶏卵販売の変化と経営情報の内部化

付録1 家畜の審査標準

（1）ホルスタイン種雌牛審査標準　　（平成19年4月1日改正　日本ホルスタイン登録協会）

区分	標点	説明
体ぼうと骨格	25	品種としての適度な大きさと強さをもち，雌牛らしく，姿勢は優美で，各部のつりあいがよく，生き生きとして，品位に富み，性質が温順なもの
頭	2	長さは中等で，輪郭の鮮明なもの 額は広く適度にくぼみ，鼻梁はまっすぐで，眼は生き生きとして大きく，まぶたは薄く，温和で，耳は中等の大きさで形と質がよく，機敏に動き，鼻鏡は広く，鼻孔は大きく，下顎は強く，鮮明なもの
肩・背・腰	7	肩　　長さは中等で，付着がよく，胸及びき甲への移行がなめらかで，肩後はよく充実し，中躯との結合のよいもの 背　　強く，まっすぐで長く，棘突起がよく現れるもの 腰　　横突起はよく発達し，広く，長く，ほとんど平らで強いもの
胸・肋腹	6	胸　　深く，胸底は広く，肢の充実しているもの 肋腹　深く，強く支えられ，腹は後方へ深く，広くなっているもの
尻	10	腰角から坐骨にかけて適度に傾斜し，長く，広く，充実したもの 腰角　広く，背腰とほとんど水平で，粗大でなく適度に現れるもの 寛　　幅広く，腰角と坐骨端からほぼ等距離に，適度の高さに位置するもの 坐骨　坐骨間が広く，腰角よりやや低く，輪郭鮮明で，臀は平らで広いもの 尾根　坐骨間のやや上部に位置し，形よくついているもの 尾　　長く，次第に細く，尾房はつりあいがよく，豊かなもの 陰門　ほぼ垂直に位置するもの
肢蹄	20	肢の長さは体の深さとつりあい，肢勢は正しく，広く立ち，輪郭鮮明で強く，歩様は軽く確実なもの
肢	10	前肢　　まっすぐなもの 後肢　　寛から下ろした垂線が蹄の中間にあり，後望して肢間が広く，ほぼまっすぐなもの 飛節・管　飛節は鮮明で，適度な角度と幅があり，管は平たく，よくしまり，腱は明らかに現れるもの 繋　　　中等の長さで，強く，弾力があるもの
蹄	10	角度　　適度な角度を持ち，蹄底が平らなもの 大きさ　形よく幅があり，蹄踵はほどよい厚さで趾間のしまりのよいもの 質　　　光沢があり緻密なもの 蹄冠部　よくしまり鮮明なもの
乳用強健性	15	体全体に活力があり，乳用牛としての強さを示し，泌乳の時期に応じて適度の肉付きと，飼料の高い利用性を現すもの
頸・き甲・肋・膁・腿	12	頸　　長く，薄めで，肩と胸へなめらかに移行し，咽喉・胸垂の輪郭が鮮明なもの き甲　鮮明で，肩甲骨の上縁とそれよりやや高めの棘突起がほどよいくさび形となるもの 肋　　肋骨間が広く，肋骨は幅広く，平たく，長いもの。前肋はよく張り，後肋は斜め後方によく開帳したもの 膁　　深く，鮮明なもの 腿　　外側は平たく，適度に充実し，後望して股間が広く，内側に軽く湾曲し，よく切れ上がっているもの
皮膚・被毛	3	皮膚　ゆとりと弾力があり，薄めなもの 被毛　細密で光沢のあるもの
乳器	40	乳房の付着が強く，よく発達し，四乳区がつりあい，質がよく，長年にわたり高い生産能力を現すもの
前乳房	7	腹壁に強く付着し，長さは中等で，適度の容積があるもの
後乳房	8	高く，広く，強く付着し，上方から下方にかけて一定の幅をもち，わずかに丸みを帯びているもの
乳房の懸垂	5	乳房を左右に二等分する間溝が明瞭に現れ，靭帯の強いもの
乳房の深さ	9	底面が水平で，飛節端よりやや高いもの
乳房の質	3	柔軟で，弾力に富み，搾乳直後はよく収縮するもの
乳頭	8	太さと長さが適度で，よくそろい，円筒形で，各乳区の中央に配列し，垂下しているもの
合計	100	

(2) 黒毛和種種牛審査標準

(平成24年4月1日施行　全国和牛登録協会)

総称	審査項目	審査細目	説明	標点 雌	標点 雄	減率協定 普通 雌	減率協定 普通 雄	減率協定 最良
肉用種の特徴（50）	増体性 飼料利用性 早熟性	体積（50）	体積	月齢に応じた良好な発育をし，体躯広く，深く，伸びよく，体積豊かなもの。栄養適度で，肉付均等，各部の移行なだらかなもの。	18	18	20	17	6
			前躯	幅と張りとに富み，充実し，深いもの。胸は広く，深く，胸底平らで，胸前，肘後ともに充実しているもの。肩は胸及びきこう部への移行なだらかで，肩後は充実しているもの。	6	6	18	16	6
			中躯	幅と張りとに富み，深く，伸びのよいもの。背腰は広く，長く，強く，平直であるもの。肋は付きがよく，角度大でよく張り，長く，肋間の広いもの。腹は豊かで，ゆるくなく，後方まで深いもの。	12	12	16	14	4
			後躯（尻・腿）	尻は腰角，かん，坐骨ともに幅広く，長く，傾斜少なく，形よく，充実しているもの。腰角は突出せず，十字部は平らで，かんの位置よく，せん骨は高くなく，尾は付着よく，まっすぐにさがったもの。腿は上腿，下腿ともに広く，厚く，充実し，腿下がりのよいもの。	14	14	22	19	10
種牛性（50）	体躯構成 健全性	均称（18）	均称	頭，頸，体躯，四肢相互が月齢に応じた釣合いをし，前，中，後躯の釣合いよく，体上線，体下線ともに平直で，体躯が充実しているもの。	12	12	20	17	6
			肢蹄・歩様	肢勢は正しく，関節は強く鮮明で，筋けんはよく発達し，肢の長さは体の深さに釣合い，蹄は大きく厚いもの。歩様は確実で，肢の運びのまっすぐなもの。	6	8	22	20	12
	繁殖性 連産性 長命性	品位（17）	品位	輪郭鮮明で体緊り，骨緊りともによく，品位に富み，雌雄それぞれの性相を現わし，性質温順なもの。肩は緊密に付着し，ほどよく傾斜し，肩端の突出していないもの。性器は正常なもの。	12	12	20	17	6
			頭頸	頭部は形よく，鮮明で，体躯に釣合っているもの。額は平らで広く，鉢緊りよく，眼はいきいきとして温和なもの。頬は豊かで，顎は張り，鼻梁は長さ適度で，口は大きいもの。耳は大きさ中等で，項は広いもの。頸は短めで，頭部と前躯への移行よく，雌は厚さ適度で，顎垂少なく，雄は厚く，頸峯と胸垂は適度に発達しているもの。	5	6	22	20	10
	資質	資質（8）	資質	資質のよいもの。被毛は黒く，わずかに褐色をおび，光沢があり，細かく柔らかく，密生しているもの。皮膚はゆとりがあり，厚さ適度で，柔らかく，弾力に富むもの。角，蹄は質ちみつで，色沢よく，管は平骨で鮮明なもの。	8	8	20	17	6
	泌乳性 哺育性	乳徴（7）	乳徴	乳房は均等によく発達し，容積があり，質は柔軟で弾力があるもの。乳頭は配置よく，大きさ適度で，柔らかく，乳脈はよく発達しているもの。	7	4	20	19	6
				合計	100	100	80.1	82.6	93.1 (93.0)

成牛（雌35か月，雄40か月）の体系および体重の目標

性		体高	十字部高	体長	胸囲	胸深	胸幅	尻長	腰角幅	かん幅	坐骨幅	体重
雌	体高（100）に対する比率	100	100	121	146	54	37	42	40	37	25	
	実数（cm）	130	130	157	190	70	48	54	52	48	33	520kg
雄	体高（100）に対する比率	100	97	124	152	55	39	42	39	38	26	
	実数（cm）	147	143	182	223	81	58	62	57	56	38	860kg

付録2 畜産物の取引規格

(1) 鶏卵の取引規格〈鶏卵個体の品質区分〉（農林水産省「鶏卵規格取引要綱」平成12年12月1日による）

事項	等級	特級（生食用）	1級（生食用）	2級（加熱加工用）	級外（食用不適）
外観検査および透光検査した場合	卵殻	卵円形 ち密できめこまかく，色調が正常 清浄で無傷	いびつ 粗雑，退色など，わずかに異常がある 軽度汚卵で無傷	奇形卵 いちじるしく粗雑 軟卵 重度汚卵，液もれのない破卵	カビ卵 液もれのある破卵 悪臭がある
透光検査した場合	卵黄	中心に位置する 輪郭がわずかにみられる へん平になっていない	中心をわずかにはずれる 輪郭が明りょうである ややへん平になっている	相当中心をはずれる へん平かつ拡大している 物理的理由によって乱れている	腐敗卵 ふ化中止卵 血卵 乱れ卵 異物混入卵
	卵白	透明で軟弱でない	透明であるが，やや軟弱	軟弱で液状をていする	―
	気室	深さ4mm以内で，ほとんど一定している	深さ8mm以内で，若干移動している	深さ8mm以上で，気泡を含み，大きく移動している	―
割卵検査した場合	拡散面積	小さい	ふつう	かなり広い	―
	卵黄	丸く盛り上がっている	ややへん平	へん平	―
	濃厚卵白	大量をしめ，盛り上がり，卵黄をよく囲んでいる	少量で，へん平になっている	ほとんどない	―
	水様卵白	少量	ふつう	大量をしめる	―

(2) 牛枝肉取引規格〈肉質等級〉（日本食肉格付協会「牛・豚枝肉取引規格解説書」平成元年による）

等級\項目	脂肪交雑	肉の色沢	肉のしまり・きめ	脂肪の色沢と質
5	胸最長筋ならびに背半棘筋および頭半棘筋における脂肪交雑がかなり多いもの	肉色および光沢がかなりよいもの	しまりはかなりよく，きめがかなり細かいもの	脂肪の色，光沢および質がかなりよいもの
4	胸最長筋ならびに背半棘筋および頭半棘筋における脂肪交雑がやや多いもの	肉色および光沢がややよいもの	しまりはややよく，きめがやや細かいもの	脂肪の色，光沢および質がややよいもの
3	胸最長筋ならびに背半棘筋および頭半棘筋における脂肪交雑が標準のもの	肉色および光沢が標準のもの	しまりおよびきめが標準のもの	脂肪の色，光沢および質が標準のもの
2	胸最長筋ならびに背半棘筋および頭半棘筋における脂肪交雑がやや少ないもの	肉色および光沢が標準に準ずるもの	しまりおよびきめが標準に準ずるもの	脂肪の色，光沢および質が標準に準ずるもの
1	胸最長筋ならびに背半棘筋および頭半棘筋における脂肪交雑がほとんどないもの	肉色および光沢が劣るもの	しまりが劣りまたはきめが粗いもの	脂肪の色，光沢および質が劣るもの

B.M.S.No.	No.1	No.2	No.3	No.4	No.5	No.6	No.7	No.8	No.9	No.10	No.11	No.12
脂肪交雑基準	0	0^+	1^-	1	1^+	2^-	2	2^+	3^-	3	4	5
等級区分	1	2	3	3	4	4	4	5	5	5	5	5

付録3 家畜の日本飼養標準 (抜粋)

(1) 家きん (ニワトリ) の日本飼養標準 (2004年版)

●エネルギー・タンパク質・無機物およびビタミン要求量

栄養素	単位[1]	幼びな 0～4週齢	中びな 4～10週齢	大びな 10週齢～初産	産卵鶏 日産卵量56gの場合[2]	卵用・肉用の種鶏 産卵期	ブロイラー 前期 0～3週齢	ブロイラー 後期 3週齢以後
代謝エネルギー (ME)	Mcal/kg	2.90	2.80	2.70	2.80	2.75	3.10	3.10
	MJ/kg	12.1	11.7	11.3	11.7	11.5	13.0	13.0
粗タンパク質 (CP)	%	19.0	16.0	13.0	15.5	15.5	20.0	16.0
カルシウム	%	0.80	0.70	0.60	3.33	3.40	0.90	0.80
非フィチンリン	〃	0.40	0.35	0.30	0.30	0.35	0.45	0.40
マグネシウム	〃	0.06	0.06	0.06	0.05	0.05	0.06	0.06
カリウム	〃	0.37	0.34	0.25	0.15	0.15	0.30	0.24
ナトリウム	〃	0.15	0.15	0.15	0.12	0.12	0.20	0.15
塩素	〃	0.15	0.15	0.15	0.12	0.12	0.20	0.15
鉄	%	80.0	60.0	40.0	45.0	60.0	80.0	80.0
銅	mg/kg	5.0	4.0	4.0	—	—	8.0	8.0
亜鉛	〃	40.0	40.0	35.0	35.0	45.0	40.0	40.0
マンガン	〃	55.0	55.0	25.0	25.0	33.0	55.0	55.0
ヨウ素	〃	0.35	0.35	0.35	0.20	0.20	0.35	0.35
セレン	〃	0.12	0.12	0.12	0.12	0.12	0.12	0.12
ビタミンA	IU/kg	2,700	2,700	2,700	4,000	4,000	2,700	2,700
ビタミンD_3	〃	200	200	200	500	500	200	200
ビタミンE	〃	10.0	10.0	5.0	5.0	10.0	10.0	10.0
ビタミンK	mg/kg	0.5	0.5	0.5	0.5	1.0	0.5	0.5
チアミン	mg/kg	2.0	1.8	1.3	0.7	0.7	2.0	1.8
リボフラビン	〃	5.5	3.6	1.8	2.5	3.8	5.5	3.6
パントテン酸	〃	10.0	10.0	10.0	2.0	7.0	9.3	6.8
ニコチン酸	〃	29.0	27.0	11.0	10.0	10.0	37.0	7.8
ビタミンB_6	〃	3.1	3.0	3.0	2.5	4.5	3.1	1.7
ビオチン	〃	0.15	0.15	0.10	0.10	0.10	0.15	0.15
コリン	〃	1,300	1,300	500	1,050	1,050	1,300	750
葉酸	〃	0.55	0.55	0.25	0.25	0.35	0.55	0.55
ビタミンB_{12}	〃	0.009	0.009	0.003	0.003	0.020	0.009	0.004
リノール酸	%	1.0	1.0	1.0	1.0	1.0	1.0	1.0

注 1): 風乾飼料原物 (水分13%) の単位重量当たりの量。
　　2): 体重1.8kg, 産卵率93%, 卵重60g, 日増体量2.0g (30～35週齢) を想定。日産卵量49gの場合 (体重1.9kg, 産卵率75%, 卵重65g, 日増体量なし (55～60週齢) を想定) は, 粗タンパク質を14.3, カルシウムを3.04に変更。

(2) 乳牛の日本飼養標準 (2006年版)

❶ 成雌牛の維持に要する1日当たり養分量

体重 (kg)	乾物量 DMI(kg)	CP (g)	DCP (g)	TDN (kg)	DE (Mcal)	ME (Mcal)	ME (MJ)	Ca (g)	P (g)	ビタミンA (1,000IU)	ビタミンD (1,000IU)
350	5.95	365	219	2.60	11.48	9.41	39.38	14	10	14.8	2.1
400	6.80	404	242	2.88	12.69	10.40	43.52	16	11	17.0	2.4
450	7.65	441	265	3.14	13.86	11.36	47.54	18	13	19.1	2.7
500	8.50	478	287	3.40	15.00	12.30	51.45	20	14	21.2	3.0
550	9.35	513	308	3.65	16.11	13.21	55.26	22	16	23.3	3.3
600	10.20	548	329	3.90	17.19	14.10	58.99	24	17	25.4	3.6
650	11.05	581	349	4.14	18.26	14.97	62.64	26	19	27.6	3.9
700	11.90	615	369	4.38	19.30	15.83	66.22	28	20	29.7	4.2
750	12.75	647	388	4.61	20.33	16.67	69.74	30	21	31.8	4.5
800	13.60	679	408	4.84	21.33	17.49	73.20	32	23	33.9	4.8

注(1) 産次による維持に要する養分量の補正(泌乳牛のみを対象とする):初産分べんまでは,成雌牛の維持に要する養分量のかわりに,育成に要する養分量を適用する。初産分べんから2産分べんまでの維持要求量は,増体を考慮し成雌牛の維持の要求量の130%,また,2産分べんから3産分べんまでは115%の値を適用する。ただし,ビタミンAおよびDについては,この補正をおこなわない。
(2) ここでいう維持のエネルギー要求量は泌乳牛用の飼料を想定して算出しており,乾乳牛(妊娠末期のものを除く)に対して用いる場合は,給与飼料の代謝率のちがいによる代謝エネルギーの利用効率の低下を考慮して,エネルギーについてのみここで示した要求量の110%の値を用いる。乾物量は体重の1.7%摂取するものとして算出した。

❷ 妊娠末期の維持に加える1日当たり養分量

〈分べん前9～4週間〉

胎児の品種	出生時体重 (kg)	DMI (kg)	CP (g)	DCP (g)	TDN (kg)	DE (Mcal)	ME (Mcal)	ME (MJ)	Ca (g)	P (g)	ビタミンA (1,000IU)	ビタミンD (1,000IU)
初産:乳用種(S)	42	1.94	364	218	1.23	5.40	4.43	18.54	13.6	6.2	20.2	2.4
経産:乳用種(S)	46	2.13	398	239	1.34	5.92	4.85	20.31	13.6	6.2	20.2	2.4
肉用種(S)	30	1.45	221	133	0.91	4.02	3.30	13.80	9.5	4.4	20.2	2.4
肉用種(T)	48	2.29	335	201	1.44	6.37	5.22	21.86	15.0	6.9	20.2	2.4
交雑種(S)	35.6	1.70	250	150	1.07	4.73	3.88	16.23	11.6	5.3	20.2	2.4

〈分べん前3週間〉

胎児の品種	出生時体重 (kg)	DMI (kg)	CP (g)	DCP (g)	TDN (kg)	DE (Mcal)	ME (Mcal)	ME (MJ)	Ca (g)	P (g)	ビタミンA (1,000IU)	ビタミンD (1,000IU)
初産:乳用種(S)	42	2.44	485	291	1.63	7.21	5.91	24.72	18.2	8.3	20.2	2.4
経産:乳用種(S)	46	2.67	531	319	1.79	7.89	6.47	27.08	18.2	8.3	20.2	2.4
肉用種(S)	30	1.82	289	173	1.22	5.36	4.40	18.40	12.7	5.8	20.2	2.4
肉用種(T)	48	2.88	437	262	1.93	8.49	6.97	29.15	20.0	9.2	20.2	2.4
交雑種(S)	35.6	2.14	327	196	1.43	6.31	5.17	21.65	15.5	7.1	20.2	2.4

注(1) カルシウム(Ca),リン(P)およびビタミンは母体の体重によって必要な要分量がことなる。ここでは母牛の体重を600kgとした。(2) S:単胎,T:双胎。(3) 交雑種(F_1)はホルスタイン種と黒毛和種の交雑種。

❸ 産乳に要する養分量(牛乳1kg生産当たり)

乳脂率 %	CP (g)	DCP (g)	TDN (kg)	DE (Mcal)	ME (Mcal)	ME (MJ)	Ca (g)	P (g)	ビタミンA (1,000IU)
2.8	64	41	0.28	1.23	1.01	4.21	2.6	1.5	1.3
3.0	65	43	0.29	1.26	1.04	4.33	2.7	1.5	1.3
3.5	69	45	0.31	1.35	1.11	4.64	2.9	1.7	1.3
4.0	74	48	0.33	1.44	1.18	4.95	3.2	1.8	1.3
4.5	78	50	0.35	1.53	1.26	5.25	3.4	1.9	1.3
5.0	82	53	0.37	1.62	1.33	5.56	3.6	2.1	1.3
5.5	86	56	0.39	1.71	1.40	5.87	3.9	2.2	1.3
6.0	90	58	0.41	1.80	1.48	6.18	4.1	2.3	1.3

注(1) 乳量15kgにつき,維持と産乳を加えた養分量を,分離給与の場合は4%,TMR給与の場合は3.5%増給する。
(2) ビタミンDの産乳に要する要求量は,乳量にかかわらず体重1kg当たり4.0IUである。

(3) 肉牛の日本飼養標準（2008年版）
❶ 成雌牛の維持の要する養分量

体重 (kg)	乾物量 (kg)	CP (g)	TDN (kg)	DE (Mcal)	ME		Ca (g)	P (g)	ビタミンA (1,000IU)
					(Mcal)	(MJ)			
350	5.00	402	2.50	11.04	9.1	37.89	11	12	14.8
400	5.53	441	2.76	12.21	10.0	41.88	12	13	17.0
450	6.04	479	3.02	13.33	10.9	45.74	14	15	19.1
500	6.54	515	3.27	14.43	11.8	49.51	15	16	21.2
550	7.02	551	3.51	15.50	12.7	53.17	17	18	23.3
600	7.49	585	3.75	16.54	13.6	56.76	18	20	25.4

❷ 妊娠末期2か月間に維持に加える養分量

CP (g)	TDN (kg)	DE (Mcal)	ME		Ca (g)	P (g)
			(Mcal)	(MJ)		
212	0.83	3.67	3.01	12.58	14	4

注　分べん前2か月に維持に加える1日当たり乾物量は1.0kgをめやすとして示すことができる。

❸ 授乳中に維持に加える養分量

CP (g)	TDN (kg)	DE (Mcal)	ME		Ca (g)	P (g)
			(Mcal)	(MJ)		
97	0.36	1.61	1.32	5.52	2.5	1.1

注　授乳量1kg当たり維持に加えるべき乾物量は0.5kgをめやすとして示すことができる。

❹ 肉用種去勢牛の肥育に要する養分量（抜粋）

体重 (kg)	増体日量 (kg)	乾物量 (kg)	CP (g)	TDN (kg)	DE (Mcal)	ME		Ca (g)	P (g)	ビタミンA (1,000IU)
						(Mcal)	(MJ)			
200	0.8	5.18	725	3.54	15.61	12.80	53.55	28	13	8.5
	1.0	5.71	844	4.00	17.65	14.48	60.57	33	15	8.5
250	0.8	6.12	770	4.06	17.92	14.69	61.47	28	15	10.6
	1.0	6.66	884	4.58	20.20	16.57	69.32	33	16	10.6
300	0.8	6.86	801	4.52	19.95	16.36	68.45	28	16	12.7
	1.0	7.39	911	5.08	22.43	18.39	76.95	33	17	12.7
350	0.8	7.40	823	4.93	21.76	17.84	74.65	28	17	14.8
	1.0	7.93	928	5.52	24.38	19.99	83.65	33	19	14.8
400	0.8	7.79	835	5.29	23.37	19.16	80.17	28	18	17.0
	1.0	8.32	935	5.91	26.10	21.40	89.56	32	20	17.0
450	0.8	8.05	839	5.62	24.81	20.34	85.11	29	20	19.1
	1.0	8.58	935	6.26	27.62	22.65	94.76	32	21	19.1
500	0.8	8.21	838	5.91	26.10	21.40	89.54	29	21	21.2
	1.0	8.74	929	6.56	28.96	23.74	99.35	32	22	21.2
550	0.6	7.77	747	5.52	24.36	19.97	83.57	26	21	23.3
	0.8	8.30	833	6.17	27.25	22.35	93.50	29	22	23.3
600	0.6	7.82	744	5.75	25.40	20.82	87.13	27	22	25.4
	0.8	8.35	824	6.41	28.29	23.20	97.06	29	23	25.4
650	0.6	7.85	740	5.97	26.35	21.60	90.39	27	24	27.6
	0.8	8.39	815	6.62	29.21	23.96	100.23	29	24	27.6
700	0.4	7.37	665	5.52	24.38	19.99	83.64	26	24	29.7
	0.6	7.91	736	6.17	27.22	22.32	93.38	28	25	29.7
750	0.4	7.47	669	5.72	25.24	20.70	86.60	26	26	31.8
	0.6	8.00	733	6.35	28.02	22.97	96.12	28	26	31.8

(4) 豚の日本飼養標準（2013年版）　本文中p.86～102に示す。

付録4 日本標準飼料成分表（抜粋）

（1）ウシの飼料成分表

（農業技術研究機構編「日本標準飼料成分表2001年版」による）

NFE：可溶無窒素物，ADF：酸性デタージェント繊維，NDF：中性デタージェント繊維
1)：1番草・出穂前，2)：1番草・出穂期，3)：1番草・開花期，4)：1番草・結実期，5)：再生草・出穂期

飼料名	組成（原物中%）							消化率（%）				栄養価（1cal＝4.184J） 原物中			乾物中		
	水分	粗タンパク質CP	粗脂肪EE	NFE	粗繊維CF	ADF	NDF	粗灰分CA	粗タンパク質CP	粗脂肪EE	NFE	粗繊維CF	TDN(%)	DE(Mcal/kg)	ME(Mcal/kg)	TDN(%)	DE(Mcal/kg)	ME(Mcal/kg)
a. 生草																		
1. 牧草類																		
オーチャードグラス 1)	82.4	3.1	0.9	7.3	4.4	5.1	9.4	1.9	74	57	72	77	12.1	0.53	0.45	68.8	3.03	2.57
オーチャードグラス 2)	80.5	2.3	0.7	9.1	5.7	6.7	11.5	1.7	65	50	67	71	12.4	0.55	0.46	63.6	2.82	2.37
オーチャードグラス 3)	73.7	2.4	0.9	11.6	9.2	10.9	17.5	2.2	50	52	61	63	15.1	0.67	0.55	57.4	2.53	2.09
イタリアンライグラス 1)	83.7	3.0	0.8	7.6	3.2	3.7	7.6	1.7	77	60	77	79	11.8	0.52	0.44	72.4	3.19	2.73
イタリアンライグラス 2)	84.7	2.1	0.6	6.7	4.3	5.0	8.8	1.6	74	57	74	76	10.7	0.47	0.40	69.9	3.07	2.61
イタリアンライグラス 3)	78.3	1.8	0.6	10.6	6.9	8.1	13.5	1.8	58	58	63	64	12.9	0.57	0.48	59.4	2.63	2.19
ペレニアルライグラス 1)	83.6	2.8	0.7	7.6	3.5	4.3	10.8	1.8	77	60	77	79	11.7	0.52	0.44	71.3	3.14	2.68
ペレニアルライグラス 2)	80.5	2.0	0.7	9.7	5.3	6.2	11.0	1.8	74	60	74	74	13.6	0.60	0.51	69.7	3.07	2.61
チモシー 1)	81.7	3.2	0.7	9.3	3.4	3.9	8.3	1.7	75	60	80	78	13.4	0.59	0.51	73.4	3.24	2.77
チモシー 2)	79.9	2.0	0.7	9.6	6.2	7.3	12.3	1.6	68	56	73	70	13.6	0.60	0.51	67.7	2.99	2.53
チモシー 3)	75.0	2.2	0.7	12.2	8.5	10.0	16.3	1.4	53	52	66	60	15.1	0.67	0.55	60.4	2.66	2.22
ダリスグラス 2)	83.2	2.7	0.4	6.0	6.0	7.1	11.6	1.7	71	51	71	72	10.9	0.48	0.40	64.9	2.86	2.41
アルファルファ 3)	80.8	3.4	0.6	7.5	5.9	7.2	8.9	1.8	77	46	72	51	11.6	0.51	0.43	60.4	2.66	2.22
アカクローバ 3)	84.0	2.7	0.6	7.0	4.1	5.4	6.8	1.6	68	59	76	55	10.2	0.45	0.38	63.8	2.81	2.36
シロクローバ（開花前）| 87.4	3.5	0.5	5.4	1.7	2.6	2.9	1.5	78	62	87	70	9.3	0.41	0.35	73.8	3.25	2.78
シロクローバ（開花期）| 85.1	4.0	0.7	6.6	2.2	3.3	3.7	1.4	74	59	82	64	10.7	0.47	0.40	71.8	3.17	2.71
2. 青刈飼料作物類																		
トウモロコシ（出穂前）| 89.7	1.3	0.3	4.4	3.1	3.9	6.1	1.2	75	70	71	73	6.8	0.30	0.25	66.0	2.91	2.46
トウモロコシ（出穂期）| 85.6	1.6	0.3	7.0	4.3	−	−	1.2	78	70	71	73	9.8	0.43	0.37	68.1	3.00	2.54
トウモロコシ（乳熟期）| 80.5	1.8	0.6	10.5	5.4	6.9	10.9	1.2	67	72	74	71	13.7	0.60	0.51	70.3	3.10	2.64
トウモロコシ（糊熟期）| 78.3	1.8	0.6	12.4	5.6	7.2	11.5	1.3	66	75	74	69	15.5	0.68	0.58	71.4	3.13	2.67
トウモロコシ（黄熟期）| 72.9	2.1	0.7	16.6	6.2	8.0	13.1	1.5	59	74	76	66	19.1	0.84	0.72	70.5	3.10	2.64
ソルガム（出穂前）| 85.1	1.6	0.4	6.8	4.8	6.0	9.1	1.3	75	74	72	75	10.4	0.46	0.39	69.8	3.08	2.62
ソルガム（出穂期）| 79.7	1.8	0.4	9.6	6.7	8.4	12.7	1.7	62	63	63	63	12.1	0.53	0.44	59.6	2.63	2.19
エンバク（出穂前）| 87.5	2.9	0.8	4.7	2.5	2.9	4.8	1.6	70	69	79	76	8.9	0.39	0.33	71.2	3.12	2.66
エンバク（出穂期）| 84.2	2.0	0.5	6.8	5.1	5.9	9.8	1.4	65	63	70	72	10.5	0.46	0.39	66.5	2.91	2.46
エンバク（乳熟期）| 77.1	2.0	0.7	11.1	7.3	8.5	14.1	1.8	55	61	64	62	13.7	0.60	0.50	59.8	2.62	2.18
ライムギ（出穂前）| 86.1	3.6	0.9	5.1	2.7	−	−	1.6	75	70	75	79	10.1	0.45	0.39	72.7	3.24	2.77
ライムギ（出穂期）| 83.8	2.1	0.5	7.5	4.8	−	−	1.3	69	70	72	73	11.1	0.49	0.42	68.5	3.02	2.56
ヒエ	72.9	2.2	0.5	12.4	8.5	11.7	−	3.5	63	71	54	47	12.9	0.57	0.47	47.55	2.10	1.72
3. 根菜類および果菜類																		
飼料カブ（根）| 91.3	1.3	0.2	5.3	0.9	2.7	3.4	1.0	71	64	95	94	7.1	0.31	0.27	81.6	3.60	3.21
飼料用ビート（根）| 89.8	1.2	0.1	7.0	0.7	−	−	1.2	71	92	98	86	8.6	0.38	0.33	84.3	3.72	3.23
ルタバガ（根）| 89.7	1.1	0.1	7.3	1.0	−	−	0.8	75	79	96	89	8.9	0.39	0.34	86.4	3.81	3.32
カンショ（芋）| 72.1	1.6	0.3	24.3	0.8	−	−	0.9	55	0	92	0	23.2	1.02	0.89	83.2	3.67	3.19
ボンキン（果）| 94.3	1.2	0.2	2.5	0.9	−	−	0.6	75	92	89	63	4.7	0.21	0.18	82.5	3.64	3.16
4. 野草類																		
ススキ（出穂前）| 73.6	3.5	0.9	12.0	7.9	−	−	2.1	57	34	58	64	14.7	0.65	0.54	55.7	2.46	2.03
野草（あぜ）| 76.3	2.7	0.7	11.0	6.8	−	−	2.5	76	54	67	47	13.5	0.60	0.49	57.0	2.51	2.07
野草（原野）| 59.1	3.8	1.2	19.6	13.1	−	−	3.2	51	33	51	55	20.0	0.88	0.71	48.9	2.16	1.74
b. サイレージ																		
1. 牧草類																		
オーチャードグラス 2)	73.2	3.7	1.3	10.9	8.5	10.0	16.7	2.4	65	64	64	71	17.3	0.76	0.64	64.6	2.84	2.39
オーチャードグラス 3)	76.1	2.8	1.2	9.3	8.2	9.7	15.7	2.4	56	51	55	66	13.5	0.60	0.50	56.5	2.51	2.07
イタリアンライグラス 2)	67.1	4.1	1.5	13.7	10.1	11.9	20.1	3.5	67	75	66	76	21.9	0.97	0.82	66.6	2.95	2.50
イタリアンライグラス 3)	76.4	2.3	0.9	9.9	8.2	9.7	15.6	2.3	55	59	57	67	13.6	0.60	0.50	57.6	2.54	2.10
イタリアンライグラス 4)	44.0	3.3	1.2	27.8	20.2	23.9	38.1	3.5	39	39	49	49	25.9	1.14	0.91	46.3	2.04	1.62
チモシー 1)	76.3	3.3	1.3	9.9	6.8	8.0	13.8	2.4	74	80	70	78	17.0	0.75	0.64	71.7	3.16	2.70
チモシー 2)	70.0	4.6	1.5	12.0	9.1	10.7	18.2	2.8	71	64	63	70	19.5	0.86	0.73	65.0	2.87	2.42

飼料名	組成（原物中%）								消化率（%）				栄養価（1cal = 4.184J）					
												原物中			乾物中		
	水分	粗タンパク質 CP	粗脂肪 EE	NFE	粗繊維 CF	ADF	NDF	粗灰分 CA	粗タンパク質 CP	粗脂肪 EE	NFE	粗繊維 CF	TDN (%)	DE (Mcal/kg)	ME (Mcal/kg)	TDN (%)	DE (Mcal/kg)	ME (Mcal/kg)
2. 青刈飼料作物類																		
トウモロコシ(乳熟期・全国)	80.2	1.9	0.7	9.7	6.0	7.6	11.9	1.5	58	72	65	67	12.5	0.55	0.46	63.1	2.78	2.33
トウモロコシ(糊熟期・全国)	75.7	2.1	0.8	13.7	6.1	7.8	12.6	1.6	54	74	67	64	15.5	0.68	0.57	63.8	2.80	2.35
トウモロコシ(黄熟期・全国)	73.6	2.1	0.8	15.9	6.0	7.7	12.6	1.6	53	79	72	59	17.4	0.77	0.65	65.9	2.92	2.47
イネ(黄熟期)	62.7	2.6	1.1	19.0	9.8	11.6	18.1	4.8	51	61	70	48	20.8	0.92	0.76	55.9	2.46	2.03
c. 乾草																		
1. 牧草類																		
オーチャードグラス[2]	16.3	10.9	2.8	35.1	27.9	32.9	53.9	7.0	60	52	63	66	50.3	2.22	1.85	60.1	2.65	2.21
オーチャードグラス[3]	15.6	8.9	2.2	35.4	31.7	37.5	59.0	6.2	56	45	58	58	46.1	2.03	1.67	54.6	2.41	1.98
イタリアンライグラス[2]	14.2	9.7	2.3	37.0	28.5	33.6	55.1	8.3	60	53	68	69	53.4	2.35	1.97	62.2	2.74	2.29
イタリアンライグラス[3]	13.9	8.1	2.1	39.1	29.8	35.1	56.8	7.0	46	48	58	59	46.3	2.04	1.67	53.8	2.37	1.94
チモシー[2]	14.1	8.7	2.4	39.4	28.9	34.1	55.7	6.5	65	58	65	67	53.8	2.37	1.99	62.6	2.76	2.31
チモシー[3]	14.8	6.8	1.9	40.7	30.8	36.4	58.6	5.0	51	50	58	57	46.8	2.06	1.69	54.9	2.42	1.99
ローズグラス[2]	14.1	8.8	2.0	37.2	29.1	34.3	57.4	8.8	52	44	58	74	49.7	2.19	1.81	57.8	2.55	2.11
ローズグラス[5]	15.9	7.2	1.5	35.7	31.2	36.9	59.9	8.5	75	51	68	51	47.3	2.09	1.72	56.3	2.48	2.05
アルファルファヘイキューブ(良質なもの)	12.6	17.8	2.6	34.0	22.3	28.0	35.2	10.7	77	44	74	50	52.6	2.32	1.93	60.2	2.65	2.21
2. 野草類																		
野草(あぜ)	13.2	8.5	2.1	39.6	26.5	—	—	10.1	40	48	58	69	46.9	2.07	1.69	54.0	2.38	1.95
野草(原野)	13.0	6.8	2.0	41.7	28.9	—	—	7.6	33	42	43	64	40.6	1.79	1.43	46.7	2.06	1.64
d. わら類および殻類																		
イネわら(水稲)	12.2	4.7	1.8	37.6	28.4	34.4	55.4	15.3	26	45	49	57	37.6	1.66	1.30	42.8	1.89	1.48
イネわら(石灰処理)	12.7	4.4	1.3	37.7	29.5	35.4	56.7	14.4	0	27	62	86	49.5	2.18	1.80	56.7	2.50	2.07
オオムギわら	14.7	3.1	1.4	37.5	35.4	40.9	63.9	7.9	25	31	47	57	39.6	1.75	1.39	46.4	2.05	1.63
ダイズさや	16.5	4.7	0.7	42.4	29.8	35.8	43.6	5.9	29	14	68	51	45.6	2.01	1.65	54.6	2.41	1.98
e. 穀類，豆類およびいも類																		
トウモロコシ*	13.5	8.0	3.8	71.7	1.7	2.6	9.1	1.3	78	88	91	50	79.9	3.52	3.09	92.3	4.07	3.57
オオムギ*	11.8	10.6	2.1	68.8	4.4	5.8	14.5	2.3	72	82	89	32	74.1	3.27	2.84	84.1	3.71	3.22
オオムギ(ハダカムギ)	12.3	10.3	1.9	71.8	1.7	—	—	2.0	84	81	91	35	78.0	3.44	3.01	89.0	3.92	3.43
玄米	13.8	7.9	2.3	73.7	0.9	—	—	1.4	70	84	96	70	81.3	3.58	3.15	94.3	4.16	3.65
ヒエ	13.0	9.3	5.0	61.9	7.6	—	—	3.2	75	91	84	29	71.4	3.15	2.73	82.1	3.62	3.14
f. 植物性油かす類																		
大豆かす	11.7	46.1	1.3	29.4	5.6	7.9	12.6	5.9	92	84	94	74	76.6	3.38	2.95	86.8	3.83	3.34
綿実かす	11.5	35.4	0.8	32.8	13.8	22.9	32.1	5.7	81	92	60	57	57.9	2.55	2.15	65.4	2.88	2.43
アマニかす	11.3	36.2	2.5	37.0	7.8	14.4	21.6	5.2	88	89	82	52	71.3	3.14	2.72	80.3	3.54	3.06
g. ぬか類																		
米ぬか(生)	12.0	14.8	18.5	38.2	7.7	10.3	24.9	8.8	72	90	78	34	80.5	3.55	3.11	91.5	4.04	3.54
脱脂米ぬか	12.8	17.5	1.8	46.9	9.0	14.1	40.5	12.0	73	70	75	55	55.8	2.46	2.07	64.0	2.82	2.37
フスマ	11.3	15.7	4.0	54.4	9.3	12.6	34.4	5.1	76	74	76	42	63.9	2.82	2.41	72.1	3.18	2.72
オオムギ混合ぬか	10.1	12.2	5.2	54.2	13.2	17.2	43.0	5.1	65	82	65	40	58.0	2.56	2.16	64.6	2.85	2.40
オオムギ仕上ぬか	12.0	14.8	3.9	65.0	1.6	2.1	5.3	2.7	70	82	86	33	74.0	3.26	2.84	84.1	3.71	3.22
h. 製造かす類																		
デンプンかす(カンショ・生)	90.6	0.2	0.1	7.2	1.6	—	—	0.3	0	55	90	30	7.1	0.31	0.27	75.4	3.32	2.85
デンプンかす(バレイショ・生)	83.7	1.0	0.1	12.1	2.7	—	—	0.4	15	10	85	29	11.2	0.50	0.42	69.0	3.04	2.58
ビートパルプ	13.4	10.9	1.0	52.7	17.0	22.8	43.3	5.0	50	0	88	75	64.6	2.85	2.44	74.6	3.29	2.82
ビールかす(生)	74.3	6.9	2.3	11.2	4.1	4.9	16.1	1.2	73	84	64	39	18.2	0.80	0.68	70.6	3.11	2.65
豆腐かす(生)	79.3	5.4	2.3	8.8	3.3	4.6	7.6	0.9	85	84	78	89	18.7	0.83	0.72	90.5	3.99	3.49
i. 動物質飼料																		
魚粉(ホワイトフィッシュミール)	7.2	65.4	6.1	0.8	0.2	—	—	20.3	93	93	0	0	73.6	3.25	2.80	79.3	3.50	3.02
魚粉(CP50%)	7.6	53.5	12.9	2.1	0.8	—	—	23.1	85	90	0	0	71.6	3.16	2.72	77.5	3.42	2.94
脱脂粉乳	5.9	35.8	0.3	49.9	0.1	—	—	8.0	95	99	98	0	83.6	3.69	3.22	88.8	3.92	3.42

注　*は，湿熱処理品を含む。なお，水分を調整しない乾熱処理品はDM90%換算値を用いる。

(2) ブタ・ニワトリの飼料成分表

飼料名	組成（原物中%）								消化率（%）ブタ			
	水分	粗タンパク質CP	粗脂肪EE	NFE	粗繊維CF	ADF	NDF	粗灰分CA	粗タンパク質CP	粗脂肪EE	NFE	粗繊維CF
a. 穀類，豆類およびいも類												
トウモロコシ*	13.5	8.0	3.8	71.7	1.7	2.6	9.1	1.3	80	84	93	45
グレインソルガム	13.2	8.8	3.2	71.5	1.8	5.7	8.7	1.5	74	75	95	59
コムギ*	11.5	12.1	1.8	70.5	2.4	3.4	10.2	1.7	87	73	93	30
オオムギ*	11.8	10.6	2.1	68.8	4.4	5.8	14.5	2.3	76	63	85	20
オオムギ（ハダカムギ）	12.3	10.3	1.9	71.8	1.7	−	−	2.0	83	70	92	36
ライムギ	12.3	10.4	1.6	72.2	1.8	3.3	13.5	1.7	85	38	93	38
エンバク	10.3	9.8	5.9	60.8	10.4	12.8	28.2	2.8	76	81	82	26
玄米	13.8	7.9	2.3	73.7	0.9	−	−	1.4	79	72	98	35
モミ	13.7	8.9	2.2	61.2	8.6	−	−	5.4	65	52	90	0
ヒエ	13.0	9.3	5.0	61.9	7.6	−	−	3.2	75	91	84	29
ダイズ	11.3	36.7	18.6	22.8	5.7	7.4	8.1	4.9	84	80	80	57
b. 植物性油かす類												
大豆かす	11.7	46.1	1.3	29.4	5.6	7.9	12.6	5.9	88	79	83	67
ナタネかす	12.3	37.1	2.2	32.3	9.7	19.4	29.1	6.4	79	64	71	46
ラッカセイかす	8.9	45.0	1.1	28.2	9.7	13.0	15.6	7.1	88	67	83	49
アマニかす	11.3	36.2	2.5	37.0	7.8	14.4	21.6	5.2	81	60	79	55
c. ぬか類												
米ぬか（生米ぬか）	12.0	14.8	18.5	38.2	7.7	10.3	24.9	8.8	71	79	78	30
脱脂米ぬか	12.8	17.5	1.8	46.9	9.0	14.1	40.5	12.0	71	66	75	20
フスマ	11.3	15.7	4.0	54.6	9.3	12.6	34.4	5.1	76	74	72	21
フスマ（特殊フスマ）	13.1	14.1	3.0	62.4	4.5	5.9	15.9	3.0	74	83	83	12
フスマ（オオムギ混合ぬか）	10.1	12.2	5.2	54.2	13.2	17.2	43.0	5.1	67	63	70	20
フスマ（オオムギ仕上ぬか）	12.0	14.8	3.9	65.0	1.6	2.1	5.3	2.7	70	63	75	40
d. 製造かす類												
コーングルテンフィード	11.1	19.8	2.4	53.1	8.2	10.5	33.6	5.4	73	63	68	48
デンプンかす（カンショ・生）	90.6	0.2	0.1	7.2	1.6	−	−	0.3	27	0	80	63
デンプンかす（カンショ・乾）	17.8	1.6	0.6	59.8	15.0	−	−	5.2	27	0	80	63
デンプンかす（バレイショ・生）	83.7	1.0	0.1	12.1	2.7	−	−	0.4	27	0	80	63
デンプンかす（バレイショ・乾）	13.4	5.5	0.4	64.9	13.8	−	−	2.0	27	0	80	63
しょうゆかす（生）	26.5	22.6	8.5	19.1	12.3	20.5	25.7	11.0	64	74	65	53
ビールかす（生）	74.3	6.9	2.3	11.2	4.1	4.9	16.1	1.2	69	60	34	15
e. 動物質飼料												
魚粉（ホワイトフィッシュミール）	7.2	65.4	6.1	0.8	0.2	−	−	20.3	91	91	0	0
魚粉（CP65%）	7.9	67.4	8.3	0.6	0.2	−	−	15.6	87	78	0	0
魚粉（CP60%）	8.6	61.2	9.3	1.6	0.6	−	−	18.7	87	78	0	0
魚粉（CP55%）	7.7	57.2	10.9	1.3	0.8	−	−	22.1	84	73	0	0
魚粉（CP50%）	7.6	53.5	12.9	2.1	0.8	−	−	23.1	80	67	0	0
フィッシュソリュブル	51.0	36.8	5.2	0.0	0.0	−	−	7.0	89	80	0	0
脱脂粉乳	5.9	35.8	0.3	49.9	0.1	−	−	8.0	94	96	97	0
ミートボーンミール**	5.7	50.4	10.6	1.0	1.6	−	−	30.7	83	89	0	0
フェザーミール**	8.0	84.5	4.4	0.4	0.6	−	−	2.1	77	67	0	0
f. 糖類												
コーンスターチ	14.5	0.1	0.1	85.1	0.0	−	−	0.2	0	0	99	−
g. リーフミール類												
アルファルファミール（サンキュア）	9.4	15.9	2.3	37.9	24.3	30.0	37.9	10.2	48	40	57	19
アルファルファミール（デハイ）	9.3	17.5	3.0	38.2	22.4	28.3	35.7	9.6	53	46	58	23
h. その他												
アルファルファ（1番草・開花前）	81.7	4.8	0.7	7.1	3.6	4.7	6.1	2.1	71	50	66	48
アカクローバ（1番草・開花前）	84.5	3.4	0.7	6.5	3.2	4.5	5.8	1.7	58	54	71	41
シロクローバ（開花前）	87.4	3.5	0.5	5.4	1.7	2.6	2.9	1.5	55	32	74	44
イタリアンライグラス（1番草・出穂前）	83.7	3.0	0.8	7.6	3.2	3.7	7.6	1.7	60	32	69	51
オーチャードグラス（1番草・出穂前）	82.4	3.1	0.9	7.3	4.4	5.1	9.4	1.9	53	21	60	45
飼料カブ（根）	91.3	1.3	0.2	5.3	0.9	2.7	3.4	1.0	78	32	93	41
飼料用ビート（根）	89.8	1.2	0.1	7.0	0.7	−	−	1.2	59	28	95	62
バレイショ（生，いも）	81.3	1.9	0.1	15.4	0.4	−	−	0.9	53	0	95	0
カンショ（生，いも）	72.1	1.6	0.3	24.3	0.8	−	−	0.9	24	0	98	0
カンショツル	87.2	1.7	0.5	6.1	3.0	−	−	1.5	27	22	36	16

注 *は，湿熱処理品を含む。なお，水分を調整しない乾熱処理品はDM90%換算値を用いる。**は，牛海綿状脳症（B

(「日本標準飼料成分表2001年版」による)

	ニワトリ			栄養価 (1cal = 4.184J)										
				ブタ				ニワトリ						
				原物中		乾物中		原物中			乾物中			代謝率
粗タンパク質 CP	粗脂肪 EE	NFE	粗繊維 CF	TDN (%)	DE (Mcal/kg)	TDN (%)	DE (Mcal/kg)	TDN (%)	GE (Mcal/kg)	ME (Mcal/kg)	TDN (%)	GE (Mcal/kg)	ME (Mcal/kg)	ME/GE (%)
85	94	88	0	81.0	3.57	93.7	4.13	78.0	3.88	3.27	90.1	4.49	3.78	84.2
78	73	90	18	80.9	3.57	93.2	4.11	76.6	3.87	3.22	88.3	4.46	3.70	83.0
82	79	84	9	79.7	3.52	90.1	3.97	72.4	4.06	2.97	81.8	4.59	3.36	73.2
75	78	81	10	70.4	3.10	79.8	3.52	67.6	4.03	2.77	76.7	4.57	3.14	68.7
72	65	78	10	78.1	3.45	89.1	3.93	66.4	3.99	2.71	75.7	4.55	3.09	68.0
67	68	80	10	78.0	3.44	89.0	3.92	67.3	3.98	2.72	76.8	4.54	3.10	68.3
73	82	81	13	70.8	3.12	78.9	3.48	68.6	4.31	2.81	76.5	4.80	3.13	65.2
89	83	94	0	82.5	3.64	95.7	4.22	80.6	3.78	3.29	93.5	4.39	3.82	87.1
71	50	91	0	63.4	2.80	73.5	3.24	64.5	3.68	2.64	74.7	4.26	3.06	71.7
70	80	80	0	71.4	3.15	82.1	3.62	65.0	4.10	2.66	74.7	4.71	3.06	65.0
85	87	60	13	85.9	3.79	96.8	4.27	82.0	5.14	3.39	92.5	5.80	3.83	66.0
85	87	60	13	70.9	3.13	80.3	3.54	60.1	4.26	2.39	68.1	4.82	2.71	56.2
73	71	32	0	59.8	2.64	68.2	3.01	40.9	4.20	1.69	46.7	4.79	1.92	40.2
85	87	55	10	69.4	3.06	76.2	3.36	56.9	4.36	2.34	62.4	4.78	2.57	53.7
73	59	41	9	66.3	2.92	74.7	3.29	45.6	4.29	1.88	51.4	4.83	2.11	43.7
68	91	50	20	75.5	3.33	85.8	3.78	68.6	4.68	2.79	77.9	5.32	3.17	59.6
68	88	49	18	52.1	2.30	59.7	2.63	40.1	3.67	1.64	46.0	4.20	1.88	44.6
74	81	53	0	59.9	2.64	67.5	2.98	47.8	4.13	1.97	53.9	4.66	2.22	47.6
77	84	62	0	68.3	3.01	78.6	3.47	55.2	4.04	2.26	63.5	4.65	2.60	56.0
65	76	53	10	56.1	2.47	62.4	2.75	46.9	4.23	1.97	52.1	4.70	2.19	46.6
70	82	71	10	65.3	2.88	74.2	3.27	63.9	4.13	2.62	72.6	4.70	2.97	63.3
70	60	55	4	57.9	2.55	65.1	2.87	46.6	4.08	1.91	52.5	4.59	2.15	46.8
−	−	−	−	6.8	0.30	72.6	3.20	−	−	−	−	−	−	−
0	30	80	0	57.7	2.55	70.2	3.10	48.2	3.53	1.97	58.7	4.29	2.40	55.9
−	−	−	−	11.7	0.51	71.5	3.15	−	−	−	−	−	−	−
40	30	80	0	62.1	2.74	71.7	3.16	54.4	3.89	2.22	62.8	4.49	2.56	57.0
−	−	−	−	47.6	2.10	64.8	2.86	−	−	−	−	−	−	−
−	−	−	−	12.3	0.54	47.8	2.11	−	−	−	−	−	−	−
91	89	0	0	72.0	3.18	77.6	3.42	71.7	4.30	2.97	77.3	4.64	3.20	69.0
87	88	0	0	73.2	3.23	79.5	3.51	75.1	4.62	3.11	81.5	5.02	3.37	67.3
86	88	0	0	69.6	3.07	76.2	3.36	71.0	4.43	2.94	77.7	4.85	3.22	66.4
82	72	0	0	66.0	2.91	71.5	3.15	64.6	4.36	2.67	69.9	4.72	2.90	61.3
78	67	0	0	62.2	2.74	67.3	2.97	61.2	4.38	2.53	66.2	4.74	2.74	57.9
91	92	0	0	42.1	1.86	85.9	3.79	44.3	2.57	1.83	90.3	5.24	3.74	71.4
94	96	97	0	82.7	3.65	87.9	3.88	82.7	4.23	3.39	87.9	4.49	3.60	80.2
79	80	0	0	63.1	2.78	66.9	2.95	58.9	3.98	2.44	62.5	4.22	2.59	61.4
65	65	0	0	71.7	3.16	77.9	3.44	61.4	5.21	2.50	66.7	5.67	2.72	48.0
0	0	98	−	84.2	3.57	98.5	4.17	83.4	3.57	3.50	97.5	4.17	4.09	98.1
65	41	23	0	35.9	1.58	39.6	1.75	21.2	4.00	0.87	23.4	4.42	0.96	21.8
85	40	40	5	39.6	1.75	43.7	1.93	34.0	4.08	1.39	37.5	4.50	1.54	34.2
−	−	−	−	10.6	0.47	57.9	2.55	−	−	−	−	−	−	−
−	−	−	−	8.8	0.39	56.5	2.49	−	−	−	−	−	−	−
64	27	34	7	7.0	0.31	55.8	2.46	4.5	0.57	0.18	35.7	4.50	1.47	32.6
−	−	−	−	9.2	0.41	56.7	2.50	−	−	−	−	−	−	−
−	−	−	−	8.4	0.37	47.9	2.11	−	−	−	−	−	−	−
−	−	−	−	6.5	0.29	74.3	3.28	−	−	−	−	−	−	−
−	−	−	−	7.9	0.35	77.0	3.40	−	−	−	−	−	−	−
−	−	−	−	15.6	0.69	83.6	3.69	−	−	−	−	−	−	−
−	−	−	−	24.2	1.07	86.8	3.83	−	−	−	−	−	−	−
−	−	−	−	3.4	0.15	26.5	1.17	−	−	−	−	−	−	−

SE) 防止のため,取扱いおよび給与は省令による規定に従う。

索 引

[あ]

RM	33
青刈作物	29
アジア野猪	77
後産	98
後産停滞	125
アドレナリン	127
アニマルセラピー	208
アバディーンアンガス種	147
アパルーサ	173
油かす類	103
アフリカンブラック種	194
アラブ	173
アンゴラ種	182
アンダルシアン	173

[い]

家牛	146
胃かいよう	107
育種価	113, 148
い縮性鼻炎	107
異常分べん	99
イタリアンライグラス	34
一産どり肥育	164
1日平均増体量	90
遺伝率	148
インターネット	219
稲発酵粗飼料	6

[う]

ウインドウレス鶏舎	53, 54
ウール	188
ウェットフィーディング	92
ウォーターカップ	114, 152
ウォーターピック	54
烏口骨	47
烏骨鶏	52, 207
牛海綿状脳症	7
羽毛鑑別法	59
裏発情	98
運動場	18

[え]

AR	107
HACCP	8
衛生管理のガイドライン	8
栄養収量	30
液状家畜ふん尿	26
役肉牛	146
役肉兼用種	146
役用牛	146
エコフィード	6
SEP	107
エストロゲン	95, 123
SPF豚	106
枝肉（枝肉歩留まり）	166
えづけ	61, 86
NE	14, 119
NFE	31
NDF	30
FSH	201
F_1	148
ME	14, 119

[お]

追い込み式牛舎	152
黄体形成不全	138
黄体形成ホルモン	123
黄体ホルモン	123
横はんプリマスロック種	51
オーエスキー病	107
大型種	77
オーストラリアン・メリノ種	189
大びな	49
オールイン・オールアウト	49
オール混合飼料給与	120
オキシトシン	127
尾長鶏	207
温血種	172

[か]

カーフスターター	135, 158
カーフハッチ	135
会計情報	211
回虫	101
飼いならし	159
外部情報	211
開放追い込み式牛舎	152
開放型鶏舎	53, 54
外ぼう審査	149
改良草地	36
カウデイ	38
家きんサルモネラ症	68
核移植	23
家系選抜	149
加工乳	140
かさ型育すう器	60
カシミヤ種	182
可消化エネルギー	14
可消化粗脂肪	15
可消化粗タンパク質	15
可消化養分	14
可消化養分総量	15, 119
家畜牛	146
家畜改良増殖目標	22
家畜ふん尿	24
褐毛和種	147
Ca/P比	130
環境保全型（調和型）農業	5
間欠給与法	92
観血去勢	158
聞けつ照明	71
間性	138, 184
間接法	150
汗腺	73
寒地型牧草	34
カントリング	195
カンニバリズム	48
乾乳期	109, 129
乾物摂取量	130
寒冷環境	17

[き]

危害分析・重要管理点監視方式	8
騎乗	173
寄生虫病	107
季節繁殖性	190
木曾馬	207
気のう	47

揮発性脂肪酸 …………… 13, 118
忌避剤の種子粉衣 ……………… 33
気密サイロ ……………………… 41
牛群検定 ……………………… 113
給じ装置 ………………………… 54
きゅう舎 ……………………… 177
給水器 …………………………… 54
牛乳 …………………… 110, 140
胸骨 ……………………………… 47
胸最長筋 …………………… 94, 167
強制換羽 ………………………… 65
兄弟検定 ……………………… 150
供胚牛 ………………………… 199
魚かす類 ……………………… 104
去勢 …………………………… 87, 157
起立不能 ……………………… 138
筋胃 …………………………… 11, 55
菌体タンパク質 ……………… 118

[く]

クォーターホース …………… 173
駆虫 …………………………… 100
クラッチ ………………………… 63
クリープフィーディング 157, 192
クリーブランド・ベイ ……… 173
グリット ……………………… 11, 55
クリンプ ……………………… 190
グレインソルガム ……………… 56
クローン技術 …………………… 23
黒毛和種 ……………………… 147
群飼育方式 …………………… 114
群集性 …………………………… 74
群編成 …………………… 161, 167

[け]

経産牛 ………………………… 109
軽種 …………………………… 172
軽種馬 ………………………… 172
鶏痘 ……………………………… 69
系統 ………………… 22, 52, 80
系統造成 ………………… 22, 80
繋牧 …………………………… 185
けい留式牛舎 ………………… 151
ケージ飼育 ………………… 50, 53
毛刈り ………………………… 192
血中ケトン体 ………………… 138

ケトーシス …………… 129, 138
ゲノム研究 ……………………… 23
下痢 ……………………… 85, 171
検定済み種雄牛 ……………… 113
現場後代検定 ………………… 150
兼用草地 ………………………… 38
検卵 ……………………………… 59

[こ]

高水分サイレージ ……………… 41
光線管理 ………………………… 62
後代検定 ………………… 80, 113, 150
耕地型飼料作物 ………………… 31
口蹄疫 ………………………… 137
肛門鑑別法 ……………………… 59
コガタアカイエカ ……………… 99
コクシジウム …………………… 69
コクシジウム症 ………………… 69
穀草式農法 ……………………… 3
穀類 …………………………… 103
固形飼料 ……………………… 135
個体選抜 ……………………… 149
鼓脹症 ………………………… 187
米ぬか ………………………… 103
コリデール種 ………………… 189
コロニー豚舎 ………………… 82
混合飼料 …………… 6, 44, 120
根菜類 ………………………… 104
コントラクター ………………… 6
混播栽培 ………………………… 31
コンプリートフィード ………… 44
混牧林 …………………………… 40

[さ]

ザーネン種 …………………… 182
細菌数 ………………………… 133
採草地 …………………………… 36
さい帯 …………………………… 98
細断型ロールベーラ …………… 42
在来種 ………………………… 172
サイレージ ……………………… 41
サウスダウン種 ……………… 189
酢酸 …………………………… 118
削蹄 …………………… 161, 177
搾乳ロボット ………………… 216
雑食性 …………………………… 73

薩摩鶏 ………………… 52, 207
里子 ……………………………… 86
サフォーク種 ………………… 189
皿型給じ器 ……………………… 54
サラブレッド ………………… 173
産子検定制度 …………………… 79
産直(産地直結販売) …………… 6
産肉登録 ………………………… 79
産肉能力検定間接法 ………… 150
産肉能力検定直接法 ………… 150
産馬改良 ……………………… 173
残飯 …………………………… 104
三圃式農法 ……………………… 3
産卵パターン …………………… 63

[し]

CP ……………………………… 15
CPd …………………………… 130
シェトランドポニー ………… 173
子宮脱 ………………………… 193
子宮内膜炎 …………………… 138
敷料 …………………………… 178
死産 ……………………………… 99
脂質 ……………………………… 13
試情 …………………………… 175
雌性ホルモン …………………… 95
自然交配 ………………………… 97
自然ふ化 ………………………… 59
自然流下式 …………………… 115
自動給じ ………………… 54, 217
自動集卵器 ……………………… 54
自動除ふん機 …………………… 54
子豚育成豚房 ………………… 83
子豚登記 ………………………… 79
シバヤギ ……………… 182, 207
脂肪肝 ………………… 129, 138
脂肪鶏 …………………………… 65
脂肪交雑 ……………………… 167
脂肪蓄積期 ……………………… 88
ジャージー種 ………………… 112
シャイアー …………………… 173
若齢肥育 ……………………… 164
しゃも ………………… 52, 207
雌雄鑑別 ………………………… 59
自由採食 ………………………… 91
重種 …………………………… 172

就巣性……………………48	スーパーカウ……………112	**[そ]**
集草列……………………43	スキップ法………………92	相加的遺伝的能力………113
受精……………………200	スクレイピー……………7	早期離乳………………159
受精卵移植…………23, 99	スクレーパー式…………54	早期離乳法……………134
受胎率……………………96	スケール………………190	掃除刈り…………………38
出荷率……………………70	スタックサイロ…………41	相対熟度…………………33
種豚登録………………79, 80	スタンチョン……………114	増体日量………………136
受胚牛…………………199	スタンディング発情……123	走鳥類…………………194
種卵………………………58	ストール牛舎……………114	早発性大腸菌症…………85
純国内産飼料自給率………4	ストール飼育……………83	壮齢肥育………………164
馴致……………………175	ストリップ放牧…………37	粗飼料……………………14
生涯産子数……………163	ストレス…………………18	粗飼料自給率………………4
硝酸態窒素………………33	ストレッサー……………18	粗タンパク質含量………15
正肉（正肉歩留まり）…166	砂浴び………………48, 195	そのう……………11, 55
常乳………………127, 134	すのこ床式豚舎…………82	ソフトグイレン…………168
乗馬療法………………174	スプリングフラッシュ…38	
情報ネットワークシステム…215	スラリー…………………24	**[た]**
正味エネルギー……14, 119	**[せ]**	第1胃………………11, 117
乗用馬…………………172		体外受精…………………23
ショートホーン種……147	成鶏………………………49	体細胞数………………133
除角………………136, 156	制限給じ…………………91	体脂肪蓄積率……………84
初期胚盤胞期…………201	制限給与…………………91	代謝エネルギー……14, 119
食品残さ飼料………………6	生産指数…………………70	帯状放牧…………………37
食品リサイクル法………44	生産病……………129, 137	大すう……………………49
食品製造副産物…………44	精子………………………95	大豆かす………………103
食料・農業・農村基本計画……5	性周期……………………21	胎盤………………………21
食料・農業・農村基本法……5	生殖器……………………20	堆肥化……………………24
助産……………………125	生殖周期…………………20	代用乳……………135, 158
初産期…………………102	生殖腺……………………20	大ヨークシャー種………78
初産牛…………………109	性腺刺激ホルモン………63	第4胃変位……………138
初生びな雌雄鑑別師……59	精巣………………………20	高床式鶏舎………………54
初乳………………134, 156	製造かす類……………104	だ鶏………………………65
暑熱環境…………………16	生体恒常性維持機能……16	脱脂乳…………………140
飼料イネ…………………34	生体防御機能……………21	縦型サイロ………………41
飼料作物…………………28	成長ホルモン…………126	単胃動物…………………11
飼料自給率…………………4	生乳……………………140	短鎖脂肪酸………………13
飼料消費量………………90	西洋種…………………172	単飼………………………53
飼料要求率………………90	セカンダリー豚…………106	断し………………………61
人工授精………58, 97, 124	赤色野鶏…………………50	炭水化物…………………12
人工乳…………86, 135, 158	セルロース……………118	暖地型牧草………………34
人工ふ化…………………59	腺胃………………………55	タンパク質………………12
シンメンタール種……146	潜在性乳房炎…………137	単房式牛舎……………151
[す]	選択的拡大路線……………3	単味飼料…………………57
	せん蹄…………………192	
垂直型サイロ……………41	せん毛…………………192	
水平型サイロ……………41		

[ち]

- 地鶏 …………………………… 52, 207
- 遅発性大腸菌症 ………………………… 85
- 着床 ……………………………………… 201
- ちゃぼ ……………………………… 50, 207
- 中型種 …………………………………… 77
- 中間種 …………………………………… 172
- 中水分サイレージ ……………………… 41
- 中すう …………………………………… 49
- 中性デタージェント繊維 ……… 30
- 中びな …………………………………… 49
- 中ヨークシャー種 ……………………… 78
- 調教 …………………………… 143, 175
- 長鎖脂肪酸 …………………………… 132
- 朝鮮牛 ………………………………… 146
- 直接検定 ……………………………… 80
- 直接法 ………………………………… 150
- 直腸検査 …………………… 124, 202
- 直腸ちつ法 …………………………… 124
- 直売 ……………………………………… 7

[つ]

- 対馬馬 ………………………………… 207
- つなぎ飼い ………………… 114, 185

[て]

- DE ……………………………………… 14
- TSE ……………………………………… 7
- TMR ……………………………… 6, 44
- TMR 給与 …………………………… 120
- DMI …………………………………… 130
- 低級脂肪酸 …………………………… 13
- TGE …………………………………… 107
- DCP …………………………………… 15
- 低受胎牛 ……………………………… 138
- 低水分サイレージ ……………………… 41
- TDN ……………………………… 15, 119
- DG ……………………………………… 136
- 適温域 ………………………………… 16
- テストステロン ……………………… 95
- デビーク ……………………………… 61
- デボン種 ……………………………… 146
- デュロック種 ………………………… 78
- 電気牧柵 ……………………………… 116
- 伝染性胃腸炎 ………………………… 107
- 伝染性気管支炎 ………………………… 69
- 伝染性喉頭気管炎 ……………………… 69
- デントコーン ………………………… 32
- 天然ふ化 ……………………………… 59
- デンマーク式豚舎 ……………………… 81
- 転卵 …………………………………… 59

[と]

- 凍結保存 …………………………… 203
- 糖新生 ………………………………… 119
- とうた ………………………… 65, 79
- 東天紅 ………………………………… 207
- 同腹子豚数 …………………………… 101
- 動物質飼料 …………………………… 104
- 動物福祉 ……………………………… 19
- トウモロコシ ………………………… 32
- 東洋種 ………………………………… 172
- トカラ馬 ……………………………… 207
- トカラヤギ …………………………… 207
- トキソプラズマ症 …………………… 107
- と体長 ………………………………… 93
- 鳥マイコプラズマ感染症 ……… 69
- ドナー ………………………………… 199
- ドリー ………………………………… 23
- ドレーサビリティ ……………………… 7
- ドレンチサイロ ……………………… 41
- 豚赤痢 ………………………………… 107
- 豚丹毒 ………………………………… 107

[な]

- 内部寄生虫 ……………… 187, 193
- 内部情報 ……………………………… 211
- 名古屋種 ……………………………… 51

[に]

- 肉質 …………………………… 90, 167
- 肉ぜん（肉塊，肉垂）……… 182
- 肉ひげ ………………………………… 46
- 肉用種（肉用牛）…………………… 147
- 肉用若鶏 ……………………………… 50
- ニップル ……………………………… 54
- ニホンイノシシ ……………………… 207
- 日本型の畜産 …………………………… 3
- 日本ザーネン種 ……………………… 182
- 日本在来馬 …………………………… 173
- ニホンシカ …………………………… 207
- 日本飼養標準 …………………… 15, 128
- 日本短角種 ………………………… 147
- ニホンミツバチ …………………… 207
- 乳加工品 …………………………… 110
- ニューカッスル病 …………………… 68
- 乳酸菌 ………………………………… 41
- 乳質 ………………………………… 132
- 乳脂肪 ……………………………… 132
- 乳脂率 ……………………………… 132
- 乳成分 ……………………………… 132
- 乳腺 ………………………………… 126
- 乳そう ……………………………… 126
- 乳タンパク質 ……………………… 132
- 乳糖 ………………………………… 132
- 乳熱 ………………………… 125, 139
- 乳房炎 ……………………………… 137
- 乳用牛群能力検定（乳検）
  ……………………………… 113, 213
- 乳用肥育牛肉 ……………………… 145
- 乳用雄子牛 ………………………… 147
- 尿石症 ……………………………… 171
- 妊娠 …………………………………… 21
- 妊娠黄体 ………………………… 21, 123
- 妊馬血清性腺刺激ホルモン … 201

[ぬ]

- ぬか類 ……………………………… 103
- ヌビアン種 ………………………… 182

[ね]

- 熱性多呼吸 ………………………… 16
- 熱的中性圏 ………………………… 16

[の]

- 農業基本法 …………………………… 3
- 濃厚飼料 …………………………… 14
- 濃厚飼料自給率 ……………………… 4
- 農用牛 ……………………………… 146
- 農用馬 ……………………………… 172
- 能力検定 …………………………… 150
- 農林水産ジーンバンク事業 … 206
- ノーフォーク式農法 ………………… 3
- ノシバ ……………………………… 39
- ノシバ放牧 ………………………… 39
- 野間馬 ……………………………… 207

索 引 **233**

[は]

バークシャー種 …………………… 78
バーンクリーナ …………………… 115
バーンスクレーパ ………………… 115
胚移植 ………………… 23, 99, 198
バイオガス ………………………… 26
バイオマス ………………………… 24
配合飼料 …………………… 57, 120
胚の回収 ………………………… 202
胚の選別 ………………………… 203
胚の注入 ………………………… 204
バイパスアミノ酸 ……………… 133
バイパス脂肪 …………………… 133
胚発生 …………………………… 200
胚盤胞期 ………………………… 201
背腰長 ……………………………… 94
排卵 ……………………………… 123
ハウユニット ……………………… 66
破殻歯 ……………………………… 59
白色コーニッシュ種 ……………… 51
白色プリマスロック種 …………… 51
白色レグホーン種 ………………… 51
白痢 ……………………………… 171
箱型育すう器 ……………………… 60
破水 ……………………………… 125
バタリー育すう法 ………………… 60
バタリー飼育 ……………………… 50
バッグ型サイロ …………………… 41
発情 ………………………………… 96
発情周期 …………………………… 21
発情の同期化 …………………… 204
パドック …………………… 18, 179
放し飼い方式 …………………… 114
馬肉 ……………………………… 174
馬房 ……………………………… 178
ハム ………………………………… 93
パラレル式 ……………………… 115
バルンカテーテル法 …………… 202
輓曳 ……………………………… 174
バンカサイロ ……………………… 41
繁殖周期 …………………………… 20
繁殖障害 ………………………… 170
繁殖登録 …………………………… 79
繁殖能力 ………………………… 101
反すう ……………………………… 117
反すう動物 ………………………… 11
パンティング ………………… 16, 64
ハンプシャー種 …………………… 78

[ひ]

BSE ………………………………… 7
PSE豚肉 …………………………… 94
B. F. S. …………………………… 167
B. M. S. …………………………… 167
PMSG …………………………… 201
肥育牛 …………………………… 167
肥育馬 …………………………… 172
BCS ……………………………… 129
庇陰施設 ………………………… 131
庇陰林 …………………………… 153
ビタミン …………………………… 13
必須アミノ酸 …………………… 12, 56
泌乳期 …………………………… 109
泌乳能力 ………………………… 101
泌乳能力検定 …………………… 113
比内鶏 …………………………… 207
ひな白痢 …………………………… 68
ひね豚 ……………………………… 84
非分解性タンパク質 …… 119, 133
平飼い …………………………… 53
平飼い育すう法 ………………… 60

[ふ]

VFA ……………………………… 118
フィターゼ ………………………… 26
複飼 ……………………………… 53
副腎皮質ホルモン ……… 18, 126
腹水症 …………………………… 69
副生殖器 ………………………… 20
副乳頭 …………………………… 101
不食過繁地 ……………………… 38
ふすま …………………………… 103
豚熱（豚コレラ） ……………… 106
不断給じ ………………………… 91
普通牛乳 ………………………… 110
普通肥育 ………………………… 164
物的情報 ………………………… 211
腐蹄症 …………………………… 193
プライマリー豚 ………………… 106
ブラウン・スイス種 …………… 146
フリーストール牛舎 …………… 115
フリーマーチン ………………… 138
ブルトン ………………………… 173
プレミックス ……………………… 56
ブロイラー ………………………… 50
ブロイラー専用種 ………………… 52
プロゲステロン …… 95, 123, 126
プロスタグランジン $F_{2\alpha}$ ……… 202
プロトゾア ………………………… 11
プロピオン酸 …………………… 118
プロラクチン …………………… 126
分解性タンパク質 ……… 119, 130
ふん尿溝 ………………………… 115
分べん房 ………………………… 82
分離給与 ………………………… 120

[へ]

閉鎖追い込み式牛舎 …………… 152
ベーコンタイプ …………………… 78
ペクチン ………………………… 118
別飼い …………………… 157, 192
ペックオーダー …………………… 47
ヘミセルロース ………………… 118
ヘリングボーン式 ……………… 115
ペルシュロン …………………… 173
ペレット …………………………… 92
ヘレフォード種 ………………… 147
ヘンデー産卵率 ………………… 52
ヘンハウス産卵数 ……………… 52

[ほ]

ほ育能力 ………………… 101, 157
防暑対策 ………………………… 131
法定伝染病 ………… 68, 107, 139
放牧管理 ………………………… 38
放牧地 …………………………… 36
放牧利用 ………………………… 30
ホールクロップサイレージ
 ……………………………… 31, 119
牧区 ……………………… 38, 116
牧柵 ……………………………… 153
牧草 ……………………………… 29
牧養力 …………………………… 38
母鶏ふ化 ………………………… 59
乾草 ……………………………… 43
補助飼料 ………………………… 121
北海道和種馬 …………………… 207

ボディコンディションスコア
　……………………100, 129
ポニー………………………172
ほ乳期子豚用飼料……………86
ホルスタイン種……………112

[ま]

マーケティング……………214
マイロ…………………………56
マッシュ………………………92
マメ科率………………………39
マレック病……………………69

[み]

ミートタイプ…………………78
ミール………………………103
見島牛………………………207
ミネラル………………………13
ミルカ………………………127
ミルキングパーラ…………115
ミルクライン…………………33
ミルク・ラム………………189
ミレット………………………31

[む]

無角和種……………………147
無看護分べん…………………98
麦ぬか………………………103
無機物…………………………13
無血去勢……………………158
無脂固形分率………………132
無制限給与……………………91
無窓鶏舎………………………53

[め]

銘柄豚…………………………80
名誉種豚………………………80
メタン………………………119
メタンガス……………………26
免疫機能………………………21
免疫グロブリン………………21
緬毛…………………………188

[も]

盲乳頭………………………102
モーア…………………………43
モーアコンディショナ………43
もぐさ灸……………………171
門歯…………………………117

[や]

ヤギ乳………………………183
やけ肉…………………………94

[ゆ]

有機性資源……………………24
有効積算温度…………………32
雄性ホルモン…………………95
有畜農業奨励規則……………3
輸入牛肉……………………145

[よ]

溶解性タンパク質…………119
幼すう…………………………48
幼びな…………………………48
腰麻痺………………………187
ヨーロッパ野猪………………77
横型サイロ……………………41
与那国馬……………………207

[ら]

酪酸…………………………118
ラム…………………………188
卵黄…………………………49
卵殻……………………49, 66
卵管…………………………20
卵巣…………………………20
卵巣機能減退………………138
卵巣のう腫…………………138
卵巣発育不全………………138
卵墜…………………………69
ランドレース種………………78
卵白…………………………49
卵胞……………………20, 122, 200

卵胞刺激ホルモン………123, 201
卵胞ホルモン…………63, 95, 123

[り]

リード飼養法………………130
リキッドフィーディング…44, 92
リサイクル飼料…………………6
理想肥育……………………164
離乳……………………86, 158
リピートブリーダー………138
流行性脳炎…………………107
流行性肺炎…………………107
流産……………………………99
流通チャンネル……………218
緑じ…………………………104
輪換放牧………………………37
輪栽式農法……………………3
臨床型乳房炎………………137
リンパ球………………………18
リンパ性白血病………………69

[る]

ルーメン……………………117
ルーメンアシドーシス……138

[れ]

冷血種………………………172
レシピエント………………199
連産性………………………101
連続放牧………………………37

[ろ]

ロイコチトゾーン症…………69
老廃牛肥育…………………164
ロース…………………………93
ロースしん……………94, 167
ロードアイランドレッド種…51
ロールサイレージ……………42

[わ]

和牛肉………………………145
ワクチン接種…………67, 106

[著 者]

阿部 亮	前日本大学生物資源科学部教授
朝井 洋	日本中央競馬会日高育成牧場場長
池谷 守司	静岡県中小家畜研究センター研究主幹
石岡 宏司	前東京農業大学国際食料情報学部准教授
宇佐川智也	石川県立大学生産科学科准教授
内海 恭三	元京都大学大学院農学研究科教授
大石 孝雄	東京農業大学農学部教授
唐澤 豊	信州大学農学部教授
久米 新一	京都大学大学院農学研究科教授
丹羽 美次	日本大学生物資源科学部准教授
並河 澄	京都大学名誉教授
吉本 正	麻布大学名誉教授

[編集協力者]

曽我 一作	前兵庫県立但馬農業高等学校教諭

（所属は執筆時）

レイアウト・図版　㈱河源社，オオイシファーム

写真撮影・提供　赤松富仁，磯島正春，飯塚明夫，岩下 守，上田孝道，上松信義，大森昭一朗，小倉隆人，岡本一志，倉持正実，佐藤 誠，千葉 寛，橋本紘二，皆川健次郎，竹内亮太，西村良平，森田久雄，米倉久雄，カネコ種苗，家畜改良センター，日本食肉格付協会，木香書房

農学基礎セミナー
新版 家畜飼育の基礎

2008年3月31日　第1刷発行
2025年2月10日　第17刷発行

著 者　阿部 亮 他11名

発行所　一般社団法人　農山漁村文化協会
郵便番号 335-0022　埼玉県戸田市上戸田2-2-2
電話 048(233)9351（営業）　048(233)9355（編集）
FAX 048(299)2812　振替 00120-3-144478
URL https://www.ruralnet.or.jp/

ISBN978-4-540-07301-4　製作／㈱河源社
〈検印廃止〉　印刷／㈱光陽メディア
© 2008　製本／根本製本㈱
Printed in Japan　定価はカバーに表示
乱丁・落丁本はお取りかえいたします。